# 凹陷盆地边山岩溶水系统演化定量评价与修复

王现国　刘志国　兰　勇　廉　勇
徐建红　刘新红　吕小凡　刘渊克　编著
王晨旭　唐书平　陈　峰　周启蒙

黄河水利出版社
·郑　州·

## 内 容 提 要

本书以渑池盆地为研究区，在全面、系统收集区内地质及水文地质资料的基础上，特别是利用1990年以来对研究区地下水调查、勘查、监测、水质分析等方面取得的成果，对寒武—奥陶系岩溶地下水系统演化进行了定量评价，采用同位素水文地质学对地下水的形成进行了详细研究，并对人类活动条件下岩溶水系统的演化进行了预测，为岩溶水系统水资源开发作用、保护修复提供了参考依据。

本书可供从事水文地质、水资源管理的专业人员及高等院校地下水科学与工程等相关专业的师生参考。

**图书在版编目（CIP）数据**

凹陷盆地边山岩溶水系统演化定量评价与修复/王现国等编著. —郑州：黄河水利出版社，2014.5

ISBN 978-7-5509-0767-6

Ⅰ.①凹… Ⅱ.①王… Ⅲ.①拗陷-盆地-岩溶水-地下水系统-研究 Ⅳ.①P641.134

中国版本图书馆CIP数据核字(2014)第066675号

组稿编辑：王路平 电话：0371-66022212 E-mail：hhslwlp@126.com

出 版 社：黄河水利出版社

地址：河南省郑州市顺河路黄委会综合楼14层 邮政编码：450003

发行单位：黄河水利出版社

发行部电话：0371-66026940、66020550、66028024、66022620（传真）

E-mail：hhslcbs@126.com

承印单位：河南新华印刷集团有限公司

开本：890 mm×1 240 mm 1/32

印张：5.75

字数：170千字 印数：1—1 000

版次：2014年5月第1版 印次：2014年5月第1次印刷

定价：22.00元

# 前　言

地下水是生态系统的重要组成部分，它广泛分布于地壳中，与岩石圈、大气圈、水圈和生物圈有着千丝万缕的联系。过量开发或者排除地下水，会造成地下水位深降，并引起一系列严重的环境退化问题。我国华北平原从20世纪70年代以来由于大量开采地下水，开采量超过补给量，造成地下水位迅速下降，地下水位下降漏斗面积达到数千平方千米，并且每年以1 m到数米的速度下降。地下水位迅速下降，不得不经常更新提水工具，大量较浅的井报废，使采水的能耗大增。大型矿山因采矿需要而将大范围地下水疏干，也会造成类似的后果。2010年初，西南大旱牵动着全国人民的心，截至4月初，西南五省（区）累计受害面积达1.11亿亩，饮水困难人数达2 212万人，经济损失无法估量。这一事件进一步加深了人们对水是生命之源的认识，也印证了水是人类赖以生存和发展的物质基础，是不可缺少、不可替代的特殊资源。地下水资源在我国水资源中占有举足轻重的地位，由于其分布广、水质好且不易被污染等优点，正被广泛地开发利用。尤其在我国北方干旱、半干旱地区，地下水成为重要的甚至唯一的水源。即便是在水资源丰富的西南地区，在本次百年不遇的大旱情况下，开采地下水成为保障灾区人民生活用水的主要途径。

与西南大旱同时引起关注的是频发的矿难。在一些矿区，常常由于矿床突水而引发灾难。为了避免灾害的发生，大型的矿山在地下开采时不得不大范围地疏干地下水，一些埋藏较深的矿山疏干排水量巨大，影响范围更大，造成矿区内的地下水位迅速下降，使得矿区周围的一些水井由于水位过低而报废。

研究区位于河南省渑池县境内，矿区西起南坻坞，东至龙剑村，东西长14 km，南北宽300～1 000 m，面积约13.8 km$^2$。矿山开采方式为地下开采，矿区地面标高为350～650 m，矿山最低开采中段210～300

m,设计疏干排水量约3万$m^3/d$。目前,矿区内分布有多家以地下水作为水源地的用户,如某地下水水厂、腾跃水泥厂、渑池二电、仰韶酒厂、新安电厂等。20世纪90年代以来,区内地下水位一直处于持续下降状态,自西向东年平均降幅3~9 m。铝土矿开采时的大规模疏干排水,势必会加速区内地下水位的下降。

本书在收集区内自然地理、地质和水文地质资料的基础上,利用Visual Modflow软件建立地下水系统数值模型,并利用实测流场对模型进行了识别和验证,然后依据模型,采用不同的方案,对未来地下水的流场进行了预测。通过对预测结果的对比分析,客观评价矿山开采对周围地下水系统的影响。取得的主要成果如下:

(1)在对水文地质条件进行综合分析的基础上,抽象、概化出研究区地下水系统的概念模型,采用Visual Modflow软件进行数值模拟。拟合了研究区的地下水流场变化,模拟结果较好。

(2)利用验证好的模型预报了不同情景下地下水流场的特征,通过对各预测方案结果的分析比较,可以得出:①在现状条件下,研究区内地下水位呈现持续下降趋势,下降幅度西部小,中、东部大。②现状条件下地下水位下降速度较慢,不能满足基建期最低水位标高要求,为防止矿山开采过程中突水事故的发生,必须进行疏排降水。③矿山开采疏干排水加快了地下水位下降和漏斗的形成。通过对开采前后的比较分析,在预测末时段(21年),西部水位下降0~5 m,中部为20 m,东部在0~10 m,并且新增2个降落漏斗,其中矿山西段矿段漏斗中心区地下水位同比下降了约80 m。④矿山开采对研究区内的水源地会产生较大的影响,影响强度中部最大,西部和东部相对较小。在矿山开采疏干排水21年时,某地下水水源地的11号井、14号井和补2B井均报废,7号井需更换大扬程水泵方能继续使用。

本书在编写过程中,得到了三门峡市水利勘测设计院、渑池县水利局及各矿山企业的大力支持,在此表示忠心感谢!

作　者

2014年2月

# 目 录

# 第1章　绪　论

## 1.1　研究背景和意义

### 1.1.1　研究背景

地下水是生态系统的重要组成部分，它广泛分布于地壳中，与岩石圈、大气圈、水圈和生物圈有着千丝万缕的联系。过量开发或者排除地下水，会造成地下水位深降，并引起一系列严重的环境退化现象。我国华北平原从20世纪70年代以来由于大量开采地下水，开采量超过补给量，造成地下水位迅速下降，地下水位下降漏斗面积达到数千平方千米，并且每年以1 m到数米的速度下降。地下水位迅速下降，不得不经常更新提水工具，大量较浅的井报废，使采水的能耗大增。大型矿山因采矿需要而将大范围地下水疏干，也会造成类似的后果。研究区位于渑池县境内，矿区东西长14 km，南北宽300～1 000 m，面积约13.8 $km^2$。累计查明铝土矿资源储量638.09万t，矿山开采方式为地下开采，最低疏干标高+210 m，设计地表疏干井疏干排水量总计3.0万$m^3/d$。

研究区地下水开发利用主要为寒武—奥陶系灰岩岩溶裂隙水，该地下水系统具有水量大、水质好的特点，自20世纪80年代以来，已被周边单位和居民作为生产、生活用水，多年平均开采量约25 800.0 $m^3/d$，由于开采量超过了地下水资源的可开采量，造成了区内地下水位的持续下降。据2009年统计，与1984年对比，西部的坻坞电厂供水基地水位下降约45.69 m，中部的某地下水水源地水位下降约134.35 m，东部龙涧水源地1995年6月至今水位下降173.95 m，自西向东水位年平均降幅3～9 m。

### 1.1.2 研究意义和目的

研究区铝土矿矿体连续性好，矿石质量较高。鉴于目前国内氧化铝缺口量较大，资源供应形势十分严峻，对该矿区进行开发建设对缓解供需矛盾、推动区域经济发展有着重要的战略意义和作用。

在矿山开采前，开展矿山开采对矿区地下水的影响预测评价工作，定量评价矿山疏干排水所引起的地下水位下降幅度、地下水位降落漏斗的范围等，可以评估周边各水源地的受影响程度，也可以为矿山优化疏干排水方案提供参考，从而更加科学合理地利用地下水资源，促进地下水资源的可持续开发利用。

本次评价工作的目的是：在分析查明区内水文地质条件的基础上，对矿区寒武—奥陶系岩溶地下水系统水资源量进行评价。根据矿山开采疏干排水设计方案，评价矿山开采排水对水源地的影响，为矿区岩溶水系统水资源开发利用和保护提供建议。

本次评价工作的主要任务是：

(1)查明地下水系统边界条件，区内含水层空间分布、岩溶水与各含水层之间的水力联系。

(2)查明区内地下水开发利用现状，尤其是地下水集中供水水源地开采现状及供水方向，开采井的结构、水泵运行状态等。

(3)对地下水位进行系统调查，分析地下水流场特征。

(4)对矿区岩溶水的允许开采量、储存量进行评价。

(5)根据铝土矿开采排水方案和矿区岩溶水系统开采量，采用均衡法和数值法进行水资源评价与地下水位下降预测，评价铝土矿开采对矿区水源地的影响。

## 1.2 国内外研究现状

### 1.2.1 地下水资源评价国内外研究现状

地下水资源的评价方法很多，主要分为水均衡法、水文地质比拟法、相关分析法、物理模拟法和地下水动力学法等。

(1)水均衡法。

某一时间段内某一地段内地下水量(盐量、热量、能量)的收支状况称作地下水均衡。这种方法必须要求在全区域有关降雨和灌溉入渗补给、蒸发、渗透系数、给水度等水文地质参数均采用统一数值的情况下,其计算结果反映全区的平均水平,因此其实用性受到限制,对水文地质条件复杂,不同部位地下水变化较大的区域会出现较大的误差。

(2)水文地质比拟法。

水文地质比拟法根据水文地质条件的相似性,使用区域内局部地段或相类同条件的其他地区的实际勘探或开采地下水资料,来进行研究区域的地下水资源评价。通常适用于资料缺少且和周围具有相似水文地质条件的地区。

(3)相关分析法。

无论是地下水水位变化,还是地下水的开采量变化,都是在许多自然因素和人工因素的影响下产生的。相关分析法主要研究两个问题:一是建立回归方程,解决变量之间的联系方式;二是判别变量之间的联系程度,以便用来估计回归方程的使用价值。相关分析在区域地下水资源评价和管理方面的应用,为地下水动态观测资料的利用扩大了范围,也为已建的水源地开采的可靠性与可能性评价提供了较好的方法。适用于具有多年水位或者地下水开采量资料的地区。

(4)物理模拟法。

物理模拟法是用相似模型再现渗流动态和过程的试验方法。它不仅能够模拟解析法难以求解的复杂问题,而且在检验基本理论和需要观察渗流过程中可能出现的物理现象(如弥散和管涌现象)时,更离不开物理模拟法。但由于物理模拟法所固有的一些局限性,目前在解决实际水文地质问题中,已基本上为数值法所取代了。

(5)地下水动力学法。

地下水动力学法主要分为解析法和数值法。19 世纪中叶,随着地下水开发利用规模的扩大,生产中有了计算水井涌水量的要求(王大纯等,1995)。定量化研究起始于 1856 年法国水利工程师达西(Henry Darcy),他通过试验提出了孔隙介质中液体的运动所遵循的试验定律——达西定律。继达西之后，1863 年裘布衣（J. Dupuit）在达西定律的基础上，建立了一个单井稳定流公式——裘布依公式。1935 年泰斯（Theis）在此基础上提出了地下水流向承压水井的非稳定流理论，并建立了非稳定流理论公式——泰斯公式。此后对地下水的定量研究都采用以泰斯公式为基础的解析法为主，但是现实中的地下水含水层系统是十分复杂的，几乎没有一个含水层系统完全符合泰斯公式的计算条件，因此解析法在区域研究中运用比较困难。20 世纪 60 年代，随着计算机技术的进步和水文地质学的发展，成千上万节点的复杂系统都能用数字计算机进行模拟，从而使得数值模拟方法得到了迅速发展，现已成为地下水资源评价最主要的方法（薛禹群，1997；王刚，2007）。

## 1.2.2 地下水数值模拟国内外研究现状

### 1.2.2.1 国外地下水数值模拟研究

目前，国外在该领域的研究主要针对数值模拟方法的薄弱环节，提出新的思维方法，采用新的数学工具，分析不同尺度下的变化情况，合理地描述地下水系统中大量的不确定性和模糊因素。

Anderson 等（1992）提出建立一个正确且有意义的地下水系统数值模型应有的工作程序是：确定模型目标，建立水文地质概念模型，建立数学模型，模型设计及模型求解，模型校正，校正灵敏度分析，模型验证和预报，预报灵敏度分析，模型设计与模型结果的给出，模型后续检查以及模型的再设计。

Scheibe 等（1998）分析了在不同尺度下的地下水流及其运移行为。Porter 等（2000）指出 DFM（Data Fusion Modeling）可以量化各种各样的水文学、地质学和地球物理学的数据及模型的不确定性，可以用于地下水系统数值模拟的数据整合和模型校准。

Mazzia 等（2002）提出特别的数值方法用于求解重盐地下水运移模拟的二维非线性动力学控制方程，效果很好。

国外开发了许多功能多样的地下水系统数值模拟软件，以其模块化、可视化、交互性、求解方法多样化等特点得到广泛的使用，尤其是 Modflow。Juan 等（1996）运用 Modflow 模拟了美国 JacksonHole 地区的冲积含水层,并通过补给、排泄和水均衡的评估对模型进行了合理的校准。

随着数值法广泛应用于地下水,形成了有限差分法(FDM)、有限单元法(FEM)、边界单元法(BEM)和有限分析法(FAM)等多种方法并存的局面。根据不同的方法,国外编制了不同的数值计算软件,这些软件主要有:美国地质调查局采用有限差分方法的 Modflow 程序,加拿大 Waterloo 水文地质公司的 Visual Modflow、Visual Groundwater,德国卡塞尔大学 PM 有限差分软件,美国军队排水工程实验工作站的 GMS,德国 WASY 水资源规划和系统研究所 FEFLOW 有限单元法,美国密歇根州立大学的 IGW 等软件(Ataiezashianib,1999;于峰,2005)。

#### 1.2.2.2　我国的地下水数值模拟研究

相对于国外,国内的地下水模拟软件发展得较慢,但也在陆续进行着,例如,李国敏、杨天行等在数值模拟软件的开发与研究方面作出了很大努力,而且取得了较好的成绩。国内开发研制的这些数值模拟软件不但为地下水模拟提供了强有力的工具,而且促进了地下水数值模拟技术的发展。一些比较重要的研究成果有:

王玮(2003)提出了用人工查点法、半自动查点法、数字化地形图提取法等获取数字高程模型(DEM)的方法,并给出了通过数字高程模型计算节点地面标高的方法。

薛禹群等(2004)介绍了多尺度有限元法的基本原理,并将其应用于非均质多孔介质中的流动问题,通过计算结果的比较得出多尺度有限元法比传统有限元法有效的结论。

南京大学用 Galerkin 有限元法,建立了裂隙—岩溶泉平面二维区域地下水渗流模型,描述山西柳林泉域地下水渗流,模拟效果良好,并据此预报了柳林电厂水源地投入使用后对区域地下水流场的影响(叶淑君等,2004)。

吉林大学应用 Modflow 建立了华北平原地下水系统数学模型,根据对该模型的识别分析,得出了华北平原由于地下水超采,地下水位降低,增加包气带的厚度,从而腾出了地下水库容的结论(王宏等,2003)。提出充分利用含水层的地下空间,修建地下水库,调蓄外来水资源的设想。

河海大学利用地下水数值模型 Modflow 和非饱和带水平衡模型对处于半干旱、半湿润沙丘地区地下水位进行了模拟，并分析了含水层补给量与排水量、河流与地下水补排关系，以及区域水平衡过程，揭示了独特沙丘地形和土壤特性对地下水补排量的影响。采用概率论及数理统计的方法，分析了开采量的不确定性，得出开采量服从正态分布。以此为基础，运用蒙特卡罗方法，对开采量不确定条件下数值模拟的结果进行可靠性分析（温忠辉等，2007；刘猛等，2004；邓彬等，2005）。

陈喜等（2004、2006）揭示了独特沙丘地形和土壤特性对地下水补排量的影响，利用地下水系统数值模拟模型 Modflow 和非饱和带水平衡模型对处于半干旱、半湿润沙丘地区的地下水位进行了模拟，效果很好。

随着计算机和数值方法的发展，数值模拟逐渐取代传统的模拟技术，成为研究地下水运动规律和定量评价地下水资源的主要手段，随着非稳定流理论的发展和电子计算机的广泛应用，使得各种复杂条件下的地下水运动都可应用数值法求解，地下水系统数值模拟的研究有了长足的进步（刘玉珍，2008）。

### 1.2.3 地下水系统的破坏与修复

#### 1.2.3.1 地下水系统概述

水文地质系统是由不同等级、不同类型的水文地质综合体和地下水体所构成的，周围被较高水力梯度的界面所限定的，能量不断新陈代谢的有机整体。

水文地质结构系统是由不同等级、不同形态、不同成因（建造）、经受不同改造作用，具有不同结构和水力学性质的水文地质综合体的空间组合所构成的，具有控水功能并且不断运动演化的有机整体。

地下水系统是受环境因素（天然、人工）所制约的，具有不同等级、在空间分布上具有四维性质和各自的物理、化学及水动力特征的，不断运动演化（生长、消亡）的地下水单元的统一体。

三者相互关系如图 1-1 所示。

也有人认为地下水系统包括地下水含水系统与地下水流动系统，其内涵和外延如表 1-1 所示。

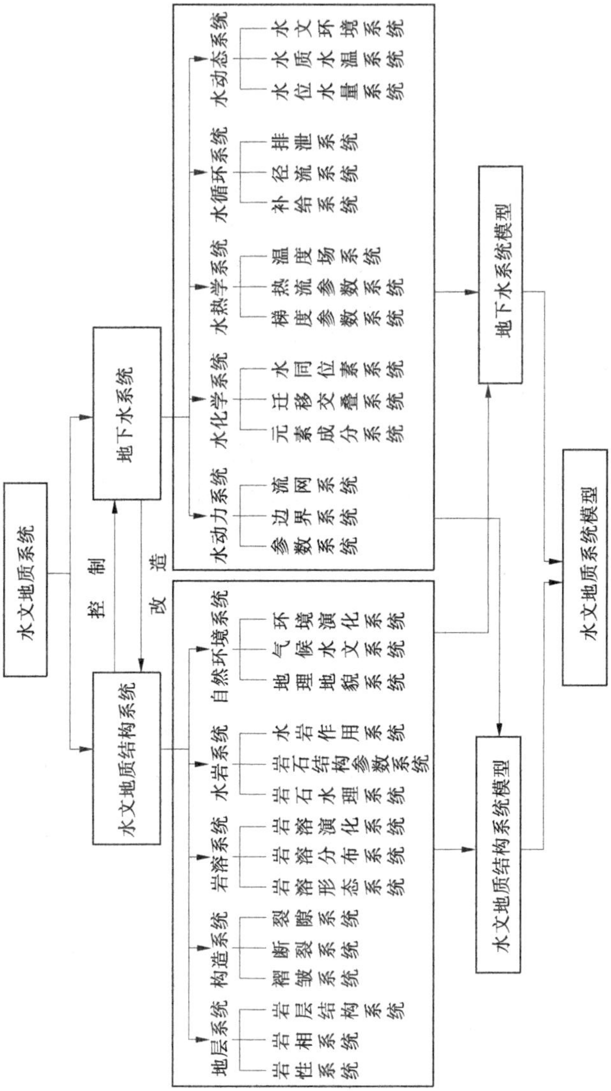


图1-1　水文地质系统、水文地质结构系统、地下水系统相互关系

**表1-1 地下水系统内涵和外延**

<table>
<tr><td rowspan="11">地下水系统</td><td>外延</td><td colspan="3">输入系统(降水量、人工补给量等)<br>输出系统(泉流量、地下水位等)</td></tr>
<tr><td rowspan="10">内涵</td><td rowspan="3">含水层系统</td><td colspan="2">浅层含水层系统</td></tr>
<tr><td colspan="2">中层含水层系统</td></tr>
<tr><td colspan="2">深层含水层系统</td></tr>
<tr><td rowspan="3">地下水流系统</td><td colspan="2">无压水流系统</td></tr>
<tr><td colspan="2">承压—无压水流系统</td></tr>
<tr><td colspan="2">承压水流系统</td></tr>
<tr><td rowspan="2">地下水溶质运移系统</td><td colspan="2">开放型溶质运移系统</td></tr>
<tr><td colspan="2">封闭型溶质运移系统</td></tr>
<tr><td rowspan="2">地下水热传导与扩散系统</td><td colspan="2">浅部常温型</td></tr>
<tr><td>深部热水型</td><td>热传导型地热系统<br>热对流型地热系统</td></tr>
</table>

徐恒力教授将地下水系统分为硬结构和软结构。地下水系统是在长期地质历史发展过程中逐步形成并不断得到改造的实体,它从未达到不再随时间变化的平衡态,是一种空间有序、时间有序和功能有序的非平衡结构。系统具有演化性,受到环境、大气、人工开采与回灌等众多随机性的外界因素的干扰,也受制于系统内部结构。强烈的人为因素对地下水系统演变的影响显著。地下水系统不仅具有自然特性,而且具有社会属性。

#### 1.2.3.2 地下水系统演化

以下应用耗散结构理论分析地下水系统演化。

地下水流动系统演化过程中,新的系统结构往往通过突变产生,其过程不可逆;在人类不断增长的开采作用下,地下水系统不断调整结构,以满足其功能需求,使系统得以进化;当这种进化达到极致仍无法满足人类日益增长的供水需求时,地下水系统只能向熵增方向演化,产生退化。地下水系统的演化模式为:自然结构—进化结构—退化结构。

国内学者研究安阳地下水系统演化表明,当地下水位降至某一临界值时，系统产生突变，形成新的有序化结构，新的结构可激发河流补给、袭夺邻区径流量和蒸发量，更好地满足其功能需求，系统向熵减少方向演化；当开采量继续增加，系统无法满足供水需求时，必然引起系统状态的再次改变，当地下水位降至另一临界值时，这种状态改变产生巨型涨落，导致结构发生突变，与进化结构相适应的补排关系被打破，产生退化结构，退化结构因不能触发新的负熵流，只能向熵增方向演化，地下水系统遭到破坏。

#### 1.2.3.3　地下水系统破坏

地下水系统破坏包括软结构和硬结构的破坏，由人类过度开采引起的地下水系统软结构破坏问题，在我国北方地区十分普遍，如郑州东区原来为大泽，地表蒸发排泄，现在地下水位下降，地下水流场改变，导致地下水资源枯竭、地下水污染。目前广为存在的土地沙化、湿地萎缩无不与其相关。地下水硬结构的破坏主要指含水层结构的破坏。矿业活动和隧道工程大规模地改变岩体形态，形成采空区，促使顶板裂隙发育，含水层非均值化，形成地下水快速运移通道，含水层结构遭到破坏。加之高强度的地下水疏排，地下水系统遭到破坏，其变化如下：

(1)输入条件变化，包括：疏排水后水位降落漏斗扩展造成的补给面积变化，夺取浅部的天然排泄量变为井下涌水量，采动导致地下水与地表水连通而增加的补给量等。

(2)输出变化，包括：由开采前的泉水和泄流排泄为主变为井下人工排泄为主，开采过程中突水事故不断产生新的出水点和排泄通道。

(3)结构的变化，包括：冒落带裂隙带和沉降弯曲带的形成与演化，采动后断层活化充水，采动沉降盆地边缘垂直剪裂隙发育，地面开裂沉降和塌陷，采空区成为充水、储水体，各种人造工程设施等。

(4)内部功能和作用的变化，包括：开采水平以上岩体由采前的储水作用变为疏排水后的传输作用，采矿前后水化学环境改变(开采地段由还原环境变为氧化环境)导致的水岩作用变化，如形成酸性水，回填坑成分的淋滤等。

(5)环境变化，包括：地下分水岭外移或袭夺开采前的另一地下水系统，系统的上下边界改变，为供水而增加的引水渠、引水隧洞，为防止塌陷修建的人工涵道，地表越堆越高的矸石堆等，它们造成矿区地下水系统赋存的地表及地下环境大大不同于开采前的原始状态。

采矿造成含水层结构破坏，尤其是群矿开采导致区域含水层空间结构非均质演化，已经严重影响了区域地下水循环演化态势，这是矿区地下水资源短缺和破坏的根本原因。

采矿对含水层的破坏形式有采动形成的导水裂隙对上部含水层的自然疏干，以及由于采动形成的地表沉陷和裂缝，对地下水原始径流的破坏。

国外学者研究了采矿对含水层结构带来的负面影响，取得丰硕成果。20 世纪 50 年代 Fernandez - Rubio 对西班牙煤矿生产中的主要水文地质问题进行了归纳和分类。Migueletal 采用卫星观测资料，研究了德国 Wassenberg 地区因煤矿开采所造成的地表沉降，以及停采后随地下水位的恢复而逐步抬升的情况，1953 ~ 1997 年沉降量达 3 m，1997 年停采后 2001 ~ 2007 年抬升了 8 ~ 9 cm。80 年代澳大利亚的 Total Environment Centre 研究了长壁采煤法导致的地表塌陷、地表水渗漏以及水质变化问题等。

20 世纪 90 年代韩宝平等提出了煤矿开采诱发水文地质效应的概念，即煤矿区地下水系统在开采扰动下，其输入、输出、系统结构、内部作用过程和功能以及环境等要素的变化。明确指出结构的变化包括冒落带、裂隙带和沉降弯曲带的形成，采动后断层活化充水，采动沉降盆地边缘垂直剪裂隙发育，地面沉降、开裂和塌陷，采空区成为充水、储水体，以及各种人造工程设施等。资源与环境协调开采是近年来新兴起的理念。它以关键层理论为理论基础，其技术体系包含煤与瓦斯共采、保水开采、减沉技术、井下矸石处理和煤炭地下气化，其中保水开采、减沉技术（条带开采、充填开采技术、离层注浆减沉技术）都涉及含水、隔水层系统。特别是减沉技术消除或减轻了开采对上覆地层中含水、隔水层的破坏，对保护地下水系统具有重要意义。

目前采矿对地下水系统影响的研究，主要集中在矿井水涌水量研究方面，区域研究仍显薄弱，特别是成矿带大规模开采对整个地下水系统破坏的研究尚未见到。小秦岭补给两侧盆地，是完整的地下水系统，其矿业资源丰富,赋存不同层位、不同深度的矿床,坑道密布,部分相连,贯穿整个山脉。在这种水、矿产资源共生的特定水文地质条件下,大规模采矿就成为地下水资源破坏的主要原因。采矿完全改变了天然状态下的水文地质条件,原有的含水层空间结构已经严重变异,地下水循环演化模式发生了根本性的变化。据统计,采矿已造成小秦岭多处井泉水位下降或断流,矿区人民饮水困难,严重影响了矿区资源环境可持续发展和群众生活。同时,采矿排水改变区域地下水排泄基准面,引发地下水流向逆转,原来向下游盆地侧向径流的地下水被截取,造成盆地地下水资源减少。2005～2008年王现国等围绕含水层结构和地下水排泄点的变化,揭示开采后地下水资源再分布特点、变化规律和可利用程度,研究区域水循环,综合研究分析采矿驱动下地下水资源演化趋势,揭示开采后地下水资源再分布特点、运移规律和可利用程度,建立开采条件下的水资源评价模式,对水资源进行综合评价,评价地下水的可开采量、调蓄和更新能力以及环境影响,具有重要的科学价值和社会意义。

在煤矿区随着采矿工作面推进,顶板采动裂隙也在不断发育,其破断裂隙贯通度的计算公式前人已经有论述。通过对导水裂隙带发育高度和煤层顶板隔水层厚度的对比研究,分析导水裂隙是否会穿透到上覆含水层。结合岩移数据,分析含水层厚度、流向等主要参数的变化,进一步研究含水层径流的变化。其变化可利用基于分形理论的岩体裂隙网络研究方法,研究采动引起的覆岩结构变形、破坏和采动裂隙的时空分布动态演化规律,分析采动裂隙的演化与含水层结构变异相关性,掌握含水介质隔—导水性质的相互转变机制,宏观上掌握盆地范围含水层层内和层间的厚度、密度、岩性特征、几何形态、规模、连通性,取得水文地质参数在群矿开采下的变化信息和数据。最后,应用地下水数值模拟软件模拟区域地下水流场的变化。

#### 1.2.3.4　地下水系统修复

地下水系统的修复利用废弃巷道和部分采空区建立蓄排水系统,抬高区域地下水水头,改善地下水降落漏斗。这方面孙亚军等(2004)在韩桥矿进行了有益的探索。对于闭坑的矿山可采用停止抽水及人工回灌,恢复地下水位,韩桥矿停抽后水位恢复速度达 1 m/d。

张发旺等(2003)结合干旱区采煤与地下水保护的实际,提出"含水层再造"的基本理论和概念,研究了煤层顶板含水层再造与地下水资源保护的相互关系。杨伟峰通过模型试验和数值模拟计算,反演出开采覆岩破坏的基本规律以及"三带"的发育特征,得出当开采空间达到一定范围之后,同一采高条件下,垮落带高度趋于稳定;岩层内裂隙带的发展过程是动态的,从形成-扩大-闭合,裂隙发育过程是短期的,随着开采的进行,老采空区的裂隙压密、闭合;工作面的推进速度均匀,有利于抑制导水裂隙带的发展,但煤壁控顶区附近的裂隙很难闭合。

1. 地下水污染修复技术概述

近年来,随着我国经济社会的高速发展,由于工农业废弃物不合理的填埋、排放以及一些工业场地污染物的渗漏等,全国地下水污染状况日趋加剧。目前,就国内而言,国土资源部门在地下水污染调查及地下水污染物迁移转化模式方面做了不少基础性工作,但在具体的地下水污染治理技术方面做的工作却不多。而国外,尤其是欧美国家,早在 20 世纪 20~30 年代,就有人从事这方面的研究工作。20 世纪 70 年代以来,这些国家在地下水点源污染治理方面取得了很大的进展,且逐渐发展形成较为系统的地下水污染治理技术。例如,1980 年,美国国会首次把地下水净化列为国家最优先问题之一,通过了综合环境响应、赔偿和责任法案(简称 CERCLA),即一般所谓"超级基金(Superfund)"法案,用于支付净化废弃的有害废物场地。该基金每年投入 3 亿~8 亿美元的高额资金用于治理已污染的有害废弃地。截至 2004 年,该基金已完成地下水污染修复工程 864 个,治理有害液体、地下水、地表水超过 14 亿 $m^3$。

(1)地下水污染来源。进入地下水的污染物有来自人类活动的,也有来自自然过程的。污染来源包括生活污水和生活垃圾、工业废水和工业废物、农业施用的化肥和粪肥、天然的咸水等,石油和石油化工产品,经常以非水相液体(NAPL)的形式污染土壤、含水层和地下水。NAPL 可被孔隙介质长期束缚,其可溶性成分还会逐渐扩散至地下水中,成为一种持久性的污染源。有机合成化学物质则主要来源于危险废物处置场所的淋溶和渗漏。此外,用灌注井孔的办法人工补给地下水时,如果回灌水含有细菌或毒物,将造成严重后果;利用污水灌溉农田而又处理不当时,也会使大范围的潜水受到影响。

(2)地下水污染方式和途径。地下水污染方式可分为直接污染和间接污染两种。直接污染的特点是污染物直接进入含水层,在污染过程中,污染物的性质不变。这是对地下水污染的主要方式。间接污染的特点是,地下水污染并非由于污染物直接进入含水层引起的,而是由于污染物作用于其他物质,使这些物质中的某些成分进入地下水造成的。地下水污染途径是多种多样的,大致可归为四类:①间歇入渗型。大气降水或其他灌溉水使污染物随水通过非饱水带,周期地渗入含水层,主要是污染潜水。②连续入渗型。污染物随水不断地渗入含水层,主要也是污染潜水。③越流型。污染物是通过越流的方式从已受污染的含水层(或天然咸水层)转移到未受污染的含水层(或天然淡水层)。④径流型。污染物通过地下径流进入含水层,污染潜水或承压水。

2. 地下水污染修复技术

自开展地下水污染治理至今,地下水修复技术在大量的实践应用中得以不断改进和创新。目前,较典型的地下水污染修复技术主要有以下几种:抽出处理(P&T)技术、渗透性反应墙(PRB)修复技术、气相抽提(VEC)技术、生物通风(BV)技术和原位曝气(Air Sparging)技术。

1)抽出处理(P&T)技术

抽出处理(Pump - Treat,P&T)技术是最早出现的地下水污染修复技术,自20世纪80年代开展地下水污染修复至今,地下水污染治理仍以P&T技术为主。传统的P&T技术是把污染的地下水抽出来,然后在地面上进行处理。近年来,随着污染治理研究的不断深入,该技术已有了更广泛的含义,只要在地下水污染治理过程中对地下水实施抽取或注入的,都归类为P&T技术,P&T技术概念模型见图1-2。

P&T技术的修复过程一般可分为两大部分:地下水动力控制过程和地上污染物处理过程。该技术根据地下水污染范围,在污染场地布设一定数量的抽水井,通过水泵和水井将污染了的地下水抽取上来,然后利用地面净化设备进行地下水污染治理。在抽取过程中,水井水位

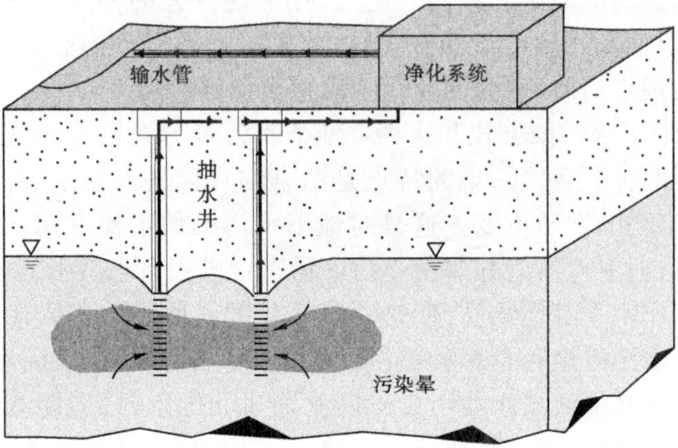


图 1-2　P&T 技术概念模型

下降，在水井周围形成地下水降落漏斗，使周围地下水不断流向水井，减少了污染扩散。最后根据污染场地的实际情况，对处理过的地下水进行排放，可以排入地表径流、回灌到地下或用于当地供水等。

P&T 技术适用范围广，对于污染范围大、污染晕埋藏深的污染场地也适用。但其自身也存在一些局限性：当非水相溶液出现时，由于毛细张力而滞留的非水相溶液几乎不太可能通过泵抽的办法清除；该技术开挖处理工程费用昂贵，而且涉及地下水的抽提或回灌，对修复区干扰大；如果不封闭污染源，当停止抽水时，拖尾和反弹现象严重；需要持续的能量供给，以确保地下水的抽出和水处理系统的运行，同时还要求对系统进行定期的维护与监测。

2）渗透性反应墙（PRB）修复技术

PRB 技术的修复原理是：沿地下水流方向，在污染场地下游安置连续或非连续的渗透性反应墙，使含有污染物质的地下水流经渗透墙的反应区，通过地下水与反应墙中添加剂的化学反应达到去除污染物质的目的，并利用 PRB 物理屏障阻止污染晕向下游进一步扩散。其概念模型见图 1-3。

PRB 技术一般根据不同污染场地特点，在反应墙中添加相应的化学试剂。通常情况下，Fe 是最为广泛应用的反应剂，其对常见的有机

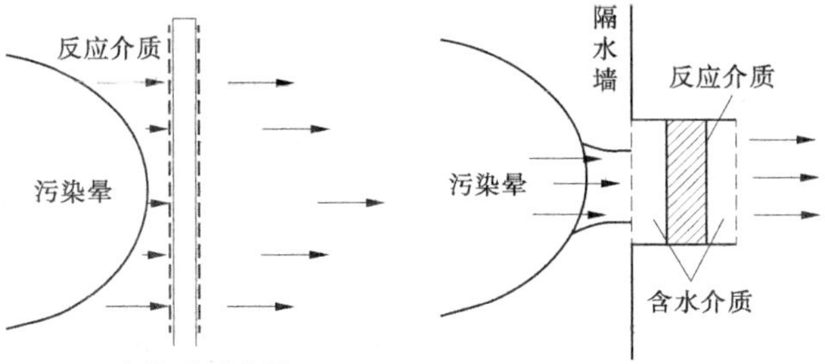


(a)连续型反应墙　(b)非连续型反应墙

**图 1-3　PRB 修复技术概念模型**

污染物及无机污染物去除效果较好。另外,国外许多研究机构还针对一些特殊污染物进行了 PRB 技术添加剂的试验研究。例如,采用 $Fe^{2+}$、$Fe^{3+}$ 或不含 Fe 的添加剂进行放射性污染物、重金属、采矿酸水治理等。由此可见,针对 PRB 技术所采用的反应剂种类,其修复过程的控制机制也不同。在采用 PRB 技术修复过程中,控制因素一般有 6 种:化学脱氯、pH 值控制、氧化还原反应、吸附过程及生物增强控制。PRB 技术的工程设施较简单,安装操作可一次完成,大大降低了修复后期的运转及维护费用。并且,可根据污染物场地特点及治理目标选择相应的修复设计方案,优化修复过程,提高修复效率。但是,该技术也存在一些局限性。与 P&T 技术相比较,工程设施投资较大。抽出处理工程所采用的钻井等设备在污染治理完毕以后还可以用于其他方面,如地下供水、人工回灌等,而渗透性反应墙设施则不具备这一条件。另外,渗透性反应墙修复工程一经投入,其设施就已固定在地下,很难再对治理方案作出修改或改动。

3)气相抽提(VEC)技术

气相抽提(Vapor Extraction,VEC)技术是利用真空泵和井,在受污染区域诱导产生气流,将被吸附的、溶解状态的或者自由相的污染物转变为气相(气化),抽提到地面,然后再进行收集和处理。

典型的气相抽提系统如图 1-4 所示,包括抽提泵、真空泵、气—水分离装置、气体收集管道、气体净化设备和附属设备等。

抽提技术的主要优点包括:①能够原位操作,操作简单,对周围的

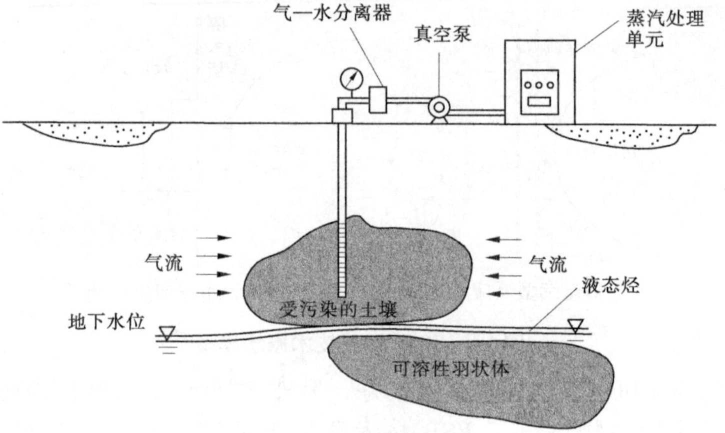


图1-4　典型气相抽提系统组成

干扰能够限定在尽可能小的范围之内;②非常有效地去除挥发性有机物;③在可接受的成本范围之内能够尽可能多地处理污染土壤;④系统容易安装和转移;⑤容易与其他技术组合使用。在美国,抽提技术几乎已经成为修复受加油站污染的土壤和地下水的"标准"技术。抽提技术的气流可以是负压诱导产生的,也可以是正压形成的。抽提井可以是竖向结构,也可以是水平结构。

抽提技术的基础是土壤污染物的挥发特性,当空气在孔隙流动时,土壤中的污染物质不断挥发,形成的蒸汽随着气流迁移至抽提井,集中收集抽提出来,再进行地面净化处理。因此,抽提技术可行与否,取决于污染物质的挥发特性和气流在土层中的渗透特性。

抽提技术适合应用在均匀性和渗透性比较好的不饱和带。

4)生物通风(BV)技术

生物通风(Bioventing,BV)技术是在气相抽提(VEC)技术的基础上发展起来的,是VEC与生物修复相结合的产物。生物通风技术和气相抽提技术很相似,它们都是通过井和泵的作用使产生的气流通过包气带,通常包括挥发和生物降解过程。但在污染物运移—转化的机制和达到的主要目的方面又有所不同。气相抽提技术的目的是通过挥发使气相污染物尽快地从地下抽提出来,而生物通风技术则是提供充足的氧气来维持最活跃的微生物活动,试图使微生物降解的速率达到最大。

在某些受污染的土体中,过高的有机污染物会降低土体中的 $O_2$ 浓度,增加 $CO_2$ 浓度,进而抑制污染物的进一步生物降解。因此,为了提高土壤中污染物降解效率,需要排除土壤中的 $CO_2$ 和补充 $O_2$,生物通风系统就是为改变土壤中气体成分而设计的。生物通风技术已成功地应用于各种土壤的生物修复,该工艺要是通过真空泵或加压进行土壤曝气,使土壤中的气体成分发生变化。

典型的生物通风系统包括一个或多个土壤非饱和区的抽提井、鼓风机或真空泵,通常还包括空气注入井或压力通风井(见图 1-5)。该技术的特点如下:①治理装置安装简单,操作方便有效;②对实施地产生的干扰小,可被用于不易达到的区域(如建筑物的下方);③所需处理的时间较短,通常为 6 个月到 2 年;④治理费用较低,每吨受污染土壤花费在 45 ~ 140 美元;⑤不需要进行尾气处理:⑥治理初期高浓度的污染物组分会对微生物产生毒害,影响治理效果;⑦受地质条件限制,不适合于在低渗透率或高黏土含量的地区使用:⑧在运行过程中通常要加入营养物;⑨只被用于处理非饱和区土壤,不适用于饱水带和地下水中的污染治理。

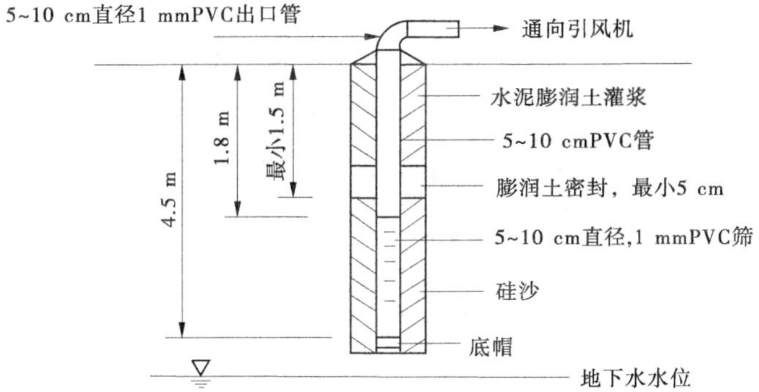


图 1-5 典型生物通风井结构示意图

5) 原位曝气(Air Sparging)技术

地下水原位曝气(Air Sparging)技术是 20 世纪 90 年代发展起来的,与土壤气相抽提(SVE)技术互补的一种原位修复技术,其目的是去除地下水位以下的有机污染物质，主要应用于处理可挥发性有机物(VOCs)造成的地下水污染。与其他修复技术相比，该技术具有低成本、高效率和原位操作的显著优势，因此虽然曝气技术的运用仅仅二十余年，就一定程度上代替了抽出—处理技术，成为地下水有机污染处理技术的首选。在1982～1999年美国地下水污染“超级基金”治理项目中，应用原位曝气技术的项目所占的比例是51%，已经超过其他地下水原位修复技术。

该系统是通过垂直井或水平井，用气泵将空气注入水位以下，使污染物从地下水中挥发，并进入空气中(见图1-6)。在浮力的作用下，含有污染物的空气不断上升，到达地下水位以上的非饱和区域，通过SVE系统进行处理，从而达到去除污染物的目的。在曝气过程中发生的质量—转化机制比较复杂，常见的有挥发、溶解、吸收—解吸和生物降解等作用。污染物的迁移过程包括对流、弥散(机械弥散)和扩散(分子扩散)等方式，曝气过程是一个动力学过程，在不同的修复阶段，控制修复速率和效率的机制也不同；同时，随着场地地质条件的变化，各种机制对曝气修复作用的贡献也不同；另外，注入的空气还能为饱和土壤中好氧生物提供足够的氧气，促进污染物的生物降解。

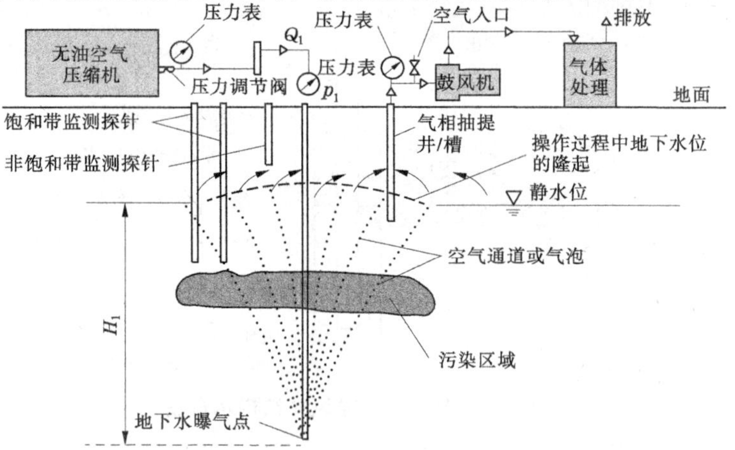


$H_1$—注入深度；$p_1$—注入压力；$Q_1$—注入流量

**图1-6　典型原位曝气过程示意图**

典型的地下水曝气系统在地下有一个或多个空气注入点，通过这些注入点将空气注入饱水带。注入的空气以连续空气通道的形式上升运动，注入空气的流动路径会受到注入空气的压力、流量和注入深度的影响。研究表明，由土壤分层引起不同层间渗透率的细微差别也可以影响曝气的效果。

原位曝气去除有机物的效率主要依赖于曝气所形成的影响区域的大小，而该区域的形成和分布的影响因素主要有土壤类型与粒径大小、土壤非均匀性和各项异性、曝气压力和流量及地下水流动性。因此，原位曝气技术在实际应用中是否适用，必须要综合考虑这些因素。在渗透性差（$K < 10^{-3}$ cm/s）或非均值的水文地质条件（低渗透性层在高渗透性层之上），或污染物不可吹脱、不能生物降解，以及污染物可自由移动，且不能被移除或完全控制等情况下，不适用于地下水曝气技术。

由于不同地区水文地质条件和污染物的差异性，需要采用更为全面的方法来确定场地特征、监测和处理污染物，并选取合适的地下水修复技术。

目前，我国地下水污染修复技术主要处于试验小试和中试阶段。综合前人的工作，我国尚需深入研究的工作有：进一步加强对污染地下水修复机制和污染物迁移机制的研究，建立完善的模型，为制订修复计划提供可靠依据。

与此同时，美国多年的地下水修复实践已经使相关学者深刻地意识到“前期的保护远比后期的修复更为有效”。我们应该借鉴他人经验，加强污染物的控制，将“防”、“治”、“管”三者结合起来，真正做到地下水不受污染或少受污染。

### 1.2.4　研究区地下水研究概况

王现国（2007）在对1988年和1990年两次水文地质调查资料进行详细分析的基础上，通过对龙涧泉岩溶水文系统和岩溶含水系统的比较，圈定了龙涧泉岩溶含水系统的边界，并对龙涧泉岩溶水系统的补给、径流、排泄进行了系统的分析研究。

王中日等根据大量勘探试验资料和供水勘察成果，从地质构造、岩性、含水层埋藏条件、含水介质特征及地貌条件等方面进行综合分析，总结了河南义马单元奥陶寒武系岩溶地下水的赋存规律。

傅莉等(2008)在对研究区矿区地质条件和水文地质条件进行分析的基础上，建立了地下水流数学模型，通过抽水试验资料和地下水长观资料对模型进行了识别验证，预测了矿山疏干排水量。

## 1.3 主要研究内容和研究方法

本书充分利用以往有关地质与水文地质勘探资料，研究区内地下水开采量及地下水位的多年动态监测资料，进一步分析研究该区的地质与水文地质条件，建立地下水流数学模型，预测矿山排水后地下水流场，分析评价矿山疏干排水对矿区地下水环境的影响情况。

### 1.3.1 主要研究内容

(1)本次研究在渑池县矿山西段—矿山东段矿区水文地质勘探资料的基础上，对研究区地下水流进行数学模拟，在对水文地质条件掌握的基础上，建立了研究区非均质各向异性三维非稳定流数学模型，采用 Modflow 软件进行建模计算。

(2)根据经过拟合验证的模型，预测研究区在现状条件和开采条件两种不同情景下地下水流场，并对其进行分析评价。采用多种方案预测。

(3)根据预测结果对矿山开采对矿区地下水的影响进行预测评价。

(4)针对矿山开采后可能引起的地下水位的持续下降等问题，提出岩溶水开采的对策和建议。

### 1.3.2 研究方法

首先通过对研究区的地质、水文地质资料进行分析研究，构建地下水概念模型；然后建立相对应的数学模型，采用 Visual-Modflow 软件进行求解计算，在建模过程中，通过将 MapGIS 格式的图件转化为 shp 格式，可以方便地供 Visual-Modflow 软件导入基础数据；最后利用校验过的模型，针对不同的情景，对研究区地下水流场进行了预测，根据预测结果，对矿山开采对研究区地下水的影响进行了定性评价。技术路线图见图 1-7。

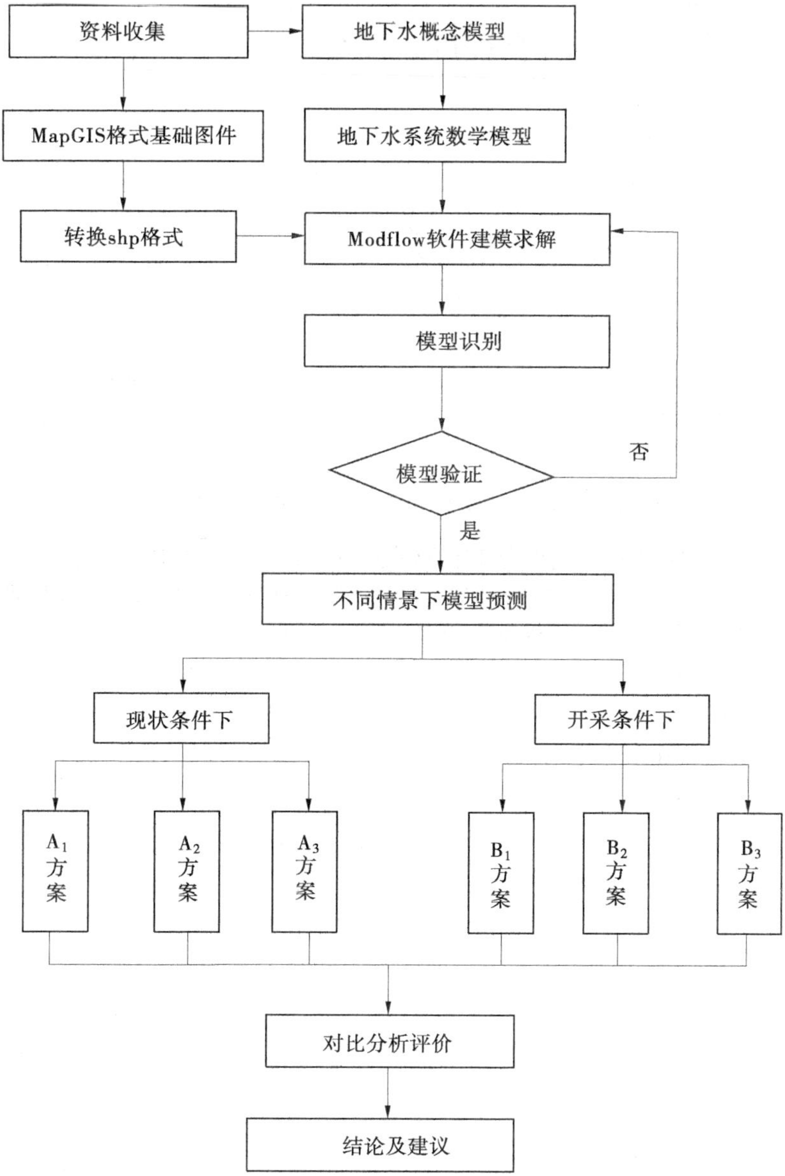
资料收集
地下水概念模型
MapGIS格式基础图件
地下水系统数学模型
转换shp格式
Modflow软件建模求解
模型识别
模型验证
否
是
不同情景下模型预测
现状条件下
开采条件下
$A_1$方案
$A_2$方案
$A_3$方案
$B_1$方案
$B_2$方案
$B_3$方案
对比分析评价
结论及建议

图1-7 技术路线

## 1.4 水文地质研究程度

自20世纪80年代以来,水利部门、地矿部门、煤炭部门在该地区曾先后开展过不同目的的地质、水文地质、工程地质、地下水资源勘察评价工作,积累了较丰富的地质、水文地质资料,主要进行的工作有:

1986年,煤炭工业部水源开发队在仁村至某地下水一带开展水源地勘察工作,提交了《河南省义马矿区仁村勘探区供水水源地初勘(最终)报告》。

1996~1998年,洛阳地质工程勘察设计院、河南省地矿厅第一地质调查队在南坻坞—歇柴沟一带进行水源地勘察工作,提交了《渑池县二电厂南坻坞水源地勘察总结报告》。

2002年6月,河南省地质环境监测总站、三门峡市水利局提交《河南省三门峡市地下水资源调查评价报告》。

2006年9月,郑州豫源地矿勘查技术服务有限公司提交《河南省渑池县研究区水文、工程地质勘探报告》。

2007年3月郑州豫源地矿勘查技术服务有限公司提交《河南省渑池县研究区勘探报告》。

2008年6月河南省郑州地质工程勘察院提交《中铝矿业研究区矿区地下水资源评价报告》。

1998年10月河南省郑州地质工程勘察院提交《新安县铁门镇龙涧泉水文地质调查报告》。

2009年8月长沙冶金设计研究院提交《中国铝业股份有限公司渑池县矿山西段铝土矿一期采矿工程初步设计书》和《中国铝业股份有限公司渑池县矿山东段铝土矿一期采矿工程初步设计书》。

以上报告对本次评价工作提供了可靠的地质、水文地质及矿山开采等宝贵资料,奠定了本次工作的基础。

## 1.5 研究区岩溶系统地下水开发利用现状

区内地下水开发利用主要为寒武—奥陶系灰岩岩溶裂隙水，该地下水系统具有水量大、水质好的特点，20世纪80年代已被周边生产单位作为水源地开发利用。矿区西部有渑池县二电厂南坻坞水源地、中部有腾跃水泥厂及仰韶酒厂水源地、东部有义煤集团某地下水水源地，以及新安境内的洛玻矿业公司、新安电厂龙涧水源地等，现状开采总量约24 200 $m^3/d$，多年平均开采量约25 800 $m^3/d$，见表1-2。具体情况如下。

表1-2 矿区岩溶水开采量调查统计

| 单位名称 | 井数 | 开采层位 | 现状开采量 2005～2008年 | | 1995～2008年均开采量 | |
|---|---|---|---|---|---|---|
| | | | $m^3/d$ | 万 $m^3/a$ | $m^3/d$ | 万 $m^3/a$ |
| 某地下水水源地 | 8 | O—∈ | 5 000 | 182.50 | 6 000 | 219.00 |
| 水泥二分厂 | 1 | O—∈ | 600 | 21.90 | 600 | 21.90 |
| 义煤水泥厂 | 5 | O—∈ | 2 500 | 91.25 | 2 300 | 83.95 |
| 渑池二电厂 | 5 | O—∈ | 1 200 | 43.80 | 2 000 | 73.00 |
| 洛玻矿业 | 3 | O—∈ | 3 500 | 127.75 | 2 500 | 91.25 |
| 黄河水泥厂 | 3 | O—∈ | 3 500 | 127.75 | 2 000 | 73.00 |
| 新安化肥厂 | 1 | O—∈ | 1 500 | 54.75 | 2 000 | 73.00 |
| 新电集团龙涧水源地 | 13 | O—∈ | 6 000 | 219.00 | 8 000 | 292.00 |
| 观吊村、陈沟村、仁村、韩村、赵窑 | 2 | O—∈ | 400 | 14.60 | 400 | 14.60 |
| 合计 | | | 24 200 | 883.30 | 25 800 | 941.70 |

矿区西部歇柴沟到南坻坞一带为渑池县二电厂南坻坞水源地，有供水井5眼，井深300～500 m。该水源地1997年建成，日取水量约

2 400 $m^3$。受国家小火电关停政策影响，二电厂于 2008 年 6 月停产，供水井水泵起出或断电，目前供水井停止供水。据统计，2008 年平均开采量 1 200 $m^3$/d。

矿区中部，义煤水泥厂及仰韶酒厂生活（生产）供水井 5 眼，水泥厂 2008 年新施工水井 2 眼并启用 1 眼，共 6 眼，井深 300 ~ 500 m，涌水量 30 $m^3$/h，该供水井群日取水量约 2 500 $m^3$。

矿区东部，曹沟到某地下水一带，主要为义煤集团某地下水水源地供水井群，该水源地 1993 年建成投入运行，现供水井 8 眼，井深 300 ~ 700 m，日取水量约 5 000 $m^3$，供水井配泵扬程 200 m，流量 63 $m^3$/h，水泵下入深度 198 m，计划 2010 年再建供水井 2 眼。

新安电力集团龙涧水源地有供水井 13 眼，现有 5 眼水泵配套齐全，井深 300 ~ 400 m，日取水量 6 000 $m^3$。据 1998 年龙涧泉调查报告资料，该井群 1995 年日取水量 9 000 $m^3$。

新安化肥厂龙涧水源地供水井 2 眼，井深 200 ~ 300 m，1997 年建井，现 1 眼井报废，另 1 眼井开采，日取水量 1 500 $m^3$。

新安铁门洛玻矿业公司供水井 3 眼，井深 400 m，日取水量 3 500 $m^3$，黄河水泥厂现有开采井 3 眼，井深 300 ~ 400 m，日取水量约 3 500 $m^3$。

区内村镇安全饮水工程，凿井取岩溶水的村庄有韩村、赵窑、仁村、陈沟村、观吊村，日取水量总计约 400 $m^3$。

由于以上用水单位对铝土矿层底部的灰岩（$\in$—O）含水层中地下水多年不断开采，已造成岩溶含水层水位大幅降低。现水位与 1984 年水位对比，西部的坻坞电厂供水基地水位下降约 45.69 m，中部的某地下水水源地水位下降约 134.35 m，东部龙涧水源地 1995 年 6 月至今水位下降 173.95 m，自西向东水位年平均降幅 3 ~ 9 m，地下水位下降对比见表 1-3。

浅层地下水是矿区居民人畜饮水的主要取水水源。浅层水主要埋藏于第四系黄土及北涧河冲积泥砾石层，水位浅，易于开采，井深一般在 10 ~ 20 m。农灌主要靠仁村水库，由于近年水库干枯已无供水能力，农灌靠天降水。

表1-3 矿区岩溶水系统水位降幅和水位标高对比

| 地 点 | y | x | 时间(年-月) | 水位埋深(m) | 水位下降(m) | 年均降幅(m) | 现水位标高(m) |
|---|---|---|---|---|---|---|---|
| 新电龙涧水源地 | 19596889 | 3848044 | 1995-06 | 0 | | | |
| | | | 1998-09 | 73.4 | | | |
| | | | 2009-10 | 173.95 | 173.95 | 9.16 | 156.05 |
| 韩村水井 | 19592105 | 3848923 | 1996-06 | 85.0 | | | |
| | | | 2009-10 | 185.5 | 100.5 | 7.73 | 184.58 |
| 义煤某地下水水源地补2B | 19588985 | 3849008 | 1984-03 | 3.15 | | | |
| | | | 1998-12 | 74.45 | | | |
| | | | 2009-10 | 137.5 | 134.35 | 5.37 | 275.84 |
| MK1 | 37584800 | 3851284 | 2007-12 | 411.52 | 该孔水位为标高值 | | |
| | | | 2008-09 | 380.0 | 61.52 | 4.39 | 380.0 |
| 南坻坞 MD3 | 19577920 | 3855104 | 1997-09 | 86.12 | | | |
| | | | 2009-10 | 131.81 | 45.69 | 4.15 | 516.29 |
| 陈沟水井 | 19575206 | 3856318 | 1996-08 | 135.0 | | | |
| | | | 2009-10 | 174.37 | 39.37 | 3.28 | 575.63 |
| 多孔平均年降幅(m) | | | | | | 5.68 | |

## 1.6 评价工作概况及工作概述

### 1.6.1 工作技术标准及依据

本次评价工作执行或参考的规范、标准及技术要求如下：

(1)《供水水文地质勘察规范》(GB 50027—2001)。

(2)《地下水资源分类分级标准》(GB 15218—94)。

(3)《地下水质量标准》(GB/T 14848—93)。

(4)《生活饮用水卫生标准》(GB 5749—2006)。

(5)《地表水环境质量标准》(GB 3838—2002)。

## 1.6.2 工作方法

### 1.6.2.1 水文地质补充调查

水文地质调查:调查开采井深度、取水层位、水位埋深、开采量。调查泉水流量及动态变化,调查河流水位、流量等。

### 1.6.2.2 地下水开采量调查

系统收集不同含水层的地下水开采量、开采方式及开采时段,对工业、农业、人畜用水等进行调查。对矿区内现有的观测孔及开采井水位进行实测,共测量水位 44 点次,绘制了矿区岩溶水等水位线图。

### 1.6.2.3 水质分析

为查明地下水水质现状,选择有代表性的水点采取水样,进行水质分析。取全分析样 5 组,其中岩溶水水样 4 组,北涧河砂卵石层浅层地下水水样 1 组。

### 1.6.2.4 资料收集

充分收集评价区的地质、水文地质、地下水长观、矿山建设及开采、矿山排水规划资料等,共收集各类报告 6 份。

### 1.6.2.5 资料整理及综合研究

综合研究和资料收集工作基本上是与野外工作同步,及时整理已取得的各项水文地质资料,编制图件,采取不同的评价方法对矿区水资源进行评价,对矿山开采排水对水源地的影响进行评价。

## 1.6.3 完成的工作量

各项实物完成工作量见表 1-4。

表1-4 完成工作量

| 序号 | 工作项目 | 计量单位 | 工作量 | 说明 |
| --- | --- | --- | --- | --- |
| 1 | 区域水文地质补充调查 | $km^2$ | 960 | |
| 2 | 矿区岩溶水系统水文地质调查 | $km^2$ | 150 | |
| 3 | 地下水动态监测 | 点 | 14 | 收集 |
| 4 | 地下水位统调 | 点次 | 44 | 收集 15 |
| 5 | 水文地质钻孔 | 孔 | 6 | 收集 |
| 6 | 抽水试验 | 组 | 14 | 收集成果 |
| 7 | 水质全分析 | 组 | 5 | |
| 8 | GIS 数字化制图 | 幅 | 5 | |
| 9 | 气象水文资料 | 年 | 52 | |
| 10 | 收集水文地质、矿区地质报告 | 份 | 6 | |

# 第2章 自然地理概况

## 2.1 地理位置

研究区西起南坻坞,东至某地下水,北到歇柴沟—仁村—德厚南一线,南抵陈家坡—南沟—上某地下水南一线,矿区呈北西—南东向分布,北西—南东向。长约14 km,宽400~1 500 m。其地理坐标为:东经111°50′30″~111°59′00″,北纬34°45′45″~34°49′24″,矿区登记面积:矿山西段铝土矿6.269 8 $km^2$,矿山东段铝土矿7.582 2 $km^2$。区内距渑池县城约16 km,新安县城约18 km,义马市8 km,行政区划隶属渑池县仁村乡、某地下水镇。交通便利,地理位置见图2-1。

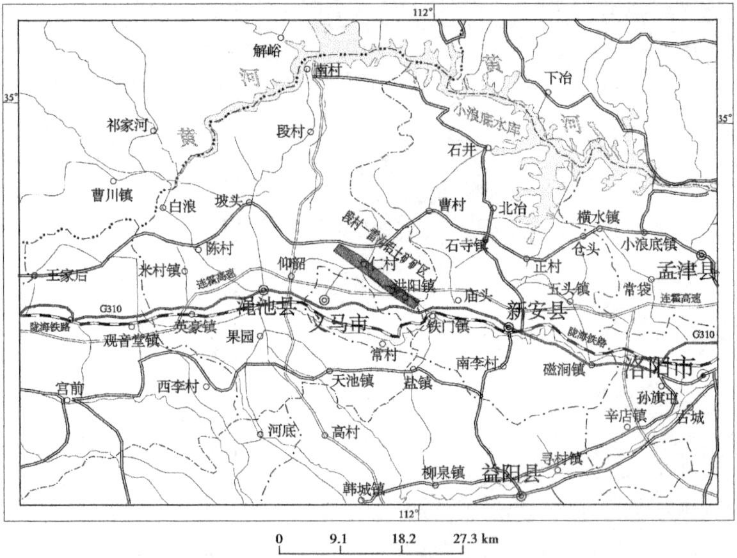


图2-1 地理位置

# 2.2 气象水文

## 2.2.1 气象

本区属中温带大陆性半干旱气候,年内四季分明,夏季炎热,冬季寒冷,春季多风,秋季天高日照长。据渑池县 1957 ~2008 年气象资料,多年平均降水量为 628.1 mm,降水集中在 6 ~9 月,占全年降水量的 60%左右(见图 2-2、图 2-3);年最大降水量 1 013.6 mm(1964 年),年最小降水量 301 mm(1995 年),日最大降水量 111.5 mm(1962 年 6 月 27 日);年平均蒸发量 1 994.9 mm,年蒸发量大于降水量;潮湿系数平均为 0.648;年平均气温 13.8 ℃,最高气温 41.6 ℃(1966 年 6 月 22 日),最低气温 -18.7 ℃(1967 年 1 月 31 日);月平均气温最高为 25.4 ℃(7 月),最低为 -2 ℃(1 月);全年无霜期 230 d 左右,冰冻期近 100 d,冻土厚度 0.12 ~0.19 m,最大冻土厚度 0.34 m。

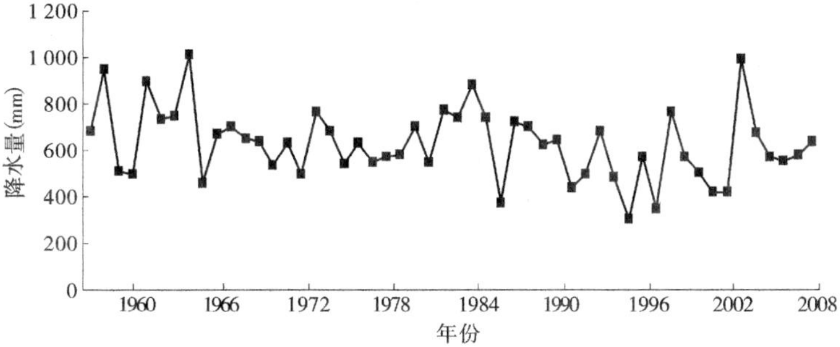


图 2-2 渑池县多年降水量曲线

## 2.2.2 水文

区内属黄河流域,主要河流有黄河、南涧河、北涧河和石河。

黄河从县城西北槐扒村入境,流经陈村、坡头、段村、南村四个乡,至东北杨家村东出境,境内全长 58.5 km,根据三门峡水库坝下三门峡

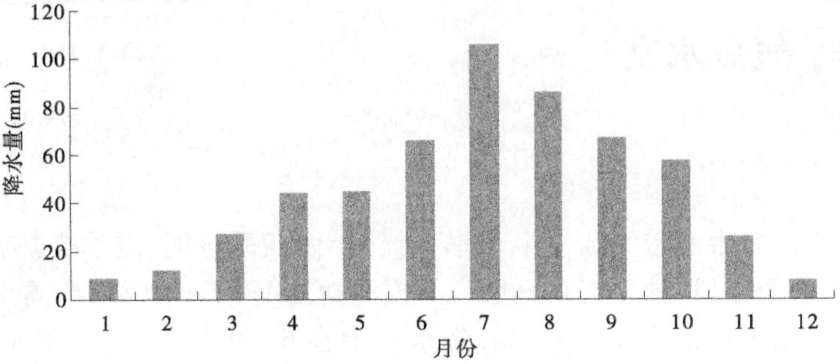


图 2-3　渑池县多年平均降水量月分布

水文断面实测年径流量为 366 亿 $m^3$。

南涧河(涧河)发源于陕县与渑池县交界的观音堂一带,全长约 43 km,向东流经新安县,于洛阳市区注入洛河。该河流量一般为 0.008 ~ 70.1 $m^3/s$,最大洪峰流量可达 400 $m^3/s$(1982 年 7 月 30 日),旱季干枯,是季节性河流。

北涧河发源于渑池县仁村乡北部山区,流向南,到仁村始转向南东,在铁门镇与南涧河交汇。该河一般流量 0.3 ~ 0.5 $m^3/s$,一般洪峰流量 10 ~ 18 $m^3/s$ (2004 年洪峰流量 10 ~ 15 $m^3/s$),历年最大洪峰流量可达 100 $m^3/s$ (1982 年 7 月 31 日),2004 年 7 月 20 日最大洪峰流量 35 $m^3/s$,最小流量为 0(2004 年 3 月 15 日至 6 月 20 日)。其汇水面积 102.7 $km^2$。发育有一、二级阶地,二级阶地后缘间宽最大可达 1 200 m,一般 800 m 左右。由于该河道压覆矿山东段矿区 75% 的矿床资源,矿山企业与地方政府对北涧河进行了河流改道,改道后河流沿现有河道尽量向北靠村庄边界,宽度45 ~ 75 m。

石河发源于渑池县北坻南坞之北部韶山区,全长约 15 km,流向大致南北,于义马市千秋处汇入南涧河,汇水面积约 50 $km^2$(截止南坻坞)。河床宽 80 ~ 200 m,坡降 2% 以上,发育有一级阶地,二级阶地少而零碎。据收集资料,河流一般流量 0.03 ~ 0.07 $m^3/s$,最大洪峰流量为 8.842 $m^3/s$(1983 年 8 月 11 日),旱季断流,是一季节性河流。

## 2.3　地形地貌

研究区位于渑池—义马向斜盆地，北、西、南三方高，向东逐渐降低，区域内主要地貌类型为中山、低山、丘陵（见图 2-4）。

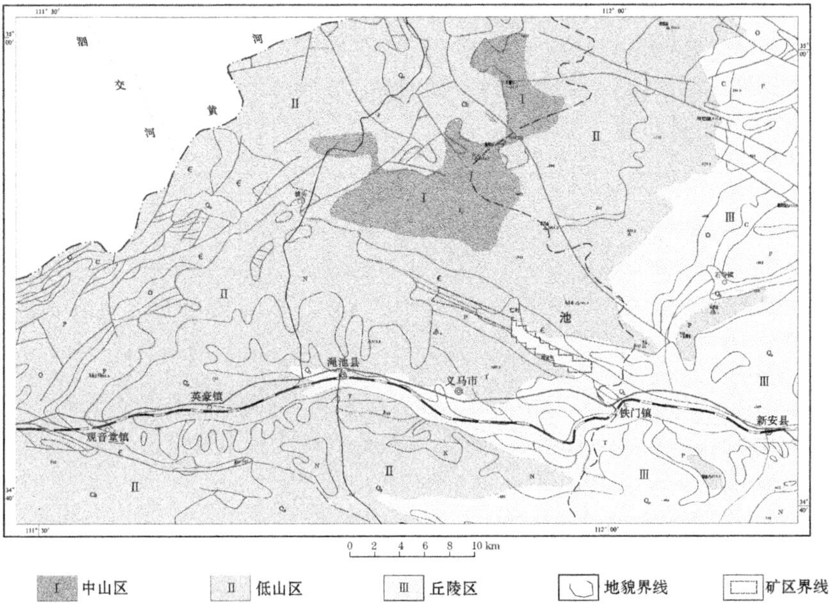


**图 2-4　区域地貌图**

中山区主要分布于区内北中部仰韶、瓦庙、上凹一带，海拔 284 ~ 1 462.9 m。韶山最高标高 1 462.9 m，涧河蕨山处最低标高 284 m，相对高差 1 178.9 m。以韶山、岱嵋山为最高，山顶多呈尖顶状、鱼脊状，山脊呈东西向展布，高程大于 1 000 m，切割深度大于 500 m。

低山区分布于区内北中部中山区四周及区内西部和南部广大地区，沟谷发育，多呈“V”字形，高程 500 ~ 1 000 m，切割深度 200 m 左右，表层一般有松散层覆盖。

丘陵区分布于区内东部，高程 300 ~ 500 m。丘陵区冲沟发育，渑池县以北冲沟近南北向发育，切割深度一般 20 ~ 80 m。渑池境内涧河河谷发育有一、二级阶地，河谷宽 800 m 左右。

## 2.4 地层岩性

本区地层属华北地层区，除志留系、泥盆系及上元古界缺失外，自中元古界长城系至新生界均有出露。地层从老至新分别有中元古界长城系、蓟县系；古生界寒武系、奥陶系、石炭系、二叠系；中生界三叠系、侏罗系、白垩系；新生界新近系、第四系（见图 2-5）。沉积岩厚度较大，累计厚度达数千米。

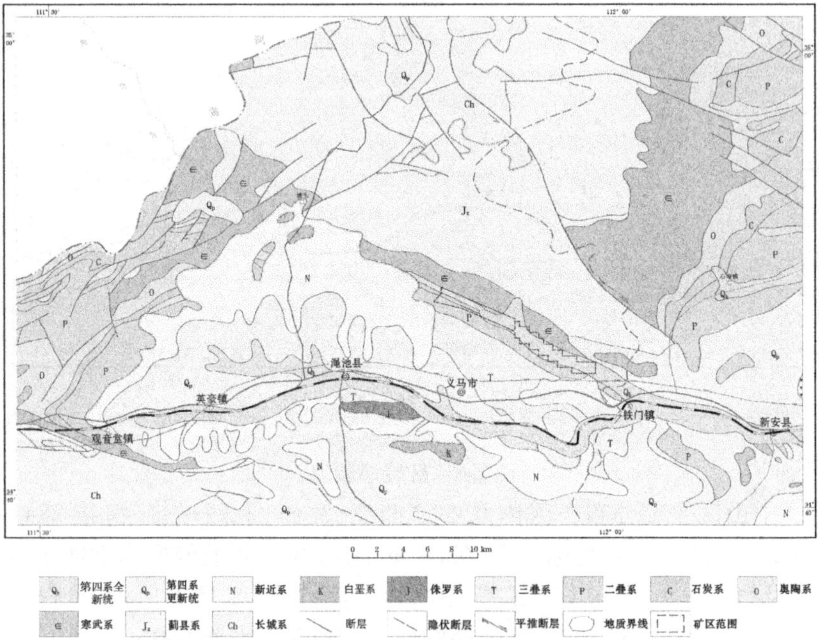


图 2-5 区域地质图

本区地层严格受构造控制。在北矿山西段穹隆背斜核部广泛分布着长城系、蓟县系，向南及南东依次出露寒武系、奥陶系、石炭系、二叠系、三叠系，渑池—新安向斜核部分布有白垩系、侏罗系。

区域地层按从老到新简述如下。

## 2.4.1 中元古界($Pt_2$)

### 2.4.1.1 长城系($C_h$)

长城系分布于区域北部及西南部山区。上部鸡蛋坪组为石英斑岩、流纹斑岩、英安斑岩夹少量安山岩、珍珠岩等,厚1 000余m。下部马家河组为安山岩、辉石安山岩夹流纹岩、英安岩、火山碎屑岩、碎屑岩、叠层石灰岩等,厚2 000余m。

### 2.4.1.2 蓟县系($J_x$)

蓟县系广泛分布于区域中北部,下部汝阳群地层大面积出露,上部洛峪群地层出露较少。

汝阳群以河流—滨海相碎屑岩沉积为主,自下而上分为云梦山组、白草坪组、北大尖组,厚600~1 400 m。云梦山组为肉红、灰白色石英砂岩、长石石英砂岩夹泥页岩,底部为河流相砾岩。白草坪组下部紫红、灰绿色页岩夹薄层石英砂岩,上部薄层石英砂岩夹页岩,厚100~200 m。北大尖组为灰白、黄褐色石英砂岩、长石石英砂岩夹灰绿色页岩、海绿石砂岩、白云岩、叠层石白云岩、赤铁矿砂岩,厚200~400 m。

洛峪群与下伏汝阳群平行不整合接触。洛峪群以浅海相碎屑岩—碳酸盐岩沉积为主,自下而上划分为崔庄组、三教堂组、洛峪口组,厚298~633 m。崔庄组以灰绿、紫红色页岩为主,下部夹灰黑色页岩、灰岩,上部夹薄层石英砂岩,厚115~227 m。三教堂组以灰白、浅肉红色石英砂岩为主,顶部夹海绿石砂岩、灰绿色页岩,厚30~220 m。洛峪口组下部为灰绿色页岩,中部为浅紫红色叠层石灰岩夹沉凝灰岩,上部为灰白色含燧石团块白云岩。

## 2.4.2 古生界($P_Z$)

### 2.4.2.1 寒武系($\in$)

寒武系呈条带状分布于区域中部及东北部。下部为浅海相沉积,平行不整合覆盖于蓟县系、长城系之上,主要为紫红色、砖红色、土黄色页岩和灰黄色、灰紫色薄层状石灰岩夹泥质石灰岩互层以及灰白色厚层状灰岩、泥灰岩，含三叶虫化石，厚 100 ~ 300 m。中上部为浅海相石灰岩建造，主要为灰色、灰黑色鲕状石灰岩，灰色板状薄层灰岩及薄层状绿色钙质页岩，厚 130 ~ 300 m。

### 2.4.2.2 奥陶系(O)

奥陶系为浅海相沉积建造，下统($O_1$)为灰色、灰黄色厚层状石灰岩或白云岩，夹燧石结核或薄层燧石层，厚 90 ~ 380 m。中统($O_2$)为深灰色、青灰色厚层状石灰岩，顶部为黄灰色、黄褐色、红褐色富含泥质石灰岩，含珠角石，分布于新安、渑池的北部，厚 80 ~ 200 m。

### 2.4.2.3 石炭系(C)

石炭系分布于区域东部及西部，下统缺失。上统可分为本溪组($C_{2b}$)与太原组($C_{2t}$)。

本溪组为含铁富铝黏土—铝土岩组合，是铝土矿的赋矿层位，即含矿系，与下伏地层奥陶系呈平行不整合接触，其间为古风化侵蚀面，厚 4 ~ 65 m，一般 15 ~ 20 m，局部缺失。太原组覆盖在本溪组之上，为一套海陆交互相碎屑岩—碳酸盐岩系。

本溪组划分为三个岩性段：下段($C_{2b}^1$)铁质页岩(黏土)，该段层位稳定，但厚度变化较大，一般 5 ~ 15 m。主要由黏土和铁质组成，原岩含黄铁矿、菱铁矿，风化后均形成赤铁矿、褐铁矿，风化后页理明显。与下伏地层假整合接触。

中段(${C_{2b}}^2$)为铝(黏)土矿层，主要由铝土矿和黏土矿(硬质黏土或高铝黏土矿)组成，铝土矿呈浅灰、灰白、灰，黄褐等色，以豆鲕状、砾屑状、砂粒状、致密状结构为主；主要矿物为一水硬铝石，含少量高岭石、水云母，重矿物为榍石、锆石等。厚度变化较大，厚 1 ~ 50 m，一般 2 ~ 6 m。上段($C_{2b}^3$)为黏土页岩，有时相变为粉砂质页岩或炭质页岩、薄煤层或煤线，厚度 0.5 ~ 5 m，一般 2 m 左右。

太原组($C_{2t}$)与上覆二叠系地层及下伏本溪组地层整合接触。厚 15 ~ 60 m，一般 20 ~ 30 m，由于所处的古地理环境的差异及海陆交替变化频繁，其岩性变化较大。杜家沟矿区太原组地层平均厚 15 m，构成一个海侵旋回。上部灰岩 3 m 左右，含燧石结核，分布普遍，其下为薄层页岩，底层为石英砂岩、砂砾岩，有时夹砾岩。砂砾岩有时与下伏地层呈假整合接触，有时缺失。水泉洼矿区太原组平均厚44 m，构成两个海侵旋回，其岩性主要为石英砂岩、页岩、炭质页岩、砂砾岩、灰岩。灰岩为一层，含燧石结核，平均厚6.4 m。贾家洼矿区该层平均厚40 m，构成两个明显的海侵旋回，其岩性主要为石英砂岩、砂砾岩和页岩，上部夹薄层灰岩有时缺失。本区该层平均厚度26 m，有2～3个海侵旋回，其岩性主要为灰岩，一般2～3层，含燧石结核，上下两层最发育，单层平均厚8 m，个别达30 m以上，底部砂岩东部普遍缺失，西部增厚。灰岩向西逐渐减少。贾沟—石寺—马行沟矿区的太原组平均厚25～30 m，顶部有一层厚8 m左右的硅质岩，呈板状，致密坚硬，节理发育，为区域内太原组的标志层。其下构成三个海侵旋回，自下而上为石英砂岩、页岩夹煤线、灰岩，向东部灰岩厚度有增大的趋势。

#### 2.4.2.4 二叠系(P)

二叠系整合覆盖于下伏太原组之上，为湖泊、沼泽相含煤沉积建造，主要分布于新安以北，主要由山西组、上下石盒子组、石千峰组组成。

二叠系下统($P_1$)山西组与下石盒子组并层，主要岩性为黄绿色泥岩、灰黄色泥岩夹灰白色粗粒长石石英砂岩，底部为灰黑色炭质泥岩夹煤层(线)，夹煤1～3层，为本区主要可采煤层，是区域内主要含煤层位，大煤二$_1$煤赋存于此。

二叠系上统($P_2$)上石盒子组与石千峰组并层，主要岩性为长石石英砂岩、粉砂岩夹页岩、杂色页岩、泥质页岩、细砂岩、粉砂岩夹炭质页岩和煤线(层)。

### 2.4.3 中生界($M_Z$)

#### 2.4.3.1 三叠系(T)

三叠系为沼泽湖泊相的红色建造，主要岩性为紫红色、黄绿色砂岩和钙质粉砂岩、砂质页岩、泥质页岩、钙质页岩互层。主要分布于渑池—义马—铁门镇一线，厚度700～1 300 m。

#### 2.4.3.2 侏罗系(J)

侏罗系以灰绿色的砂岩和页岩为主，夹有煤层，上部为灰白色砂岩、页岩夹可采煤四层，有时见淡红色长石砂岩和杂色页岩互层，中部紫色砂质页岩和灰色细粒砂岩互层，下部黄绿色细砂岩与页岩互层。分布于渑池以南，出露较少，厚度 2 063 ~ 2 400 m。

#### 2.4.3.3 白垩系(K)

白垩系为陆相沉积、火山岩相，顶部为紫色页岩，上部为流纹岩，具流动擦痕及杏仁状构造，下部为安山岩，仅在义马南部有少量出露，厚 600 ~ 1 500 m。

### 2.4.4 新生界($C_Z$)

#### 2.4.4.1 新近系(N)

新近系分布于区域中部及南部地区。主要为钙质胶结的泥岩、砂岩、砂砾岩和灰岩组成。地层倾向西南。

#### 2.4.4.2 第四系(Q)

第四系主要分布在渑池—义马向斜内及山前斜地。为陆相风成或水成黄土层及冲积形成的砂砾石、砂层、粉砂质黏土、粉质黏土等。

## 2.5 构 造

区域构造如图 2-6 所示。

### 2.5.1 褶皱

#### 2.5.1.1 义马向斜

义马向斜位于区域中部，西起扣门山断层，东至龙潭沟断层，南抵义马断层，北接北矿山西段穹隆，呈半拉瓢状。轴部近东西，核部分布有侏罗系、白垩系、古近系地层。北翼宽缓，同穹隆协调连续，走向呈向北突出的弧形，倾向南东—南—南西，倾角 5° ~ 30°。南翼倒转或隐伏于义马断层之下。

#### 2.5.1.2 新安背斜

新安背斜位于区域东部，龙潭沟断层以东，与渑池向斜呈哑铃状相连。轴向近东西，区内仅是盆地的北西翼（或穹隆的东翼），因穹隆影响和限制，呈北东向展布，倾角 5° ~ 15°，见表 2-1。

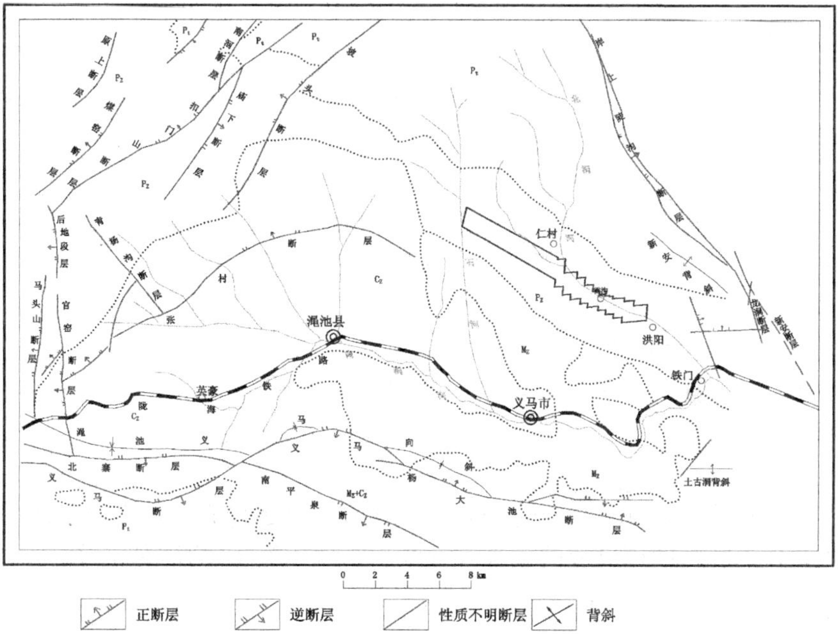


图 2-6　区域构造简图

表 2-1　区域褶皱一览表

| 褶皱名称 | 褶皱构造形态特征 |
|---|---|
| 义马(陕渑)向斜 | 西起观音堂,东至庙头。东西长 48 km,南北宽 20 km,面积约 960 km$^2$。轴向近东西,由西向东倾伏,为一不对称的向斜构造。北翼发育完全,南翼被义马断层、北寨断层、扬大池断层所破坏,北翼倾角 20°~28°,南翼陡立,甚至倒转。西端及东端(铁门以东)翘起,西部收敛,东部开口。向斜两翼都有奥灰及寒灰出露,灰岩埋深由西向东逐渐加深,在义马煤田一带奥灰埋深达 1 000 m以上 |
| 新安背斜 | 位于北部方向以北陈岭一带,轴向 N30°,核部由蓟县系砂岩组成,由于岩上断层破坏,两翼不对称,NE 地层倾角 30°~46°,SW 翼倾角 20°~25°,背斜轴向 SE 倾伏,轴部砂岩裂隙发育,方向为 N10°~20°E |
| 土古洞背斜 | 出露于新安县庙头以南牛心寨—土古洞一带,轴向 N77°W,核部由张夏组灰岩组成,两翼不对称,地层倾角 12°~23°,由于牛心寨等断层破坏,轴向不连续,NWW 端倾伏,SEE 端翘起 |

## 2.5.2　断裂

区域西部发育密集的北北东或北东向断层组，东部发育北西向断层组，南部发育东西向断层组，三者呈三角形交错（见表2-2）。

### 2.5.2.1　北东向断层组

北东向断层组以扣门山断层为代表，呈北北东至北东向，自穹隆中央坡头断层向西发育，属压扭性正断层及平推正断层，表现为顺时针方向扭动，北北东向断裂相对比较密集，规模较小；北东向断层相对较稀，规模较大，两者呈“Y”字形交接，断层倾向多为北西，倾角70°～80°以上，断距数十米至百米左右，构成阶梯状断层组，将含矿岩系切割成菱形断块。

### 2.5.2.2　北西向断层组

北西向断层组主要分布于区域东部，西部数量较少，与北东向断层组呈倒“八”字形交汇，以龙潭沟断层为代表，向北东方向断层密度增加，走向渐转向东西向，且有西部收敛、东部撒开之势。龙潭沟断层走向北西，倾向北东，倾角70°～80°，属平推正断层。此断层规模较大，延长较远，并伴生方山紧密背斜，断层向北西推移数千米，显示压扭性质，表现为反时针方向扭动。北东部其他断层规模较小，延伸范围有限。

### 2.5.2.3　东西向断层组

东西向断层组主要分布在区域南侧，以义马断层为代表，为规模巨大的逆（冲）断层，断距数百米以上，断层靠近向斜轴部，使渑池向斜南翼倒转并隐伏其下。此外，渑池向斜北部，还有稀疏的几条近东西向正断层，断距一般数十米至百米左右。

### 2.5.2.4　南北向断层组

南北向断层组主要发育在渑池向斜西段转折部位，大都为高角度正断层，呈近南北向弧形伸展，北部收敛，南部略有撒开，断距数十米至百米左右。该组断层与北东向断层组交汇在一起。

以上各方向断层组相互交错，将穹隆和向斜分割成断块状，形成以扣门山断层和龙潭沟断层为界线的三大地垒式扇形断块。

表 2-2　主要断层一览表

| 断裂名称 | 展布位置 | 穿越地层 | 产状 | | | 力学性质 | 延伸长度(km) | 断距(m) | 断裂带描述 |
|---|---|---|---|---|---|---|---|---|---|
| | | | 走向 | 倾向 | 倾角 | | | | |
| 扣门山正断层 | 坡头北与观音堂矿西 2 km | $J_x$、$\in_1$ O、C、P | N50°E | NW | 75°~80° | 张—张扭性 | 27 | 150~900 | 东北段北盘与南盘见 $\in_2$、$\in_3$ 与 $J_x$、$\in_1$ 地层接触，西南段见 P 与 $\in$ 地层相接触，构成相对阻水边界。在柏树山一带断层带宽 10~50 m，断裂带及其两侧有泉水出露，推测断层两侧充水为张性导水断层 |
| 坡头正断层 | 坡头至贯吊一带 | $J_x$、$\in$ O、C、P | N40°E | NW | 75°~80° | 张—张扭性 | >20 | 200~500 | 北段西盘(下降盘)与东盘(上升盘)见 $\in$ 与 $J_x$ 呈断层接触，南段被覆盖，北段断距大、南段小。构成东部与西部岩溶水子系统相对阻水边界及地下水分水岭 |
| 南平泉正断层 | 南平泉一带 | $C_h$、$\in$、O | N70°W | SW | 70°~80° | 张—张扭性 | >11 | 不详 | 南盘下降，北盘上升，两侧地层不连 |
| 硖石—义马逆断层 | 西起硖石、东延常村矿南 | $C_h$、$J_x$、$\in$ O、C、P、J、K | EW | SW | 70°~90° | 压—压扭性 | >50 | 500~1 000 | 西段 $C_h$、$J_x$ 与 $\in$、O 地层接触，东段煤系与 $J_x$、$C_h$ 呈断层接触，构成单元南边界，构造角砾断层泥，挤压透镜体发育，岩层陡立倒转，显示强烈挤压特征 |

续表 2-2

| 断裂名称 | 展布位置 | 穿越地层 | 产状 | | | 力学性质 | 延伸长度(km) | 断距(m) | 断裂带描述 |
|---|---|---|---|---|---|---|---|---|---|
| | | | 走向 | 倾向 | 倾角 | | | | |
| 清杨沟正断层 | 向斜北翼张村西 | $P_2$、$P_1$ $O_2$、$O_1$ | N45°W | NE | 60°~70° | 压—张扭性 | 6.3 | 200 | 北西端地势高。东北盘下降,西南盘上升,O与∈地层错断,为东西断块分界,断层两侧水位相差悬殊,水力联系差,形成跌水陡坎。构成曹瑶与观音堂断块岩溶水子系统相对阻水边界 |
| 后地正断层 | 鞍子山西 | P、C O、∈ | N5°W | SW | 76° | 压—张扭性 | 3 | 100~500 | 北段落差大、南段小,东盘老地层与西盘较新地层呈断层接触,见断层角砾断层泥及断层擦痕,宽5~10 m,东盘阻水西盘充水。推测为张性导水断层,但因断层两盘地层错断起相对阻水作用 |
| 官窑正断层 | 甘豪煤矿东侧 | $P_2$ | N5°W | W | 不详 | 张—张扭性 | 7.5 | 100~230 | 地表出露不全,西盘下降、东盘上升,岩层错断百余米,构成井田边界,为导水断层,西盘阻水、东盘充水。推测因断层切割,致使断层两盘水力联系变差 |
| 马头山正断层 | 甘豪矿 | $P_2$ | N10°E | W | 不详 | 张—张扭性 | 7 | 75 | 西盘下降、东盘上升,北段有露头出露,宽5~6 m,有岩脉充填,据矿井地质报告,该断层为两侧充水的导水断层 |
| 杨大池正断层 | 清凉山—盐镇乡 | P、T | N80°W | N | 75° | 张—张扭性 | 25 | 50~140 | 北盘侏罗系(J)与南盘三叠系(T)对接 |

续表 2-2

| 断裂名称 | 展布位置 | 穿越地层 | 产状 | | | 力学性质 | 延伸长度(km) | 断距(m) | 断裂带描述 |
|---|---|---|---|---|---|---|---|---|---|
| | | | 走向 | 倾向 | 倾角 | | | | |
| 煤窑沟正断层 | 北起焦地，南至硖石 | P、C O、$\in$ | N55°E | NW | 80° | 张—张扭性 | 23 | 300 ~ 500 | 东北段北盘 $P_1$ 与南盘 C、O 地层接触。西南段 $\in_2^2$ 与 $O_2$ 地层相接触，断层带宽 3 ~ 20 m。见断层角砾，断层两侧充水，构成透水边界；东北段构成相对阻水边界 |
| 龙王庄正断层 | 龙王庄至龙潭 | $P_1$、$C^{2+3}$ | N70°W | NE | 不详 | 张—张扭性 | 4.5 | 40 ~ 80 | 北盘下降、南盘上升，为近 EW 向断层所破坏，显示出多期活动特征，位处构造复合部位，为导水断层，有利于岩溶裂隙地下水补给和汇集 |
| 岸上正断层 | 山神庙至石沟一带 | $J_x$、$\in$、O、C、P | N30°W | NE | 70° | 张—张扭性 | 22 | >500 | 在山神庙附近见 $J_x$ 地层与 ${\in_2}^2$ 地层接触，断层角砾明显，破碎带宽 3 ~ 5 m。推测局部地段断层两侧充水，为张性导水断层。构成义马水文地质单元的东边界 |
| 庙下正断层 | 扣门至庙下一带 | $J_x$、$\in$、O | N40°E | SE | 72° ~ 80° | 张—张扭性 | 12 | >700 | 在庙下处 $J_x$ 地层直接与 $\in$ 地层接触，断裂带宽 10 ~ 15 m 角砾明显，大小不均，推测断层两侧充水 |

续表 2-2

| 断裂名称 | 展布位置 | 穿越地层 | 产状 | | | 力学性质 | 延伸长度(km) | 断距(m) | 断裂带描述 |
|---|---|---|---|---|---|---|---|---|---|
| | | | 走向 | 倾向 | 倾角 | | | | |
| 北寨逆断层 | 向斜南翼石推至上沟一带 | ∈、O、C、P | EW | S | 不详 | 压—压扭性 | 10 | 300～400 | 南盘∈、O地层与北盘C、P地层呈断层接触。地表出露不全，斜擦痕等挤压特征明显，有岩脉充填，构成陕渑煤田南边界 |
| 张村正断层 | 张村南至英豪北 | 隐伏断层 | N30°E | NW | 不详 | 不详 | 22 | 不详 | 该断层位于向斜盆地深埋区，因碳酸盐岩位处深埋部滞流区，推测该断层导水性不强 |
| 弥陀寺正断层 | 支建煤矿南至海眼坡根南 | ∈、O、C、P | N20°W | NE | 不详 | 不详 | 5 | 不详 | 二叠系地层与奥陶系地层接触 |
| 东庄正断层 | 东坡西至樱桃山西 | ∈、O、C、P | N45°E | NW | 不详 | 不详 | 10 | 不详 | 二叠系地层与寒武系地层接触 |
| 龙涧断层 | 将庄—庙头 | ∈、O、C、P | NW 330° | NE | 75° | 不详 | 4.5 | 150 | |
| 新村断层 | 新村—韩都湾 | ∈、O | NW 330° | NE | | 正断层 | | 190 | |
| 蔡庄断层 | 从蔡庄庙头北通过 | ∈、O | NE 80° | NNW | 70° | 逆断层 | 4 | 120 | |
| 新安断层 | 区域大断裂 | ∈、O、C、P | NW 330° | NE | 70° | 先压后张多期活动 | 45 | >100 | |

# 第 3 章　区域水文地质条件

## 3.1　地下水系统及其边界划分

研究区所在区域水文地质单元属渑池—义马向斜盆地地下水系统，其边界划分主要以地表水分水岭为界，结合地质断裂构造确定。其边界范围，北部以坡头、韶山、段庄、方山地表水分水岭为界；东部以岸上断层、新安断层（截止龙涧泉至庙头一线）为界；西部以坡头、扣门山断裂带为界；南以硖石逆断层及义马（陕渑）逆断层为界。东西长 48 km，南北宽 20 km，总面积 960 $km^2$（见图 3-1）。

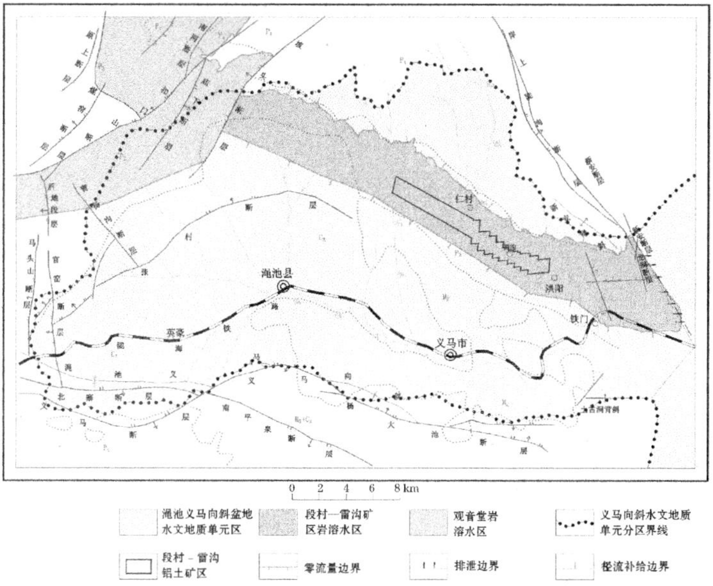


图 3-1　渑池—义马向斜盆地水文地质单元分区图

该地下水系统总体上为一单斜储水构造。根据地下水埋藏、分布及含水层岩性的不同将其划分为松散岩类孔隙裂隙水、碎屑岩类孔隙裂隙水、碎屑岩类裂隙水、碳酸盐岩类裂隙岩溶水四个子系统。

根据区内碳酸岩类裂隙盐岩溶水分布、埋藏、补给、径流、排泄及其受控断裂构造因素综合分析,将区内岩溶水系统划分为研究区岩溶水和观音堂岩溶水两个子系统,其分界以坡头断裂、扣门山断裂为界,该断裂带也是岩溶水的分水岭。

## 3.2 区域地下水类型及其富水性

### 3.2.1 松散岩类孔隙水

#### 3.2.1.1 河谷区松散岩类孔隙水

河谷区松散岩类孔隙水分布于涧河及石河河谷,支流河谷有少量分布。由 $Q_4$、$Q_3$ 冲洪积层组成,含水层岩性主要为泥质砂砾卵石层。厚度 0 ~ 72.5 m,分布不均。

河谷地带,自漫滩到阶地,沉积物由薄变厚,地下水由潜水转为微承压水。水位埋藏一般较浅,由上游到下游,含水层逐渐增厚。在平面上,含水层发育程度乃至渗透性不均一,具有非均质含水层特征,单位涌水量 0.1 ~ 2 L/(s · m),富水性中等,局部较强。

支流河谷地带,含水层较薄,补给条件及赋存条件不好,富水性弱—极弱。

#### 3.2.1.2 丘陵区松散岩类孔隙水

丘陵区松散岩类孔隙水分布于盆地及丘陵区。由 $Q_2$、$Q_1$ 黄土及洪积泥砾石层组成,含水层岩性主要为黄土状粉土、古土壤夹钙质结核,局部透镜状砾石层,厚度不等。

因地形复杂,冲沟发育,含水层一般被沟谷所切穿,地下水赋存条件不好,泉流量一般小于 0.1 L/s,富水性弱—极弱,局部因沿沟排泄而不含水。在地形开阔地段,含水层分布相对稳定,地下水汇集与赋存条件尚好,中等富水。

松散岩类孔隙水水质类型一般为 $HCO_3$—Ca(或 Ca · Mg)型水,矿化度 <0.5 g/L。

## 3.2.2　碎屑岩类孔隙裂隙水

碎屑岩类孔隙裂隙水分布于盆地及煤田区。由古近系、新近系(N、E)地层所组成,含水层以砂砾岩、钙质砂岩及泥灰岩为主,赋存孔隙潜水—承压水。

由于地形切割强烈,地下水分布不稳定,露头不多,常在沟底阻水层接触面排泄成泉,流量一般为 0.1 ~ 1.0 L/s,富水性弱—极弱,局部中等。水质类型以 $HCO_3$—Na(或 Na · Mg)型为主,矿化度一般 <0.5 g/L。

## 3.2.3　碎屑岩类裂隙水

### 3.2.3.1　碎屑岩类含水岩组

1. 二叠系裂隙含水岩组

二叠系裂隙含水岩组主要分布于义马(陕渑)向斜西端及其北翼。含水层主要以二叠系砂岩为主,以泥岩、页岩等为隔水层,具有含、隔水层相互叠置的互层特征。

该含水岩组浅部风化裂隙及构造裂隙较发育,因其上覆巨厚的隔水层,裂隙开启程度差,地形复杂,不利于地下水补给。该含水岩组地下水露头不多,泉流量一般小于 0.1 L/s,富水性弱—极弱。水质类型为 $HCO_3$—Na(或 Ca · Na)型、$HCO_3$ · Cl—Na 型或 $HCO_3$ · $SO_4$—Ca · Mg 型水,矿化度 0.4 ~0.6 g/L。

2. 侏罗系裂隙(孔隙)含水岩组

侏罗系裂隙(孔隙)含水岩组分布于义马煤田区。含水层为侏罗系砾岩及砂岩,以砂质泥岩为隔水层,具有含、隔水相互叠置结构,赋存孔隙潜水—承压水。

该含水岩组一般上覆有厚度不等的新生界地层,裸露面积有限。砾岩为钙质、泥质胶结,分选及磨圆较差,多泥砂质充填,孔隙不太发育,砂岩裂隙发育细小,不利于大气降水及地表水的补给,富水性较弱,

单位涌水量 <0.1 L/(s·m)。水质类型以 $HCO_3$—Ca·Na 型为主，矿化度一般 <1 g/L。

#### 3.2.3.2 碎屑岩夹碳酸盐岩类含水岩组

碎屑岩夹碳酸盐岩类含水岩组分布于陕渑地区。含水层主要为石炭系上统所夹的灰岩及砂岩，赋存裂隙（岩溶不发育）潜水—承压水。

该组发育有灰岩 1~4 层，平均厚度 8 m 左右，砂岩厚度 10~15 m，地表出露宽度不大，加之地形复杂，不利于大气降水及地表水的渗入补给，富水性较差。在有导水断层沟通或构造发育的地段，富水程度稍强。单位涌水量一般 <0.1 L/(s·m)，富水性弱—极弱。水质类型以 $HCO_3$—Ca（或 Na）型为主，矿化度一般 <1.0 g/L。

### 3.2.4 碳酸盐岩类裂隙岩溶水

碳酸盐岩类裂隙岩溶水分布于区北部坡头、仁村、某地下水、铁门一带。含水岩组主要为奥陶系（O）、寒武系上统（$\in_3$）、寒武系中统张夏组（$\in_2^2$）。含水层岩性主要是灰岩和白云岩。O、$\in_3$、$\in_2^2$ 含水层之间通过断裂、裂隙、溶洞连通，为统一含水体。水位埋深与地形有关，在山前及河谷地带埋藏较浅，其他地段则随地势增高而加深。在裸露区为潜水，在隐伏区为承压水。

因构造条件、地形条件的制约，岩溶裂隙发育具有不均匀性，地下水的分布及其富集在区内也不尽相同。地下水埋深几十米到百余米不等，区内含水层有比较明显的边界，岩溶裂隙发育程度及含水层的富水性随埋深的增加而减弱，具有垂直分带性。区内不同地段水运动条件有显著的变化，富水程度亦有所不同。含水层非均质性明显。东部仁村—某地下水一带奥陶系为主要含水层，中部陈村—曹窑一带上寒武统和下奥陶统为主要含水层，西部南坻坞一带上寒武统和中寒武统为主要含水层。

## 3.3 地下水的补给、径流、排泄条件

区内地下水的补给来源以大气降水为主，其次是地表水的渗漏补

给。在地形条件和构造条件的控制下,地下水垂直运移或水平径流,多以侵蚀下降泉或构造(地层)阻水侧向补给邻区含水层。地下水和地表水的径流方向基本一致,以地表分水岭为界分别向东部龙洞泉一带和北部黄河方向径流汇集。

### 3.3.1 松散岩类孔隙水补给、径流与排泄条件

区内松散岩类孔隙水补给主要是大气降水入渗补给,在涧河河谷、石河河谷地段还有河水补给。补给量的大小受地形及岩性组合的控制,在山地前缘及丘陵区内地形陡峭,地表径流条件好,但地层沉积薄,补、蓄条件皆差。在河谷区及地形开阔地段,地层分布连续,相对稳定,沉积较厚,其补给条件及蓄水条件相对较好。

地下水流向与地形坡降一致,自上游向下游,由地表分水岭向周边谷地排入地表水体。排泄主要是沿河谷径流排泄。

### 3.3.2 裂隙水补给、径流与排泄条件

此类地下水的补给来源及补给方式与含水层的出露条件和埋藏条件有关。在基岩裸露区,可直接接受大气降水及地表水入渗补给,在隐伏区,主要接受局部地段上覆松散堆积层地下水下渗补给。

该类含水岩组层次繁多,孔隙不发育,地下水径流滞缓,补、蓄条件差,受构造条件控制。其径流途径总体上受地势和地表水系控制,除矿井开采排水及工农业开采外,最终排泄于河谷或以潜流形式排出区外。

### 3.3.3 岩溶裂隙水补给、径流与排泄条件

该类地下水补给主要是大气降水入渗补给,其次是石河、北涧河的渗漏补给。

地下水径流主要是由北向南、由西向东径流,总体流向由西北向东南径流(见图3-2)。天然状态下,矿区岩溶水在铁门龙涧村一带以泉群形式排泄,有名的龙洞泉群就是该区岩溶水的排泄形式,1995年6月龙洞泉干枯至今,排泄形式由泉水排泄已转变为目前的开采排泄。

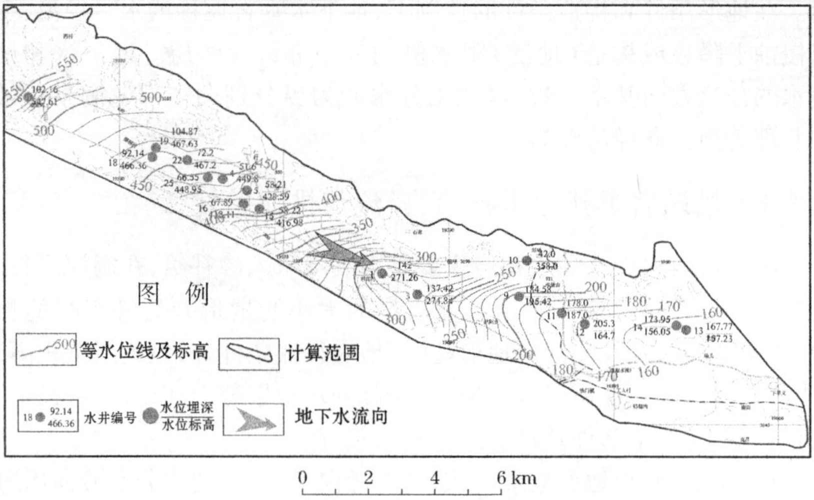


图 3-2 研究区岩溶水等水位线图(2009 年 10 月)

## 3.4 研究区地下水同位素水文地质特征

### 3.4.1 浅层孔隙水及砂砾岩孔隙裂隙水同位素特征

在研究区南部采集了 3 个第四系孔隙水水样和 1 个第三系泥灰岩岩溶水水样,将它们点在 $\delta D—\delta^{18}O$ 散点图上(见图 3-3),这些样点均落在全国雨水线下方,处于矿区雨水线和地表水线(蒸发线)交汇处,说明第四系孔隙水和第三系泥灰岩岩溶水主要来源于大气降水和地表水入渗补给,并以大气降水入渗补给为主。水样 YM12 的氚含量为 21.23TU,水样 YM06 的氚含量为 26.47TU,二者都是由 15~20 年的大气降水所补给的。

在耿村矿、跃进矿和常村矿共采集了 9 个矿井水样(见表 3-1),将它们点在 $\delta D—\delta^{18}O$ 散点图上(见图 3-4),一部分水样点靠近矿区雨水线,一部分水样靠近矿区地表水线,说明煤层顶板砂砾岩裂隙水源于当地降水和地表水的补给,有的以大气降水入渗补给为主,有的则以地表水入渗补给为主(潘国英等)。

**表 3-1　地下水同位素测定结果表**

| 编号 | 取样地点 | 含水层 | $\delta D_{-SMOW}$ (‰) | $\delta O_{-SMOW}$ (‰) | 氚(TU) |
|---|---|---|---|---|---|
| YM01 | 义煤集团总部 | $Q_4$ | -54.48 | -7.54 | |
| YM12 | 耿村矿职工医院水井 | N | -59.25 | -7.80 | 21.23 |
| YM04 | 峪口村农家水井 | $Q_4$ | -55.28 | -7.69 | |
| YM06 | 河口村农家水井 | $Q_4$ | -52.92 | -6.86 | 26.47 |
| YM24 | 耿村矿 12180 工作面 | $J_2$ 砾岩 | -57.98 | -7.69 | |
| YM13 | 跃进矿 +170 水平三区 | $J_2$ 砾岩 | -84.23 | -11.22 | |
| YM18 | 跃进矿顶板 25080 工作面 | $J_2$ 砾岩 | -60.15 | -8.13 | |
| YM19 | 跃进矿 +170 水平六区 | $J_2$ 砾岩 | -63.02 | -7.25 | |
| HP36 | 常村矿 21181 工作面 | $J_2$ 砾岩 | -63.48 | -7.47 | 14.35 |
| HP37 | 常村矿 21101 工作面 | $J_2$ 砾岩 | -45.79 | -6.72 | 13.67 |
| HP39 | 常村矿 +320 东大巷 | $J_2$ 砾岩 | -50.27 | -7.24 | |
| HP40 | 常村矿 330 泵房 | 矿井水 | -56.47 | -7.56 | |
| HP41 | 常村矿 210 泵房 | 矿井水 | -45.42 | -5.12 | |

### 3.4.2　CFC 及其在水文地质中的应用

CFC 是 Chloro Fluoro Carbons(氟利昂)的缩写,是一类人工合成的有机物,20 世纪 30 年代开始大量生产,用作制冷剂、发泡剂、清洁剂和生产橡胶塑料等。早期市场上以 CFC-11 和 CFC-12 为主,70 年代后 CFC-113 用量逐渐增加。由于其特有的挥发性,世界上生产的 90%以上的氟里昂都最终进入到大气圈和水圈中。随着产量和消费量的增长,大气中 CFC 含量开始快速增加,自 1940 年以来 CFC-11、CFC-12 和 CFC-113 浓度一直稳定增加,并且在全球大气圈中均匀分布,

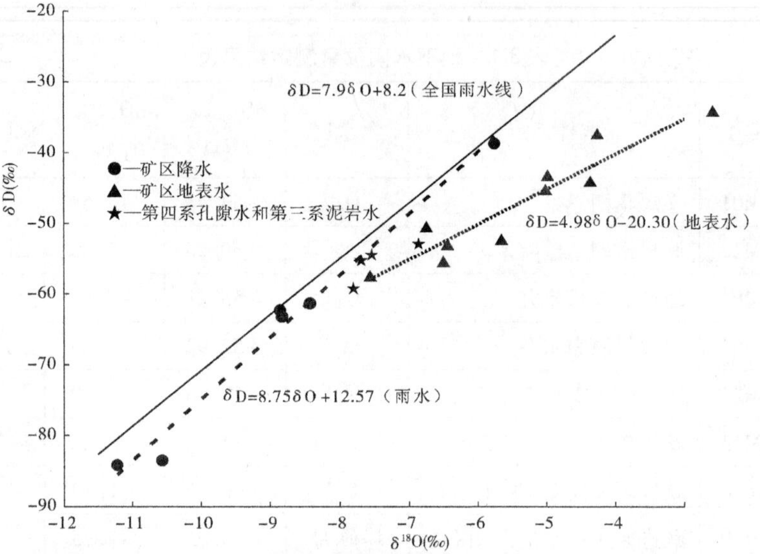


图 3-3　孔隙水和泥岩水 $\delta D—\delta^{18}O$ 散点图

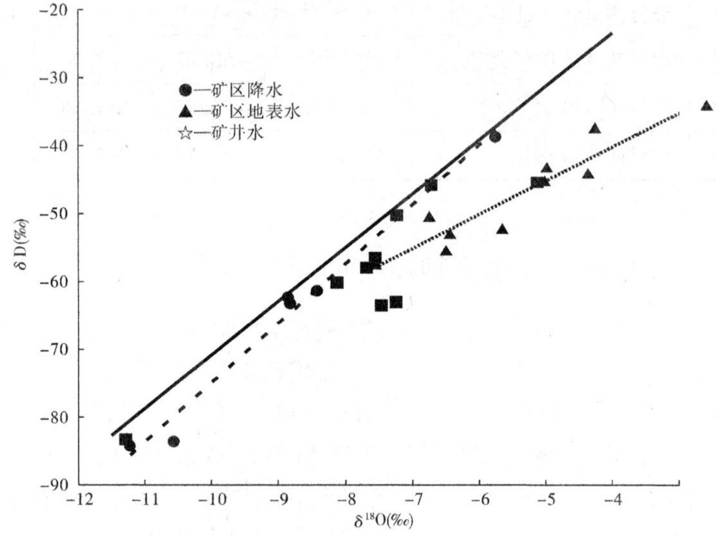


图 3-4　砂砾岩裂隙水 $\delta D—\delta^{18}O$ 散点图

1992 年以后各国开始控制 CFC 的使用,CFC 浓度增加速率变缓,并开始呈下降趋势(见图 3-5)。

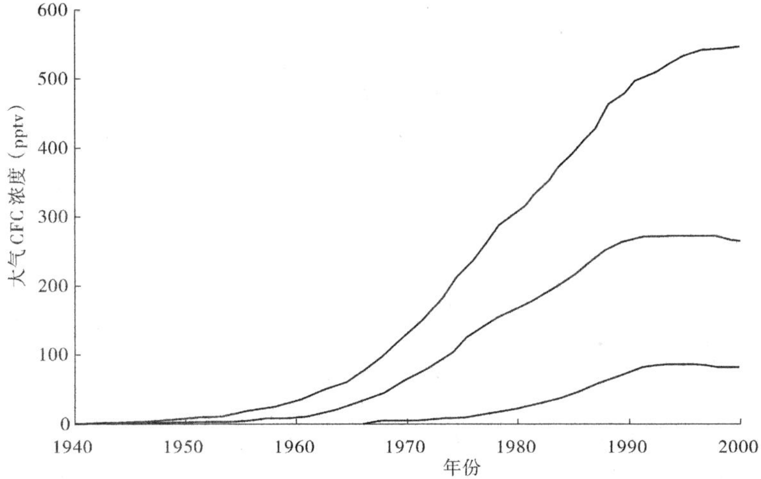


**图 3-5　北美大气 CFC 浓度曲线(据 Elkins et al.,1993;Plummer et al.,2000)**

大气中的 CFC 可以溶解在降水中,并随降水入渗进入到地下水系统中,导致地下水 CFC 浓度变化。到目前为止,尚未发现地下水中存在天然形成的 CFC。因此,通过测量地下水中的 CFC 浓度,可以判断地下水形成年龄和有无现代水补给,如果含有 CFC,就表明一定有现代水补给。Thompson(1974)最早将 CFC 方法引入到水文学领域,20 世纪 90 年代后,国外一些科学家对该方法进行了系统研究,尤其美国在这方面进行得最深入和广泛。在水资源研究中有应用意义的 CFC 主要有三种,分别是 CFC－11、CFC－12 和 CFC－113。早期研究仅测定地下水中的 CFC－11 和 CFC－12,用于确定地下水的年龄,近期研究开始同时测定地下水的 CFC－11、CFC－12 和 CFC－113,可以确定地下水年龄和计算新老水的混合比。2002 年中国科学院地质与地球物理研究所建立了我国第一家 CFC 测定实验室。CFC 用于年轻地下水年龄的测定,同其他示踪剂(如氚)一样,成为指示地下水年龄的有效工具。CFC 模拟年龄是以测量地下水中 CFC 浓度的亨利(Henry)定律的应用为依据,亨利(Henry)定律表示如下:

$$k_i = c_i / p_i$$

式中：$k_i$ 为亨利定律常数；$c_i$ 为地下水中第 $i$ 个 CFC 化合物的浓度；$p_i$ 为与地下水平衡的大气中第 $i$ 个 CFC 化合物的分压 。

CFC 测年的基本假设是，地下水中 CFC 浓度与补给水进入含水层并随之与大气隔绝时大气圈中 CFC 压力是平衡的，进入含水层后的地下水未受到局部 CFC 源的污染，样品在采集、保存和分析过程中也未受到污染。也就是说，在含水层中的 CFC 不受到后来的地球化学、生物或水文过程的改变，水样中所含 CFC 浓度代表了取样时含水层地下水的含量。因此，通过测量地下水中 CFC 浓度，结合已知"输入函数"和溶解度数据，就可以确定地下水滞留时间（年龄）。例如，如果 CFC－113未被测出，表明地下水年龄相对较老，起码是 20 世纪 70 年代早期补给的地下水；如果三种 CFC 均未测出，表明地下水至少是 20 世纪 40 年代以前补给的（见图 3-6）。CFC 浓度是 1945 年以后地下水的有效示踪剂，因此这种方法适用于 50 年来年轻地下水的测年。

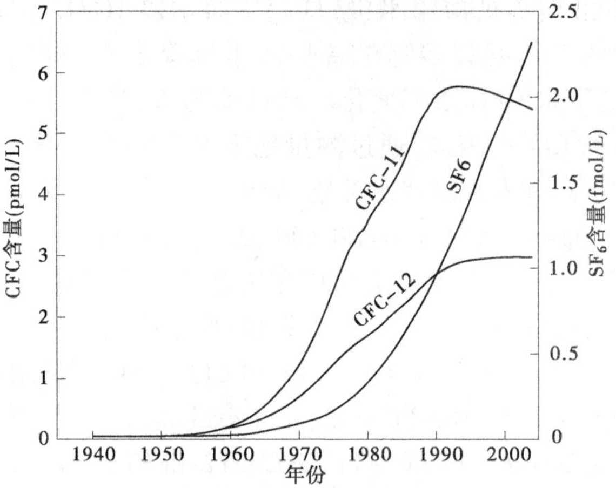


图 3-6　英国东南部白垩纪含水层地下水中 CFC 含量（据 Daren C. Gooddy，2006）

根据常村矿 CFC 测年结果（见表 3-2），21 采区 21181 工作面和 21101 工作面煤层顶板砂砾岩水的 CFC 年龄为 21 ~ 22 年，+320 东大巷顶板砂岩水 CFC 年龄为 16 年，均为近代降水的补给（潘国英等）。

表3-2　义煤常村矿CFC浓度及测年结果表

| 水样编号 | 取样位置 | 含水层 | CFC-11 (Pmol/kg) | CFC-12 (Pmol/kg) | CFC-113 (Pmol/kg) | 年龄 |
|---|---|---|---|---|---|---|
| HP36 | 常村矿21181工作面 | $J_2$砾岩 | 4.83 | 3.82 | 0.24 | 22年 |
| HP37 | 常村矿21101工作面 | $J_2$砾岩 | 4.75 | 2.64 | 0.31 | 21年 |
| HP39 | 常村矿+320东大巷 | $J_2$砾岩 | 5.77 | 1.27 | 0.23 | 16年 |

## 3.5　岩溶水水化学特征

岩溶水属于大气降水、地表水溶滤—入渗型，其化学成分是水与岩石相互作用的结果。西部山区分布有大面积的碳酸盐岩地层，岩石化学成分主要是CaO和MgO，在水和水中$CO_2$共同作用下，碳酸岩盐中的碳酸钙、碳酸镁等被溶于水中，从而岩溶水以$HCO_3^-$、$Ca^{2+}$、$Mg^{2+}$等离子为主，水化学类型呈$HCO_3-Ca\cdot Mg$型。研究区共统计了矿区31个奥陶系灰岩岩溶水水样（潘国英等），其中26个水样水化学类型为$HCO_3-Ca\cdot Mg$型，5个水样水化学类型为$HCO_3\cdot SO_4-Ca\cdot Mg$型（见表3-3、图3-7）。

典型奥灰岩溶水水化学类型呈$HCO_3-Ca\cdot Mg$型，化学组分以$HCO_3^-$、$Ca^{2+}$、$Mg^{2+}$为主，$Ca^{2+}$和$Mg^{2+}$当量百分比含量之和大于85%，$HCO_3^-$摩尔百分比含量大于80%。$Na^+$、$SO_4^{2-}$、$Cl^-$离子含量低，$Na^+$当量百分比含量小于10%，而$SO_4^{2-}$和$Cl^-$摩尔百分比含量之和不超过20%。奥灰水总硬度多低于17德国度，平均值为17.0德国度；固形物为200.07～403.50 mg/L，平均值为340.63 mg/L；pH值介于6.8～8.1；$K^+$和$Na^+$离子总量介于0.05～22.18 mg/L，平均值为11.86 mg/L；$Cl^-$含量多小于20 mg/L，最高值为35.16 mg/L，平均值为14.52 mg/L。

表 3-3 奥灰岩溶水水化学特征一览表

| 编号 | 取样地点 | 主要离子含量(mg/L) | | | | | | 总硬度(德国度) | pH | 固形物(mg/L) | 水质类型 |
|---|---|---|---|---|---|---|---|---|---|---|---|
| | | Na + K | $Ca^{2+}$ | $Mg^{2+}$ | $Cl^-$ | $SO_4^{2-}$ | $HCO_3^-$ | | | | |
| Jz1 | 林岭 | 0. 23 | 83. 53 | 30. 52 | 7. 09 | 22. 24 | 366. 73 | 18. 73 | 6. 5 | 327. 96 | $HCO_3$ – Ca · Mg |
| Jz3 | 梁庄 | 5. 72 | 80. 32 | 26. 24 | 6. 38 | 41. 11 | 317. 30 | 17. 30 | 6. 3 | 328. 42 | $HCO_3$ – Ca · Mg |
| Jz4 | 北冶 | 0. 05 | 85. 29 | 27. 51 | 5. 67 | 49. 90 | 315. 47 | 18. 28 | 6. 3 | 335. 66 | $HCO_3$ – Ca · Mg |
| Jz5 | 马行沟 | 0. 05 | 152. 46 | 46. 07 | 35. 10 | 187. 98 | 375. 88 | 31. 96 | 6. 3 | 630. 59 | $HCO_3$ · $SO_4$ – Ca · Mg |
| Jz10 | 东三 | 17. 95 | 58. 52 | 37. 91 | 6. 38 | 28. 00 | 365. 51 | 16. 94 | 6. 4 | 331. 82 | $HCO_3$ – Ca · Mg |
| Jz14 | 新 1 | 3. 45 | 128. 42 | 38. 30 | 9. 22 | 201. 28 | 291. 68 | 26. 81 | 6. 4 | 555. 52 | $HCO_3$ · $SO_4$ – Ca · Mg |
| Jz15 | 石寺 | 0. 05 | 87. 37 | 35. 72 | 10. 99 | 62. 68 | 314. 25 | 20. 47 | 6. 4 | 387. 28 | $HCO_3$ – Ca · Mg |
| Jz16 | 北岭 | 0. 05 | 92. 99 | 27. 82 | 6. 74 | 30. 21 | 353. 30 | 19. 43 | 6. 2 | 354. 52 | $HCO_3$ – Ca · Mg |
| Jz17 | 铝矿 | 0. 05 | 81. 76 | 24. 91 | 9. 22 | 23. 87 | 319. 13 | 17. 19 | 6. 3 | 308. 38 | $HCO_3$ – Ca · Mg |
| K26 | 2501A | 4. 69 | 60. 12 | 23. 49 | 9. 01 | 25. 94 | 216. 16 | 13. 81 | 7. 50 | 231. 41 | $HCO_3$ – Ca · Mg |
| K27 | 2501B | 5. 52 | 75. 35 | 21. 40 | 9. 22 | 55. 71 | 264. 82 | 15. 46 | 7. 50 | 299. 60 | $HCO_3$ – Ca · Mg |

**续表 3-3**

| 编号 | 取样地点 | 主要离子含量(mg/L) | | | | | | 总硬度(德国度) | pH | 固形物(mg/L) | 水质类型 |
|---|---|---|---|---|---|---|---|---|---|---|---|
| | | Na + K | $Ca^{2+}$ | $Mg^{2+}$ | $Cl^-$ | $SO_4^{2-}$ | $HCO_3^-$ | | | | |
| H1 | 新 1 | 17. 07 | 69. 74 | 20. 67 | 14. 27 | 16. 25 | 310. 21 | 14. 52 | 7. 3 | 300. 00 | $HCO_3$ – Ca · Mg |
| H2 | 新 1 | 22. 03 | 57. 95 | 22. 46 | 15. 57 | 23. 46 | 281. 66 | 13. 29 | 7. 3 | 282. 13 | $HCO_3$ – Ca · Mg |
| H3 | 新 2 | 25. 85 | 60. 88 | 29. 20 | 12. 86 | 23. 05 | 342. 38 | 15. 25 | 7. 3 | 323. 22 | $HCO_3$ – Ca · Mg |
| H4 | CK7546 | 18. 98 | 79. 20 | 23. 43 | 13. 85 | 23. 46 | 345. 47 | 16. 48 | 7. 2 | 231. 39 | $HCO_3$ – Ca · Mg |
| H5 | 新 4 | 6. 11 | 59. 73 | 38. 24 | 23. 87 | 38. 28 | 300. 35 | 17. 18 | 7. 9 | 316. 00 | $HCO_3$ – Ca · Mg |
| H6 | 新 5 | 21. 15 | 67. 32 | 24. 33 | 13. 80 | 30. 46 | 310. 36 | 15. 03 | 7. 3 | 312. 24 | $HCO_3$ – Ca · Mg |
| H7 | 新 6 | 16. 85 | 69. 88 | 36. 31 | 19. 47 | 86. 85 | 291. 43 | 18. 15 | 8. 04 | 374. 79 | $HCO_3$ · $SO_4$ – Ca · Mg |
| H8 | 新 6 | 22. 18 | 83. 00 | 38. 29 | 27. 66 | 101. 25 | 321. 82 | 20. 44 | 8. 03 | 433. 20 | $HCO_3$ · $SO_4$ – Ca · Mg |
| H9 | 新 7 | 13. 17 | 64. 52 | 37. 05 | 32. 17 | 41. 37 | 309. 49 | 17. 65 | 7. 8 | 342. 77 | $HCO_3$ – Ca · Mg |
| H10 | 新 8 | 17. 55 | 60. 93 | 32. 88 | 11. 27 | 45. 69 | 314. 67 | 16. 11 | 7. 5 | 324. 99 | $HCO_3$ – Ca · Mg |
| H11 | 新 8 | 17. 30 | 68. 09 | 28. 65 | 12. 29 | 39. 93 | 320. 03 | 16. 13 | 7. 94 | 326. 29 | $HCO_3$ – Ca · Mg |

续表 3-3

| 编号 | 取样地点 | 主要离子含量(mg/L) | | | | | | 总硬度(德国度) | pH | 固形物(mg/L) | 水质类型 |
|---|---|---|---|---|---|---|---|---|---|---|---|
| | | Na + K | $Ca^{2+}$ | $Mg^{2+}$ | $Cl^-$ | $SO_4^{2-}$ | $HCO_3^-$ | | | | |
| H12 | 三王庄 | 24. 23 | 135. 63 | 18. 62 | 25. 72 | 67. 91 | 403. 50 | 23. 27 | 7. 2 | 473. 61 | $HCO_3$ – Ca · Mg |
| H17 | 三王庄 | 12. 33 | 132. 95 | 20. 37 | 28. 54 | 57. 40 | 397. 98 | 23. 30 | 7. 1 | 440. 57 | $HCO_3$ – Ca · Mg |
| H18 | CK7546 | 19. 83 | 70. 14 | 21. 32 | 15. 33 | 16. 26 | 319. 29 | 14. 73 | 7. 3 | 302. 17 | $HCO_3$ – Ca · Mg |
| H26 | 石寺 | 18. 40 | 81. 16 | 21. 52 | 11. 81 | 17. 49 | 352. 58 | 16. 32 | 7. 3 | 326. 67 | $HCO_3$ – Ca · Mg |
| H27 | 新 10 | 13. 13 | 81. 58 | 23. 02 | 12. 71 | 92. 79 | 257. 74 | 16. 73 | 7. 4 | 352. 1 | $HCO_3$ · $SO_4$ – Ca · Mg |
| H28 | 新 10 | 3. 43 | 46. 22 | 22. 36 | 9. 533 | 35. 18 | 200. 07 | 11. 62 | 7. 65 | 216. 76 | $HCO_3$ – Ca · Mg |
| H29 | 新 9 | 11. 86 | 68. 46 | 24. 51 | 12. 71 | 19. 13 | 315. 73 | 15. 23 | 7. 6 | 294. 54 | $HCO_3$ – Ca · Mg |
| H30 | 新 8 | 13. 50 | 77. 33 | 31. 61 | 10. 77 | 36. 21 | 365. 34 | 18. 11 | 7. 25 | 352. 09 | $HCO_3$ – Ca · Mg |
| H31 | 新 2 | 14. 90 | 72. 72 | 32. 03 | 10. 77 | 16. 87 | 381. 77 | 17. 56 | 7. 3 | 338. 18 | $HCO_3$ – Ca · Mg |
| 平均值 | | 11. 86 | 80. 44 | 28. 61 | 14. 52 | 50. 26 | 320. 71 | 17. 85 | 7. 15 | 346. 93 | |

上述水化学特征在一定程度上反映了奥灰岩溶水补给条件较好、水循环交替迅速的特点。而其 $Cl^-$、固形物、$SO_4^{2-}$ 含量比较低，反映奥灰水也具有较好的埋藏条件，不易遭受人为活动污染。

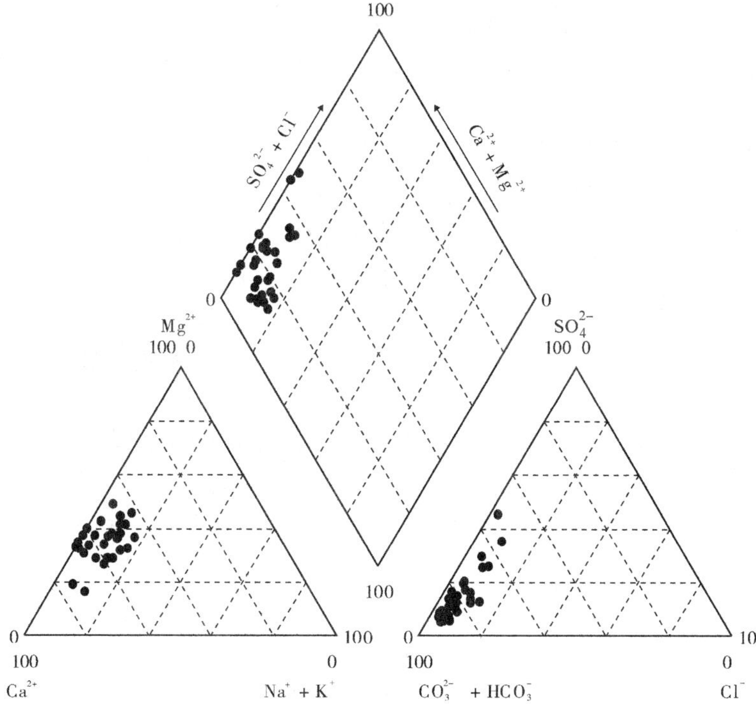


**图 3-7　奥灰岩溶水化学成分 Piper 图**

奥陶系碳酸盐岩地层出露矿区西部和北部的山区，分布面积大，岩溶裂隙发育，渗透性强，接受大气降水的渗入补给和地表水的渗漏补给，径流条件好。奥陶系地层岩性主要由白云岩、白云质灰岩、灰质白云岩等组成，岩石主要化学成分是 $CaCO_3$ 和 $MgCO_3$，在水和水中 $CO_2$ 的共同作用下，灰岩和白云岩中的 $CaCO_3$ 和 $MgCO_3$ 被溶解，使地下水中 $HCO_3^-$、$Ca^{2+}$、$Mg^{2+}$ 含量增加，并在水中占有绝对优势，岩溶水则变成 $HCO_3-Ca\cdot Mg$ 型水。含有 $CO_2$ 的地下水与碳酸盐岩易发生如下反应：

$$CaCO_3 + CO_2 + H_2O \rightleftharpoons Ca^{2+} + 2HCO_3^-$$

$$MgCO_3 + CO_2 + H_2O \rightleftharpoons Mg^{2+} + 2HCO_3^-$$

石炭系薄层灰岩因靠近煤系地层,受煤层中硫化物的影响,导致薄层灰岩岩溶水中 $SO_4^{2-}$ 含量高于主要由溶滤作用形成的奥灰水,水化学类型少数为 $HCO_3-Ca \cdot Mg$ 型,多呈 $HCO_3 \cdot SO_4-Ca \cdot Mg$ 型。在观音堂矿和石壕矿矿井下采集的水样,因受到煤层顶板砂岩水混合作用,水中 $Na^+$ 含量增加,水质类型呈 $HCO_3 \cdot SO_4-Ca \cdot Mg \cdot Na$ 型,甚至会出现 $HCO_3 \cdot SO_4-Na$ 型(见表3-4)。

$HCO_3 \cdot SO_4-Ca \cdot Mg$ 型水的形成与石炭、二叠煤系地层中含有的硫化物有关。矿区煤系地层中黄铁矿含量高,在氧化环境中极易形成硫酸盐($FeSO_4$)与硫酸,使得水中的 $SO_4^{2-}$ 含量增加,薄层灰岩中的 $CaCO_3$ 和 $MgCO_3$ 容易被溶解,形成硫酸重碳酸或重碳酸硫酸型水。形成机制如下:

(1)硫化物在氧化环境中生成硫酸盐和游离态的硫酸:

$$2FeS_2 + 7O_2 + 2H_2O \rightarrow 2FeSO_4 + 2H_2SO_4$$

(2)硫酸的增多有利于溶解灰岩、白云岩中的 $CaCO_3$ 和 $MgCO_3$,形成硫酸-钙镁型水:

$$H_2SO_4 + CaCO_3 + MgCO_3 \rightarrow MgSO_4 + CaSO_4 + H_2O + 2CO_2 \uparrow$$

(3)大量的 $CO_2$ 作用,岩石中的 $CaCO_3$、$MgCO_3$ 被溶解,水中 $HCO_3^-$、$Ca^{2+}$、$Mg^{2+}$ 含量增加,使水化学类型成为 $HCO_3 \cdot SO_4-Ca \cdot Mg$ 型或 $SO_4 \cdot HCO_3-Ca \cdot Mg$ 型。

$$CaCO_3 + CO_2 + H_2O \rightarrow Ca(HCO_3)_2 \rightarrow Ca^{2+} + 2HCO_3^-$$

$$MgCO_3 + CO_2 + H_2O \rightarrow Mg(HCO_3)_2 \rightarrow Mg^{2+} + 2HCO_3^-$$

$HCO_3-Na$ 型水或 $HCO_3 \cdot SO_4-Na$ 型水与水的混合作用有关。这种水化学类型的岩溶水既具有典型砂岩水特征,如 $Na^+$ 含量高、硬度低、负硬度大、含有较高 $CO_3^{2-}$ 等,但又与典型的砂岩水有所不同,如水中 $SO_4^{2-}$、总硬度较高,$Na^+$、$K^+$ 低。薄层灰岩与砂岩水含水层垂向上相距不远,两含水层地下水通过垂直越流发生相互补给,使 $HCO_3-Na$ 型的砂岩水和 $HCO_3 \cdot SO_4-Ca \cdot Mg$ 型的薄层灰岩水发生混合作用,从而使得薄层灰岩岩溶水兼具砂岩水和岩溶水的水化学特征(见图3-8)。

**表3-4 石炭系薄层灰岩岩溶水化学特征统计**

| 编号 | 主要离子含量(mg/L) | | | | | | | 总硬度(德国度) | 负硬度(德国度) | pH | 固形物(mg/L) | 水质类型 |
|---|---|---|---|---|---|---|---|---|---|---|---|---|
| | $Na^+$、$K^+$ | $Ca^{2+}$ | $Mg^{2+}$ | $Cl^-$ | $SO_4^{2-}$ | $HCO_3^-$ | $CO_3^{2-}$ | | | | | |
| 新安 | 143.96 | 28.85 | 29.57 | 39.29 | 13.45 | 516.21 | | 10.01 | 13.71 | 8.5 | 710.61 | $HCO_3$ - Na · Mg |
| 新安 | 12.65 | 128.26 | 22.13 | 20.21 | 78.77 | 400.28 | 0.0 | 23.02 | 无 | 8.1 | 462.37 | $HCO_3$ - Ca · Mg |
| 新安 | 16.70 | 66.01 | 14.15 | 13.22 | 22.84 | 255.73 | | 12.50 | 无 | 7.3 | 279.0 | $HCO_3$ - Ca · Mg |
| 新安 | 27.70 | 67.33 | 28.67 | 6.74 | 42.41 | 350.25 | 0 | 16.04 | 无 | 7.0 | 348.90 | $HCO_3$ - Ca · Mg |
| 观音堂1 | 115.7 | 67.39 | 43.61 | 15.99 | 204.32 | 419.33 | | | | 7.2 | 656.68 | $HCO_3$ · $SO_4$ - Na · Mg |
| 观音堂2 | 484.33 | 64.43 | 23.46 | 35.52 | 459.7 | 850.86 | | | | 7.2 | 1 492.9 | $HCO_3$ · $SO_4$ - Na · Ca · Mg |
| 石壕矿1 | 114.73 | 75.83 | 39.09 | 15.1 | 249.42 | 364.23 | | | | 7.0 | 676.29 | $HCO_3$ · $SO_4$ - Na · Mg |
| 石壕矿2 | 141.95 | 67.39 | 37.89 | 14.22 | 276.25 | 365.75 | | | | 7.1 | 721.08 | $HCO_3$ · $SO_4$ - Na · Mg · Ca |
| 石壕矿3 | 121.0 | 84.97 | 29.9 | 21.2 | 162.2 | 269.3 | 0 | | | 7.4 | 554.0 | $HCO_3$ · $SO_4$ - Na · Ca · Mg |
| 石壕矿4 | 46.6 | 74.15 | 26.49 | 15.0 | 79.8 | 335.6 | 0 | | | 7.5 | 450.3 | $HCO_3$ · $SO_4$ - Ca · Mg · Na |
| 石壕矿5 | 34.28 | 79.8 | 27.2 | 9.26 | 84.1 | 329.06 | 0 | | | 7.9 | 443.6 | $HCO_3$ · $SO_4$ - Na · Mg |
| 观音堂3 | 45.6 | 212.4 | 127.3 | 20.2 | 102.3 | 264.4 | 61.2 | | | 7.9 | 701.7 | $HCO_3$ · $SO_4$ - Ca · Mg |

续表 3-4

| 编号 | 主要离子含量(mg/L) | | | | | | | 总硬度(德国度) | 负硬度(德国度) | pH | 固形物(mg/L) | 水质类型 |
|---|---|---|---|---|---|---|---|---|---|---|---|---|
| | $Na^+$、$K^+$ | $Ca^{2+}$ | $Mg^{2+}$ | $Cl^-$ | $SO_4^{2-}$ | $HCO_3^-$ | $CO_3^{2-}$ | | | | | |
| 观音堂4 | 128.7 | 89.2 | 36.19 | 14.39 | 257.1 | 520.5 | 0.0 | | | 7.6 | 780.9 | $HCO_3 \cdot SO_4-Na \cdot Ca \cdot Mg$ |
| 观音堂5 | 186.2 | 297.4 | 89.2 | 44.6 | 371.3 | 678.7 | 0.0 | | | 6.9 | 1 332.8 | $HCO_3 \cdot SO_4-Na \cdot Ca \cdot Mg$ |
| 观音堂6 | 56.12 | 61.52 | 47.79 | 25.88 | 149.37 | 269.71 | 35.9 | | | 7.9 | 511.5 | $HCO_3 \cdot SO_4-Mg \cdot Ca \cdot Na$ |
| 观音堂7 | 172.96 | 96.79 | 30.40 | 27.30 | 186.36 | 622.40 | 0.0 | | | 7.5 | 825.01 | $HCO_3 \cdot SO_4-Na \cdot Ca$ |

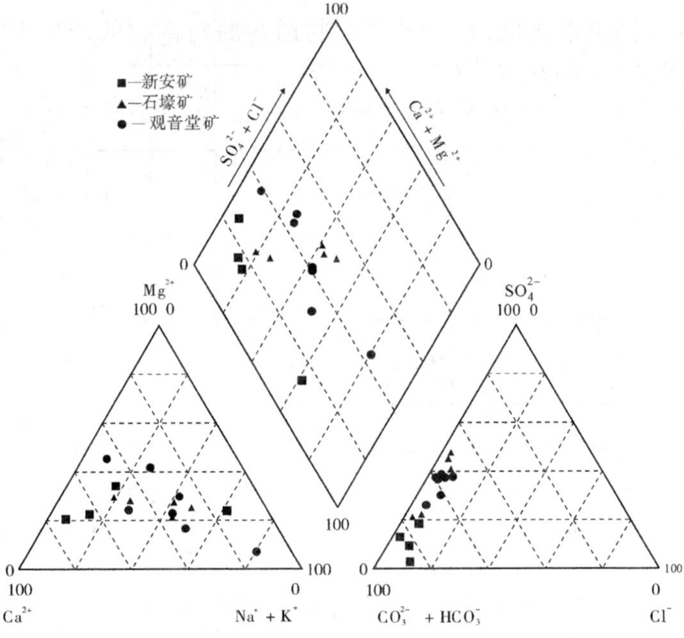


图 3-8 石炭系薄层灰岩岩溶水化学成分 Piper 图

## 3.6　岩溶水稳定同位素特征

自然界天然水中,存在着1 000多种类的同位素,用于水循环研究的同位素主要是D($^{2}H$)、T ($^{3}H$)、$^{18}O$和$^{14}C$,其中D和$^{18}O$是稳定同位素,T和$^{14}C$属于放射性同位素,其半衰减期分别是12.43年、5730年。在自然界中,稳定同位素组成的变化很微小,用同位素丰度和同位素比值不能明显地显示出这种微小的差别,所以,一般用$\delta$值来表示元素的同位素含量。$\delta$值是指样品中两种稳定同位素的比值相对于国际标准平均海水(Standard Mean Ocean Water, SMOW)同位素比值的千分差值(单位为‰),即

$$\delta = \frac{R_{样品} - R_{标准}}{R_{标准}} \times 1\ 000$$

式中:$R$为同位素比值,是一种元素的稀有的与富含的同位素丰度之比,如,$R(D) = D/H$,$R(^{18}O) = {}^{18}O/{}^{16}O$。

$\delta$值能反映出样品同位素组成相对于标准样品的变化方向和程度,如$\delta$值为负值,表明样品较标准富含轻同位素;反之,表明样品较标准富含重同位素。水中氚的同位素组成则以氚单位(TU,Tritium Unit)表示。

有许多天然过程可造成天然水中同位素化合物的差异,其中最重要的是蒸发和凝结。在蒸发过程中,轻的水分子$H_2{}^{16}O$比包含有一个重同位素的分子(即$HD^{16}O$或$H_2{}^{18}O$)更为活跃一些。因此,从洋面蒸发的水蒸气比海水中的$^{18}O$少1.2‰~1.5‰,氘少8‰~12‰。这些大气中的水汽经受连续的冷却并凝结成云和雨,较为不活跃的重分子首先凝结,所余下的水汽中的D和$^{18}O$会越来越少,结果来自同一初始水汽团的连续降水中的重同位素会更少。水在蒸发和冷凝时,组成水分子的氢和氧的同位素丰度将产生这些小的变化,这种现象被称为同位素分馏作用。自然界中的化学反应、不可逆反应、蒸发作用、扩散作用、吸附作用、生物化学反应都能引起同位素分馏。大气降水中氘、氧-18同位素的含量由于同位素分馏的影响,主要受降水形成时的温

度控制(见图3-9)。

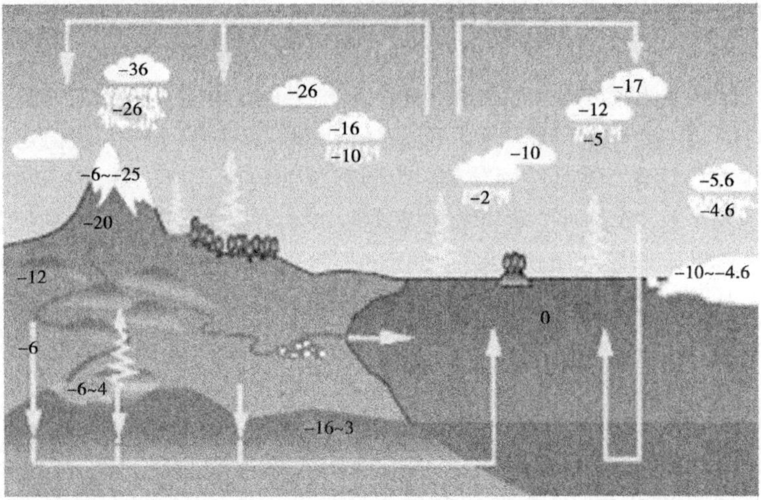


**图3-9 环境同位素循环示意图** (单位:‰)

在大洋沿岸地区,降水的D、$^{18}O$值取决于该地区的年平均气温。实际上,在赤道附近D、$^{18}O$值都近似为0,在极地它们都分别反映出富集轻同位素,其值降为-400‰、-55‰。此外,在同一地点,这种温度效应也存在,如寒冷期(冰期等)降水的D、$^{18}O$值与现代降水完全不同。正是温度效应,使得同位素含量呈现了一系列效应,主要包括:

(1)纬度效应:随着纬度的升高(温度降低),氘、氧-18的同位素含量变低(轻)。

(2)高度效应:随着高度的升高,氘、氧-18同位素含量变低(轻)。就$^{18}O$值而言,每升高100 m就会变化-0.2‰~-0.6‰。据此可以详细地掌握地下水补给源地理位置的高程情况。

(3)大陆效应:从海岸向内陆方向,氘、氧-18同位素含量变低(轻)。

(4)季节效应:在夏季,氘、氧-18同位素含量高(重);而在冬季,氘、氧-18同位素含量低(轻)。

(5)量效应:降水量变大时,氘、氧-18同位素含量变低(轻)。

(6)大气降水线(D～$^{18}$O 的关系):1961年,Graig 研究了全球大气降水 D～$^{18}$O 间的关系,发现 D 与$^{18}$O 之间存在着直线相关关系,其方程为:D = 8$^{18}$O + 10,这是一条直线方程,被称为全球大气降水线(Meteoric Water Line,简写为 MWL)。Yurtsever and Gat(1980)根据 IAEA 的114个台站1953～1978年积累的资料,用最小二乘法进行线性拟合得到修正的全球降水线公式为:

$$\delta D = 8.2\delta^{18}O + 10.8$$

D 与$^{18}$O 间的直线关系在整个地球范围内均适用,但由于不同地区所形成降水的蒸发、凝结条件各不相同,不同地区降水方程往往偏离全球性方程,方程的斜率和截距都有不同程度的变化。我国雨水线方程为:

$$\delta D = 7.9\delta O + 8.2$$

由于不同地区降水 D、$^{18}$O 值及雨水线斜率和截距不同,来自降水补给的地下水同位素含量均不相同,据此可以判断地下水的补给来源。水的同位素成分被视为水的"指纹"或"DNA",被广泛应用于解决或帮助解决各类水资源和水环境问题,诸如判断地下水的成因,"四水"(降水、土壤水、地表水、地下水)相互转化,地下水系统的封闭程度及水交替强度,各类水体的污染程度及污染源问题,水气相互作用与水岩相互作用问题等。在水文地质领域,着重用于解决如下问题:

(1)判断地下水的现代补给来源。如果地下水有几种不同地区的降水补给来源,而且在不同地区形成这些降水的蒸发,凝结条件也各不相同,那么在不同地区降水来源的图 $\delta D—\delta^{18}O$ 上的直线就会出现不同的斜率和截距,据此就可以判断地下水的补给来源。如山西229煤田地质队与中科院地质所运用氢氧同位素曾对山西太原地区地下水资源评价和开发作了研究。其中,太原地区大气降水线为 $\delta D = 7.6\delta^{18}O + 10$;汾河水的氢氧同位素平均值为 $\delta D = -62.3 \pm 2.8‰$,$\delta^{18}O = -8.32 \pm 0.4‰$。西山岩溶水的 $\delta D$ 和 $\delta^{18}O$ 之间呈线性关系为 $\delta D = 5.56\delta^{18}O - 16.1$。可见,西山岩溶水中混入了受强烈蒸发作用的汾河水和浅层水,它与汾河渗漏水及上覆石炭、二叠系裂隙水有明显的水力联系。利用这一原理,我们还可以追踪查找地下水污染源。地下水源如果遭到地表污水的影响，利用稳定同位素方法，一旦地下水与地表水的 $\delta D$ 和 $\delta^{18}O$ 存在一定的联系，就可以判定该地下水与地表水之间的水力联系，确定污水来源。

(2)判断地下水与地表水流及水体间的联系。地表水由于其水面暴露在大气之下，因而存在着明显蒸发作用，因此地表水中的氘和 $^{18}O$ 含量一般高于大气降水和地下水。这样就可根据水中的 $\delta D$ 及 $\delta^{18}O$ 值以及 $\delta D$—$\delta^{18}O$ 图上的斜率来判断它们之间是否存在有水力联系。因为在通常情况下的降水直线为 $\delta D = 8\delta^{18}O + 10$，如果降水转为地表水并经过蒸发后其直线斜率会发生变化。有学者曾利用同位素对莱州湾海水入侵的成因和变化发展作了研究。结果表明，在莱州湾西部的广饶地区属于卤水(古海水)入侵区，该区地下水变咸是由于地下水超量开采导致地下水位降低，使地下卤水入侵所致；在莱州湾东部的龙口地区属于现代海水入侵区；在莱州地区则既存在海水入侵又存在着卤水入侵。

(3)确定含水层补给区的海拔高度。降水中氘和 $\delta^{18}O$ 含量与当地的海拔高度有关，这就是所谓高度效应，如果地下水由河水补给，这时受河水补给的地下水中 $\delta^{18}O$ 和 $\delta D$ 值就会同当地由降水补给的地下水有明显差别。通过计算补给高程，确定补给区域，也可以确定地下水来源。

(4)确定各种来源水的混合比例。地下水通常起源于大气降水、地表水等多种水源的补给，是一种混合水，当不同来源的水其氘或 $^{18}O$ 含量存在明显差异，且地下水在形成过程中其同位素成分不因同含水层岩石相互作用而发生改变时，通过测定地下水(混合水)和补给来源水的同位素组成，可以确定地下水中各种水源的混合比例。

(5)利用氚确定地下水年龄。氚(T 或 $^3H$)是氢的放射性同位素，半衰期 12.26 年，在水中以 HTO 形式存在，氚的浓度常用氚单位(TU)表示(1 TU 相当于 $10^{18}$ 个氢原子中含一个氚原子)，即：$T/H = 10^{-18}$。一般认为用它可测定 60 年以内的水年龄，对于矿井水的定性或半定性研究效果良好。循环水中氚的起源于天然和人工两类，前者是宇宙射线与上部大气层反应的结果，产率很低，北半球可达 5 ~ 10 TU；后者是 1952 年以来大规模热核试验导致大量人造氚进入大气的结果，北半球氚含量1963年达到高峰,其值为数千氚单位,超过天然氚浓度几个数量级,1963年后,因大气热核试验减少氚浓度也随之降低,目前仍高于热核试验之前的水平。

地下水年龄一般指水在岩石空隙中存在的时间,通常用氚或$^{14}C$计算。由于天然氚和人工氚在大气中形成氚水后遍布整个大气圈,其降雨对现代环境水起着标记作用,相当于大规模全球性投放的示踪试验,因此可利用氚浓度研究和追踪地下水运动状况,由于氚浓度在自然环境的分布还具有季节、大陆、纬度、高度效应等因素,要得到历年当地大气降雨中氚浓度值是非常困难的,因此利用氚测定地下水年龄一般情况只能得出半定量的评价。用氚法测定地下水年龄可用经验法和数学物理模型法,前者根据地下水是否受到了核爆氚的标记,将地下水形成时间分为核试验前和核试验后,这种方法可以对地下水的年龄及水文特征作出定性的判断,给出经验值。后者的应用是利用放射性同位素的衰变规律而体现的计时特性来了解系统特征信息,表现在输入输出的信息及系统响应变换。以降落到地面的降水年平均氚浓度作为地下水的输入函数,应用不同的数学物理模型进行计算。用经验法估算地下水年龄,通常是根据地下水是否受到了核爆氚的标记,将地下水的形成时间分为核试验前与核试验后两个阶段。由于天然情况下大气降水的氚浓度为10 TU,1953年以前降雨入渗形成的地下水到本次取样时间,按照衰变原理其氚浓度应小于0.7 TU。因此,若样品的氚浓度小于此值,则其年龄一般认为大于54年,若地下水氚浓度大于0.7 TU,则认为其年龄小于54年,即为核爆试验之后形成的。据国际原子能委员会同位素小组的划分方法,当氚含量:

$<3$ TU　　地下水可能是1954年以前的水;

3 ~ 20 TU　　地下水可能是1954 ~ 1961年补给的水;

$>20$ TU　　地下水是最近形成的。

日本木村重彦的浓度划分法为:

$<1$ TU　　1954年以前渗入补给的古水(停滞水);

$>2$ TU　　1954年后入渗补给的新水(循环水)。

$n\times10^0$ TU　　混合水(停滞水与$n\times10^0\sim n\times10^2$ TU循环水的混

合)；

$n\times10^1$ TU　近期降水或混合水(停滞水与 $n\times10^2$ TU 水混合)；

$n\times10^2$ TU　一般为降雨(现代水)补给的新水。

为了解义马矿区地下水、地表水、矿井水的同位素特征，委托中国科学院地理所对 34 个水样稳定同位素($H^2$、$O^{18}$、$H^3$)进行了分析，分析结果见表 3-5 和表 3-6。

图 3-10 是义马矿区大气降水和地表水的 $\delta D$—$\delta^{18}O$ 关系图，可以看出，大气降水 $\delta^{18}O$ 和 $\delta D$ 值均落在全国雨水线附近，而地表水的 $\delta^{18}O$ 和 $\delta D$ 值落在雨水线下方，明显偏离雨水线。由于枯水期的河水及湖水来源较复杂，包括上游厂矿排污水、矿井排水和少量上游径流，受到蒸发浓缩作用的影响，轻同位素含量相对低，重同位素含量相对偏高(潘国英等)。

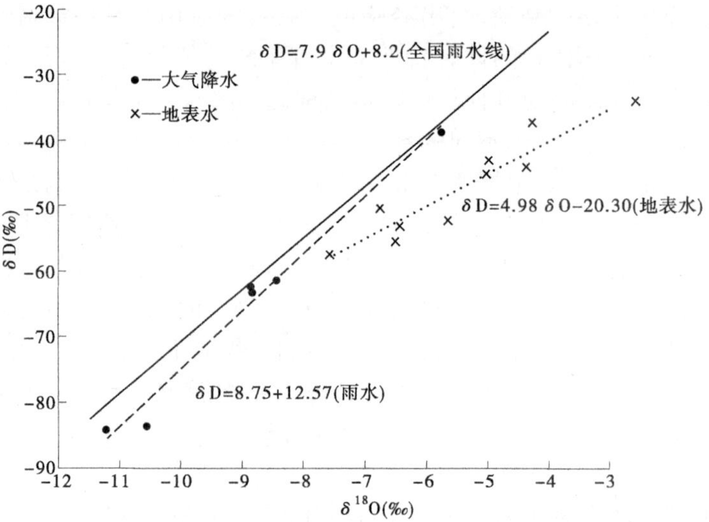


图 3-10　降水和地表水的 $\delta D$—$\delta^{18}O$ 关系图

表 3-5　降水和地表水同位素测定结果

| 编号 | 取样地点 | $\delta D_{-SMOW}$(‰) | $\delta O_{-SMOW}$(‰) | 氚(TU) |
|---|---|---|---|---|
| YM10 | 洋河村降水 | -83.58 | -10.56 | |
| YM13 | 耿村矿降水 | -84.22 | -11.22 | |
| YM17 | 常村矿降水 | -62.34 | -8.85 | |
| XA2 | 新安县降水 | -61.38 | -8.42 | |
| XA3 | 新安矿降水 | -63.25 | -8.82 | |
| YM02 | 涧河河水 | -57.45 | -7.56 | 20.68 |
| YM03 | 峪口村河水 | -52.23 | -5.65 | |
| YM05 | 清风山湖水 | -50.43 | -6.75 | |
| YM07 | 龙潭沟小湖水库 | -34.00 | -2.58 | |
| YM08 | 洪峪河(洪峪村) | -55.41 | -6.5 | |
| YM09 | 董沟水库 | -37.32 | -4.26 | |
| YM01 | 峪口村河水 | -52.96 | -6.44 | |
| YM25 | 南露天矿坑积水 | -45.19 | -5.01 | |
| YM26 | 笃忠乡冲沟 | -44.03 | -4.36 | |
| YM27 | 义马市火车站涧河 | -43.15 | -4.98 | |

图 3-11 是矿区岩溶水 $\delta D$ 与 $\delta O$ 关系散点图，所有样点集中分布在全国雨水线附近，说明岩溶水源于当地大气降水的入渗补给。氚含量平均值为 13.18～26.35 TU，反映岩溶水是由 15～20 年以来现代大气降水所补给的。

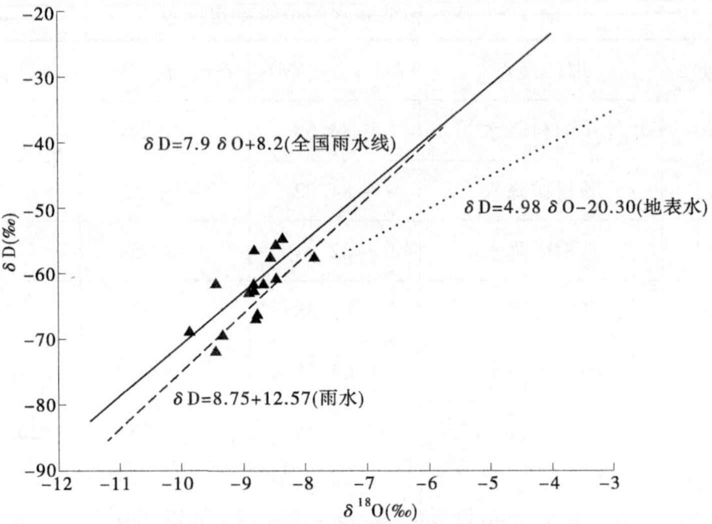


图 3-11　奥灰水 $\delta D$—$\delta^{18}O$ 散点图

表 3-6　岩溶水同位素测定结果表

| 编号 | 取样地点 | $\delta D_{-SMOW}$(‰) | $\delta O_{-SMOW}$(‰) | 氚(TU) |
|---|---|---|---|---|
| 1 | 新安石寺供水井 | −55 | −8.4 | 19.43 |
| 2 | 新安林岭村供水井 | −61 | −8.5 | |
| 3 | 新安新大1水井 | −58 | −8.6 | 14.76 |
| 4 | 新安马行沟供水井 | −56 | −8.5 | |
| 5 | 新安北梁村供水井 | −62 | −8.6 | |
| 6 | 新安崔家庄供水井 | −57 | −7.8 | |
| 7 | 新安龙涧电厂水源井 | −63 | −8.5 | 17.93 |
| 8 | 新安北冶供水井 | −62 | −8.5 | 19.26 |
| 9 | 新安铝矿供水井 | −62 | −8.7 | 26.35 |
| 10 | 新安北岭村供水井 | −58 | −7.9 | |
| 11 | 新安矿东3井下孔 | −69 | −9.9 | 13.18 |
| YM15 | 观音堂矿奥灰含水层 | −69.75 | −9.40 | |
| YM16 | 观音堂矿水仓 | −66.47 | −8.82 | |
| YM17 | 观音堂矿石炭灰岩 | −72.11 | −9.50 | |
| YM20 | 石壕矿奥灰 | −62.92 | −8.87 | 24.32 |
| YM21 | 石壕矿石炭灰岩 | −63.26 | −8.94 | |
| YM22 | 石壕矿水仓 | −67.34 | −8.84 | |

# 第4章　矿区水文地质条件

## 4.1　矿区地下水类型

矿区位于南坻坞、北涧河河谷地带。北涧河河谷呈U形，走向南东，河谷地带分布有北涧河泥质砂卵石层。河谷以北山坡出露奥陶、寒武系灰岩、白云岩，河谷以南山坡分布二叠系砂泥岩，矿区剖面平面图及剖面1—1′、2—2′、3—3′、4—4′、B—B′见图4-1～图4-6。

根据矿区地下水分布埋藏特征及补、径、排条件的差异，将矿区地下水类型划分为松散岩类孔隙水、碎屑岩类裂隙水、碳酸盐岩类裂隙岩溶水三组类型。不同的地下水类型有其不同的赋存、埋藏、补给、径流和排泄特征。

## 4.2　矿区地下水类型及其富水性

### 4.2.1　松散岩类孔隙水

松散岩类孔隙水主要分布于北涧河、石河河谷地带，由砂泥卵石组成，卵石直径0.2～0.5 m，最大1.5 m，磨圆度好，分选差。厚度变化较大，旋庄至某地下水9.21～72.6 m，北涧河北厚为5～18 m，北涧河南阶地内厚50～72.6 m，一般为60 m左右，呈条带状分布于北涧河河床两侧。据1986年煤炭工业部矿区仁村勘探区勘探报告，见卵石层则大量涌水，几十吨的黏土球也难填堵。据抽水资料，$q=1.164\sim2.95$ L/(s·m)，$K=18.31$ m/d，$T=52.56$ m$^2$/d。该含水层从曹沟向东卵石厚度逐渐加大，于MK9孔处厚度达72.6 m，形成较大规模的地下水库，对地下水的调节及下渗补给具有重要意义。

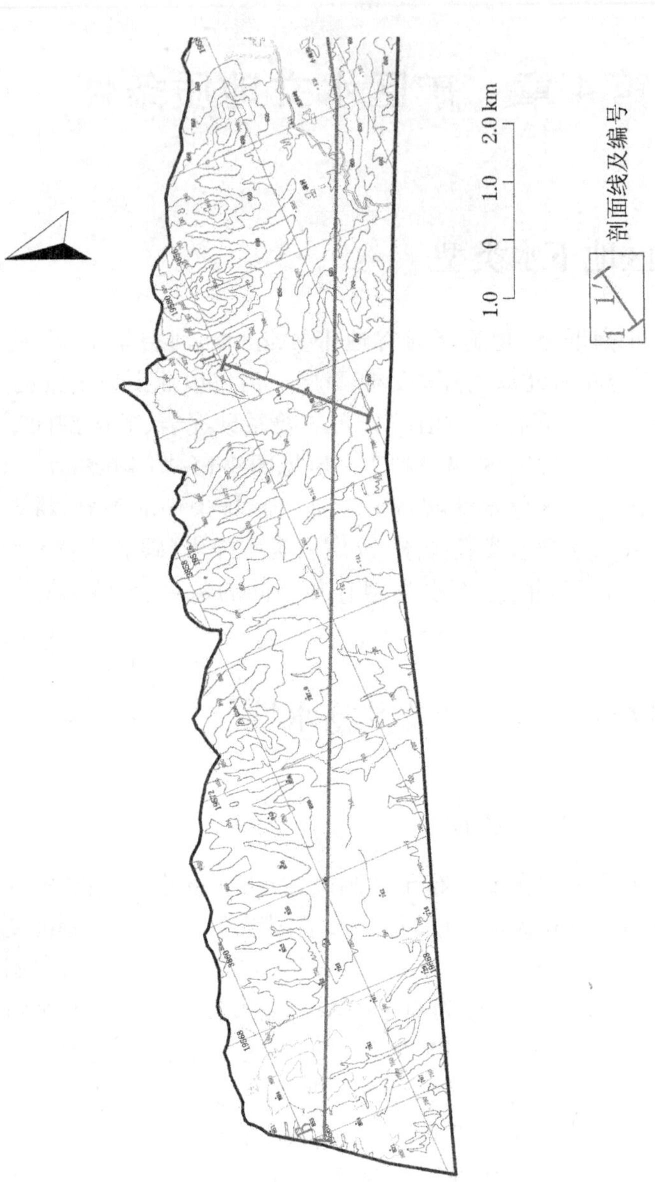


图 4-1 矿区水文地质剖面分布图

续图 4-1

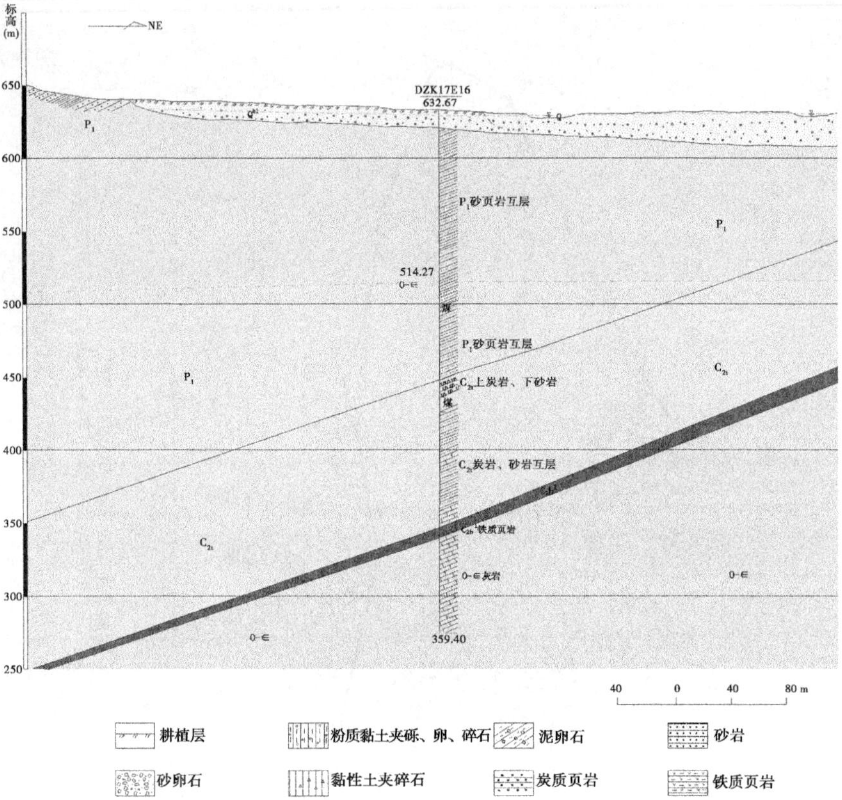


图 4-2　矿区水文地质剖面图(1—1′)

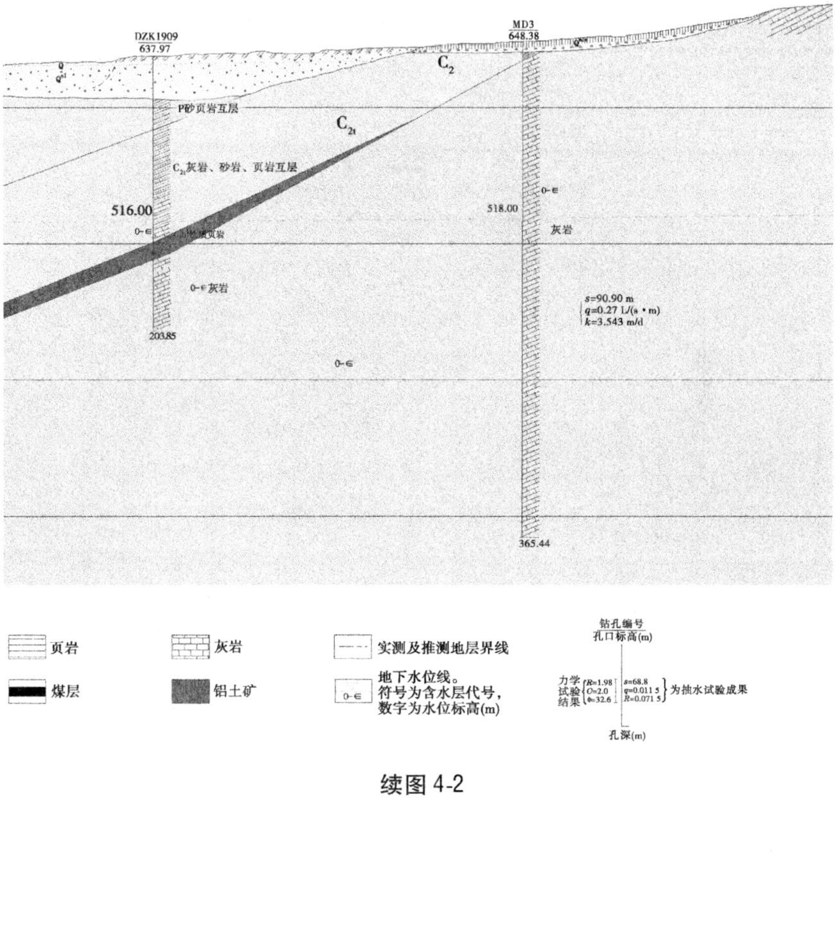
DZK1909
637.97
MD3
648.38
$C_2$
P砂页岩互层
$C_{2t}$
$C_{2t}$灰岩、砂岩、页岩互层
516.00
0-∈
0-∈灰岩
203.85
0-∈
518.00
灰岩
s=90.90 m
q=0.27 L/(s·m)
k=3.543 m/d
0-∈
365.44
页岩
灰岩
实测及推测地层界线
煤层
铝土矿
地下水位线。
符号为含水层代号，
数字为水位标高(m)
钻孔编号
孔口标高(m)
力学
试验
结果
R=1.98
C=2.0
φ=32.6
s=68.8
q=0.011 5
R=0.071 5
为抽水试验成果
孔深(m)

续图 4-2

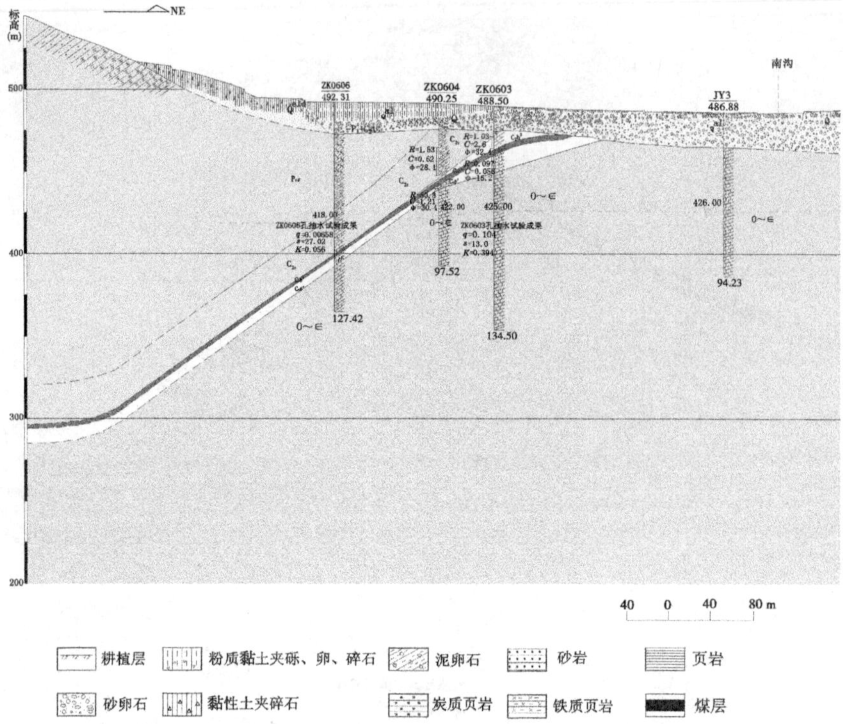


图 4-3　矿区水文地质剖面图(2—2′)

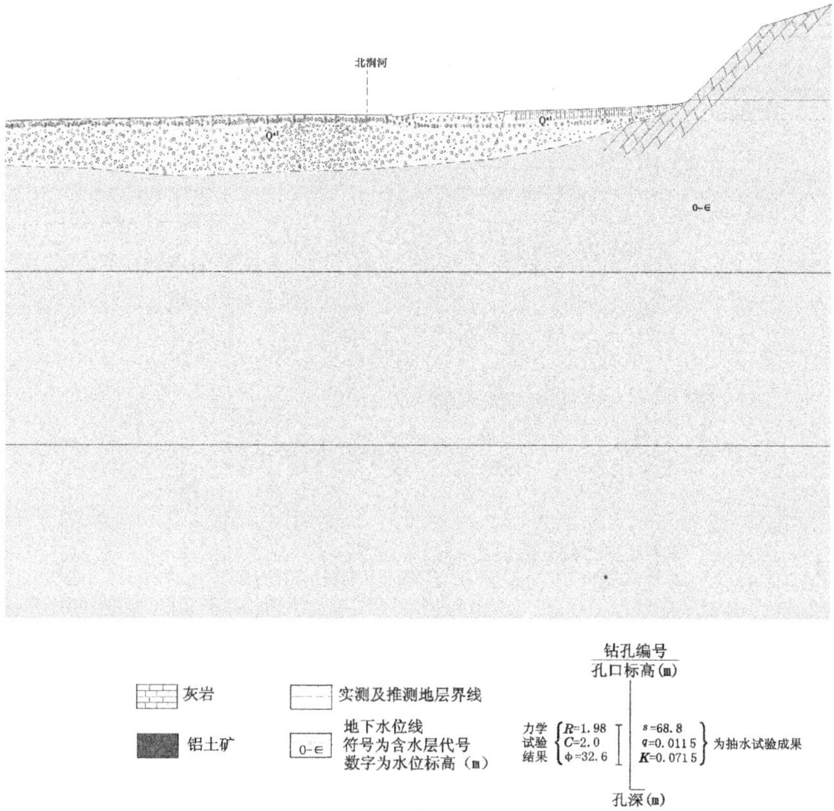
北涧河
0-∈
钻孔编号
孔口标高(m)
灰岩
实测及推测地层界线
地下水位线
符号为含水层代号
数字为水位标高（m）
铝土矿
0-∈
力学试验结果
R=1.98
C=2.0
ϕ=32.6
s=68.8
q=0.0115
K=0.0715
为抽水试验成果
孔深(m)

续图 4-3

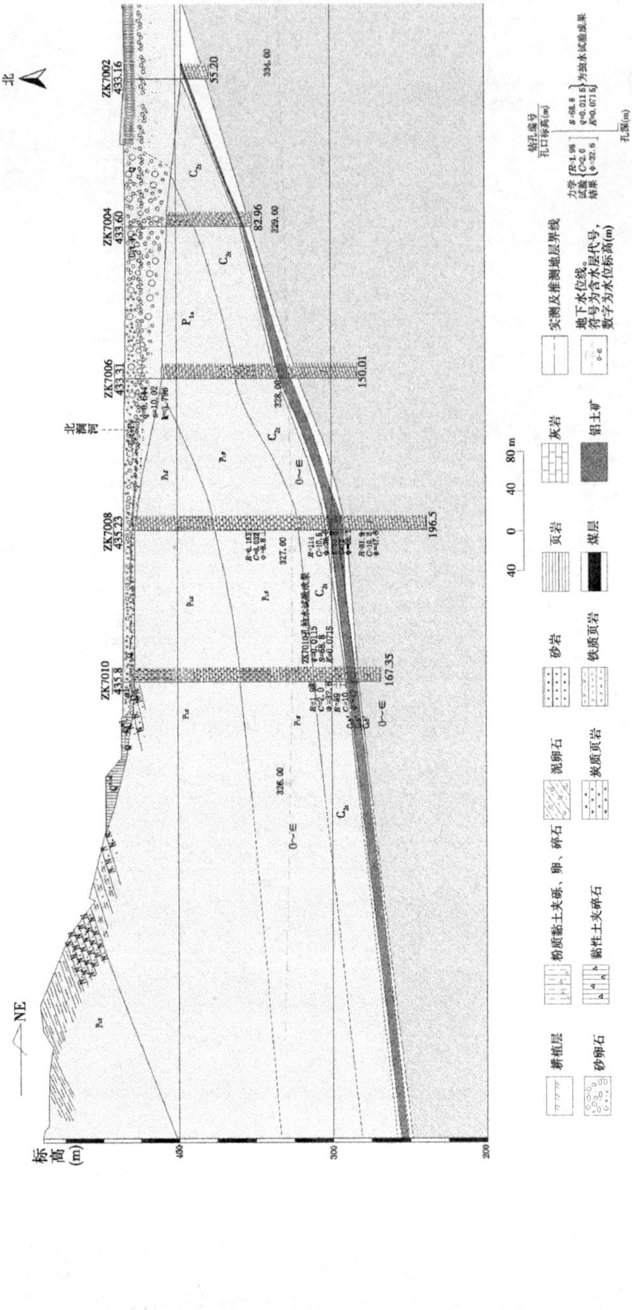


图 4-4 矿区水文地质剖面(3—3′)

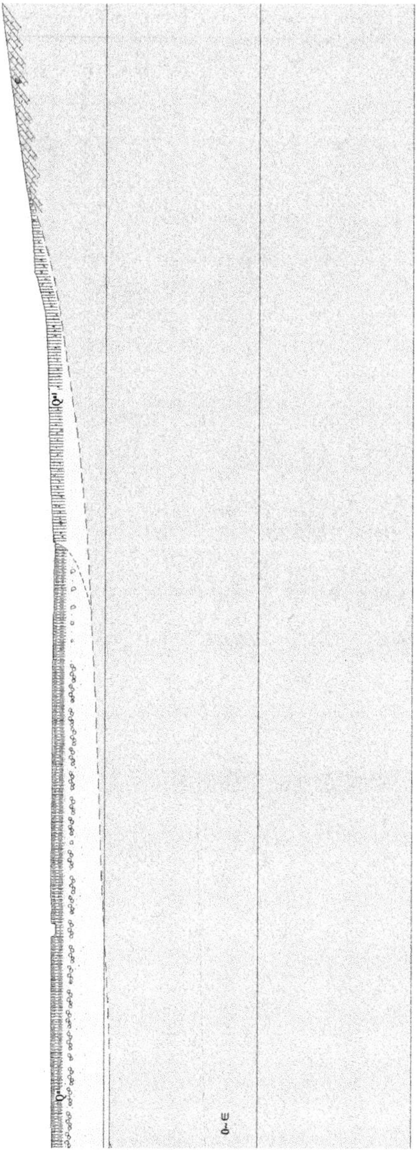

续图 4-4

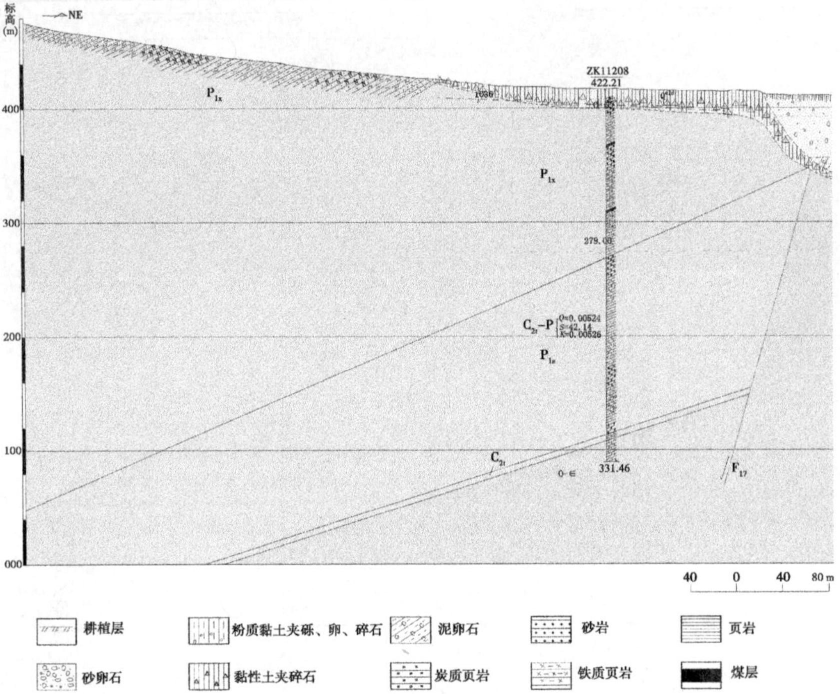


图 4-5　矿区水文地质剖面图(4—4′)

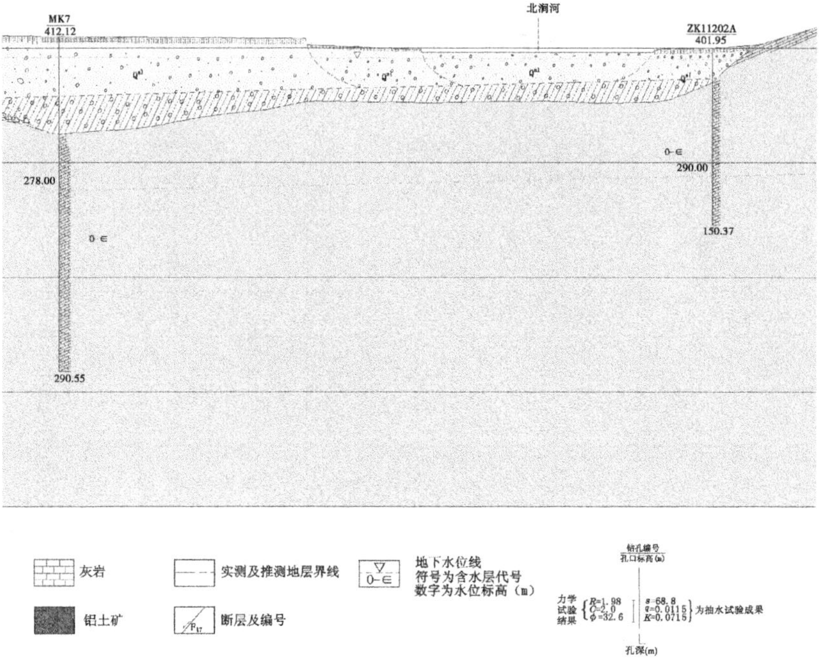
北涧河
MK7
412.12
ZK11202A
401.95
278.00
290.00
150.37
290.55
0-∈
灰岩
铝土矿
实测及推测地层界线
断层及编号
地下水位线
符号为含水层代号
数字为水位标高（m）
钻孔编号
孔口标高(m)
力学试验结果
R=1.98
C=2.0
φ=32.6
s=68.8
q=0.0115
K=0.0715
为抽水试验成果
孔深(m)

续图 4-5

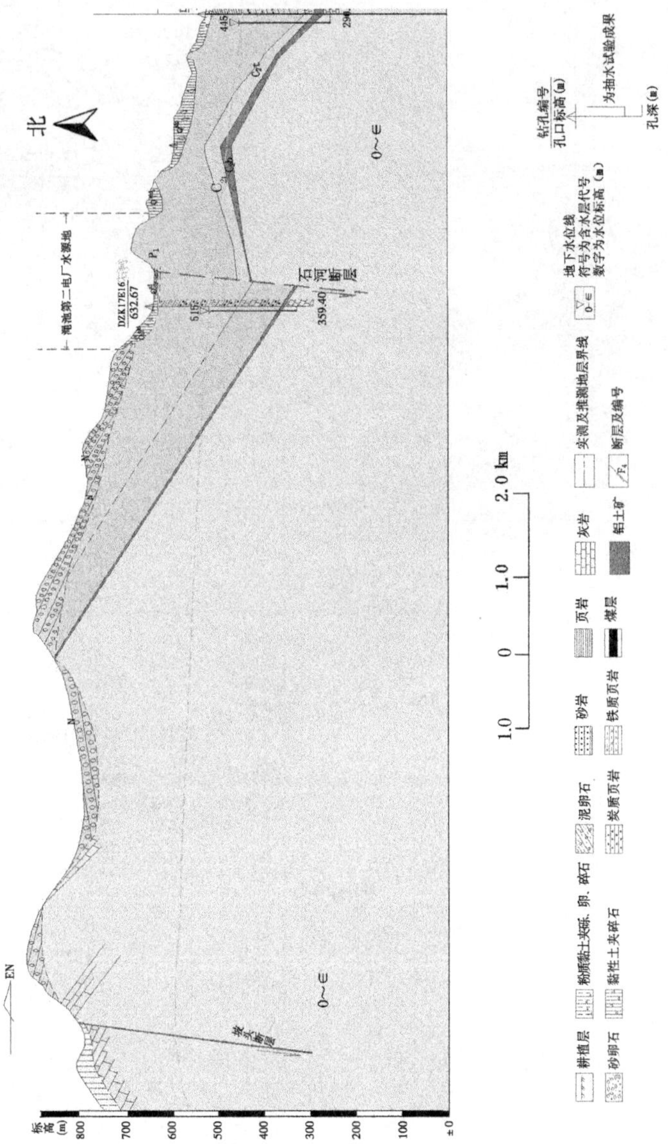


图 4-6　矿区水文地质剖面图(B—B′)

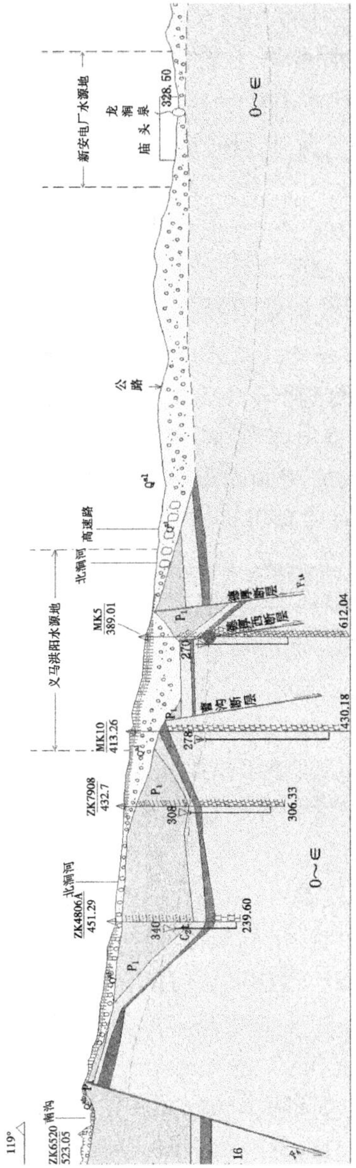
新安电厂水源地
庙头龙洞泉
328.50
0～∈
公路
高速路
北涧河
义马洪阳水源地
MK5
389.01
612.04
MK10
413.26
430.18
ZK7908
432.7
306.33
ZK4806A
451.29
239.60
北涧河
ZK6520
523.05
南沟
119°

续图 4-6

该卵石层下为黏土夹卵石层，卵石较小，一般 0.1 m 左右，厚 15 ~ 20 m，最大可达 28 m，塑性强，黏性大，隔水性能好，普遍存在，将河谷砂卵石地下水与下伏岩溶地下水隔离，二者水位相差 100 余 m，砂卵层水位埋深 2 ~ 5 m，岩溶水水位埋深 100 余 m。

该层地下水补给主要是大气降水和河水补给，排泄主要是地下径流及村民人畜饮水开采。

### 4.2.2　碎屑岩类裂隙水

碎屑岩类裂隙水含水岩组层主要由石炭系上统（$C_{2b}$、$C_{2t}$）石英砂岩、砂砾类灰岩，二叠系下统（$C_{2t}$—$P_1$）灰岩、砂岩组成。主要分布于北涧河河谷以南（铝土矿露头以南）河谷及山坡地带。山坡地带主要出露二叠系，石炭系上统（$C_{2t}$）地表出露很少，仅在矿山西段矿段地形低凹及山前斜坡部位有零星分布，岩层倾向南偏西，倾角 27°左右。主要岩性为生物碎屑灰岩，石英砂岩和黏土页岩夹煤层，其中灰岩不稳定，可分 1 ~ 4 层，厚度变化大，有时尖灭，最大厚度可达 32.38 m，平均 8.55 m。该层在矿山西段矿段发科岭附近最厚。钻进该层见岩溶裂隙发育段常漏水，最大溶洞高度为 3.84 m。

二叠系下统（$P_1$）地层地表出露广泛，主要在矿区南部呈近东西向分布，形成矿区南部次级分水岭，地层倾向南西，倾角 25° ~ 35°。在矿区内，该层因被第四系松散层掩盖，很少出露。由于此层为砂岩与页岩互层，并且它与石炭系上统地层之间无明显的隔水层存在，故将二者合并为一个含水岩组。

该含水岩组在矿区内总厚度 0 ~ 230 m，一般厚 70 ~ 130 m。地表裂隙较发育，但多为泥质半充填状，平均裂隙率为 5.5%。钻进中见此组多缩径，掉块并有漏水现象，岩心裂隙虽发育但多闭合。由于其含水性受裂隙控制，故含水不均匀，且富水性差。该含水岩组供水意义不大，单井涌水量一般在 5 ~ 15 $m^3/h$。

该含水岩组的补给主要是大气降水和北涧河砂卵石层地下水的补给，由于二叠系地层中裂隙不发育，其补给有限。排泄主要是通过泉水排泄和通过断层破碎带向下越流补给岩溶水。

### 4.2.3 碳酸盐岩类裂隙岩溶水

该组地层出露于北涧河河谷以北山坡，以南埋藏于地下，呈带状近东西向延伸，岩层倾向SSW，倾角20°~40°，平均27°。主要由奥陶系下统($O_1$)冶里组、上寒武($\in_3$)及中寒武($\in_2^2$)张夏组。该含水岩组由白云质灰岩、白云岩、角砾状灰岩及鲕状灰岩组成。

#### 4.2.3.1 奥陶系下统($O_1$)冶里组承压含水层

该层由白云岩、含灰质白云岩、含泥质白云岩以及含燧石白云岩组成。于旋庄处厚度为68.22 m，西矿山东段至曹沟平均厚度80.45 m，上某地下水处平均厚度87.77 m，由西向东逐渐加厚。该含水层于仁村、发科岭北裸露，矿山西段至七峰谷则广泛出露，发科岭以东被覆盖。埋藏由西向东增加，埋藏深度62.82~165.95 m。该含水层是NWW向条带状埋藏于北涧河河床及以南地带，倾向SW，倾角20°~32°，北缓南陡，岩溶发育，以溶隙及裂隙式溶洞为主。钻孔见洞率91.6%，地下溶洞率6.22%~12.12%。1985年水位埋深，西矿山东段以西26.69~29.14 m，曹沟11.05 m，曹沟以东自流水位高出地表2.30~5.25 m。本含水层抽放水试验8次，单孔水量变化在15.7~225.7 $m^3/h$，单位涌水量1.06~29.0 $m^3/(h\cdot m)$，$K=32.77\sim435.02$ m/d，$T=262.5\sim1\ 131.1$ $m^2/d$。

#### 4.2.3.2 上寒武($\in_3$)岩溶裂隙承压含水层

该层由白云岩、泥质白云岩及角砾状白云岩组成，于仁村西厚度97.765 m，在某地下水处厚度为109.88 m，由西向东变厚。埋藏于仁村以东河谷地带，呈条带状下伏于$O_1$地层之下，与$O_1$地层呈整合接触。该层岩溶虽较发育，但与构造关系十分密切，无构造地带岩溶发育微弱。该层共施工8孔，其中3孔均穿透该地层(MK5、MK7、MK6)，除MK7孔处于构造复合部位有含水外，其他孔均未发现含水段。MK3孔处于西矿山东段断层带上，在孔深259.8 m处遇有1.6 m的岩溶出水段，而相距18.8 m的MK大3孔中却没有含水段，说明该含水层横向不连通。不仅$O_1$岩溶呈似层状带，横向连通也好，往往$\in_3$水系构造导通$O_1$岩溶水得以补给，地下水位与$O_1$一致，二者形成统一含水体。

本层进行一组单孔稳定流抽水试验，最大涌水量52.6 $m^3/h$，$q=2.52\sim3.35$ $m^3/(h\cdot m)$。$O_1$ 与 $\in_3$ 混合抽水 4 次，涌水量 0.54 ~ 90.14 $m^3/h$，$q=0.0086\sim13.14$ $m^3/(h\cdot m)$，$K=766.45$ $m^2/d$。

#### 4.2.3.3 中寒武张夏组($\in_2^2$)岩溶裂隙承压含水层

该层由鲕状白云岩、鲕状灰岩组成。厚度较大，在矿山西段一带厚度 342 m，在某地下水一带厚度 273.65 m，由西向东变薄。广泛出露于仁村西山顶、北涧河北一线，倾向南西，德厚处倾向南，倾角 25°~31°。于北涧河覆盖，覆盖厚度 5 ~ 317.0 m，底板埋深为 590.0 m 左右。该含水层地表岩溶发育，出露有石河落水洞、仁村泉。钻孔揭露，地下溶洞率为 4.93%，MK5 孔于 354.6 m 处遇有 0.9 m 厚的裂隙式含水段，大于 400 m 岩溶发育微弱。据钻孔抽放水试验，涌水量 17.6 ~ 27.9 $m^3/h$，$q=0.92\sim1.2$ $m^3/(h\cdot m)$，$K=23.9\sim68.46$ m/d，$T=19.1\sim388.58$ $m^2/d$。

奥陶系下统($O_1$)冶里组、上寒武($\in_3$)及中寒武张夏组($\in_2{}^2$)构成矿区岩溶水系统主要含水层，含水层以 $O_1$ 和 $\in_2{}^2$ 岩溶裂隙为主。各含水层通过溶洞、溶隙、断裂破碎带连通，地下水水力联系密切，具有统一的承压水头和流场特征。该岩溶水系统富水性较好，单位涌水量一般在 1.5 ~ 3.5 $m^3/(h\cdot m)$，单井涌水量 30 ~ 80 $m^3/h$。含水层渗透系数 $K$ 一般为 0.8 ~ 5.0 m/d，局部为 10 ~ 30 m/d，导水系数一般 $T=30\sim100$ $m^2/d$，局部在 100 ~ 300 $m^2/d$。其富水性主要受断裂构造及岩溶控制，在脆性白云岩、泥质白云岩、灰岩及岩层分界处岩溶发育，在构造断裂破碎带岩溶发育，且有大的溶洞出现。实地调查义煤某地下水水源地 5 号井、庙头龙涧水源地供水井井口有风吹出，抽水井风力更强，这是由于水位下降，地下溶洞干涸，水流把溶洞中的空气带出形成风的特征的表现。

该含水系统岩溶在垂向上的发育情况可划分为三段：①强发育段，此段底界距其顶板 <100 m，并有越靠近顶板越发育倾向，且有普遍性特征。如 DZK2806 孔，在该层上部遇见垂向达 14 m 高的溶洞，洞内无水，被中粗砂及少量碎石充填。②中等发育段，它一般距灰岩顶面 150 m 左右，较上段明显变弱。③弱发育段，此段距其顶板 200 m 以下，更

具局限性，在区内仅见于某地下水、南沟与坻坞三地。一般在 400 m 以下岩溶发育甚微，基本不发育，地下水没有存储空间。

该系统岩溶在水平方向上的发育划分为强发育带、中等发育带、弱发育带三个带：①强发育带，该带主要分布在西矿山东段(80 勘探线)以东及南坻坞—歇柴沟一带，可见它与断裂有密切关系。在此地带中，上述垂向上的三段均有发育，尤以强发育带最为普遍和突出。②中等发育带，此带在发科岭和西矿山东段之间，不但强发育段明显，而且局部可见到中等及弱发育段。③弱发育带，此带在歇柴沟—发科岭之间。岩溶发育特征见图 4-7。

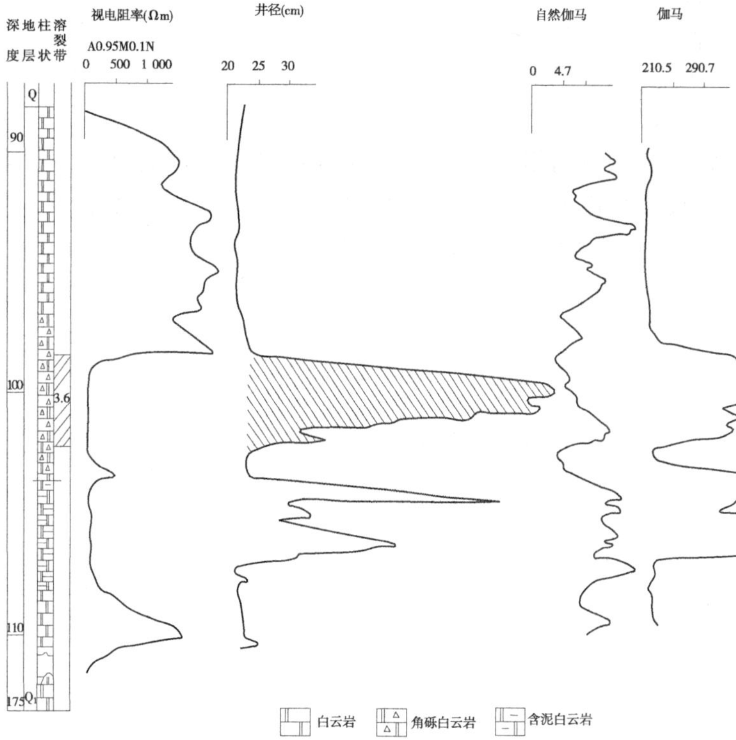


图 4-7　岩溶发育特征图

### 4.2.4 主要隔水层特征

#### 4.2.4.1 石炭系上统本溪组上段($C_{2b}^3$)页岩隔水层

本层主要由页岩、黏土岩和炭质页岩组成,厚度变化大,且薄。由近200个钻孔资料统计,厚0~25.09 m,平均4.10 m。它位于铝土矿层之上,作为矿层直接顶板,未来开采时,不具隔水意义。

#### 4.2.4.2 石炭系上统本溪组下段($C_{2b}^1$)铁质页岩隔水层

它主要由铁质页岩组成,含较多的黄铁矿成分,分布广泛,但厚度变化大,并见有"天窗"。据151个钻孔资料统计,厚0~34.90 m,平均6.5 m。缺失该层者见24个孔,此层0~4 m厚者见84孔,0~2 m厚者见47孔,并在浅部因风化致使该层破碎。

#### 4.2.4.3 北涧河泥卵石隔水层

勘探资料表明,矿区北涧河河床砂卵石层底部一般有一层厚达5 m的泥包石层,该层透水性极差,视为隔水层。在自然条件下与下部奥陶系灰岩含水层没有水力联系,表现为河床砂卵石层水位远高于下部灰岩岩溶水水位,抽水试验也证明了二者没有水力联系,目前二者水位高差100余m。

## 4.3 矿区石河、北涧河对矿区岩溶水的补给分析

矿区地表水主要有石河、北涧河,二者为季节性河流,雨季有暂时流水。据前人研究资料,石河、北涧河流经矿区岩溶裸露区,对岩溶水有补给作用。

据郑州豫源地矿勘查技术服务有限公司2007年3月提交的《河南省渑池县研究区勘探报告》,实测这两条河流在流经寒武—奥陶系灰岩分布地段时,总平均漏失量石河为1 920.0 m³/d,北涧河为2 712.0 m³/d。

但同时该报告还对石河落水洞与仁村上泉的连通试验作了较为详细的描述。连通试验结果表明:二者之间地下水的实际流速为445.83 m/h,不但证明石河落水洞与仁村上泉是连通的,而且表明二者之间的

连通是以管道形式为特征的。

另外,河南省有色金属地质勘查总院 2005 年 4 月提交的《河南省渑池县研究区水文、工程地质勘查报告》中也对石河落水洞对仁村上泉的补给情况进行了定量的观测。测量结果:落水洞漏失 17 L/s,仁村上泉水量为 12 L/s,下泉无法施测。并由此得出结论,认为落水洞中的水直接补给仁村上、下泉,沿途漏失有限,对 ∈—O 灰岩含水层补给有限。

综合以上成果我们认为,石河在流经寒武—奥陶系灰岩分布地段时,大部分漏失量通过仁村泉水排泄出来,仅有少量补给寒武—奥陶系(∈—O)灰岩岩溶水。石河对岩溶水的补给量只能是石河漏失量中没有以管道形式补给仁村泉的那一部分。这一部分漏失量,根据石河落水洞漏失量与仁村泉流量之差占落水洞漏失量的百分比(29.4%)确定石河补给量。本次取石河漏失量的 25% 作为石河补给量,即石河对矿区岩溶水的补给量为 480.0 $m^3/d$。加上北涧河补给量,石河、北涧河对岩溶水的补给总量为 3 192.0 $m^3/d$(116.51 万 $m^3/a$)。

## 4.4　矿区地下水补给、径流及排泄

矿区地下水补给主要靠大气降水补给,其次是河流补给。大气降水主要以地表入渗方式补给北部裸露区岩溶水、河谷砂卵石层地下水,以及河谷南部二叠、石炭系碎屑岩类裂隙水。

河谷砂卵石层地下水沿北涧河河谷径流并排泄,其次人畜饮水开采也是本层地下水排泄方式之一。

矿区岩溶水的补给主要是岩溶裸露区大气降水补给,其次是石河、北涧河渗漏补给,以及寒武、奥陶系露头以北震旦系变质岩裂隙水对其的侧向径流补给。地下水沿岩层倾向和溶洞向南、南东径流,于龙涧泉群处排泄。目前,该岩溶水系统排泄主要是水源地开采。该岩溶水系统地下水径流主要是沿北涧河河谷方向向南东径流。

## 4.5 矿区地下水动态类型及特征

地下水动态是地下水系统补给因素与排泄因素变化在储水体系的反映，主要表现为地下水位的升降。不同的地下水类型有其不同的补给、径流和排泄条件，其动态特征和动态类型也不相同。矿区地下水动态类型主要有开采型、气象—开采型、气象型三种。矿区内除寒武—奥陶岩溶水因开采量较大，动态变化与开采量关系密切外，其他含水层地下水动态主要与大气降水有关。

### 4.5.1 开采型

矿区岩溶水表现为开采型，主要分布于某地下水水源地、龙涧水源地一带，地下岩溶水位变化表现为多年的持续下降。如某地下水水源地 1985 年地下水位高于地面，处于自流状态，如今水位埋深 142.0 m。新安龙涧水源地，1995 年 6 月龙涧泉断流，目前水位埋深 156.05 m。据某地下水水源地 11 号观测井 2006 年至今的观测资料，其水位表现为持续下降的动态变化特征，水位随大气降水升降的变幅特征不复存在，其水位持续下降主要是开采量大于补给量造成的。2006 年 1 月至 2009 年 9 月水位埋深由 95.8 m 下降到 142.0 m，下降了 46.2 m，月平均下降 1.03 m，年平均下降 12.32 m。水位动态曲线见图 4-8。

### 4.5.2 气象—开采型

气象—开采型主要分布于某地下水水源地以西，据 2004 ~ 2006 年岩溶裂隙水观测孔长观资料绘制的水位动态变化曲线见图 4-9。由图 4-9可以看出：

（1）其水位与降水量关系密切。2004 年、2005 年和 2006 年年降水量逐渐减少，而 $\in$—O 含水层水位相应逐年降低。

（2）其水位在一年当中与季节有关。每年的 1 ~ 2 月，其水位可达最高值；7 ~ 8 月是最低水位时期，它与季节降水量正相反，有明显的“滞后”作用。

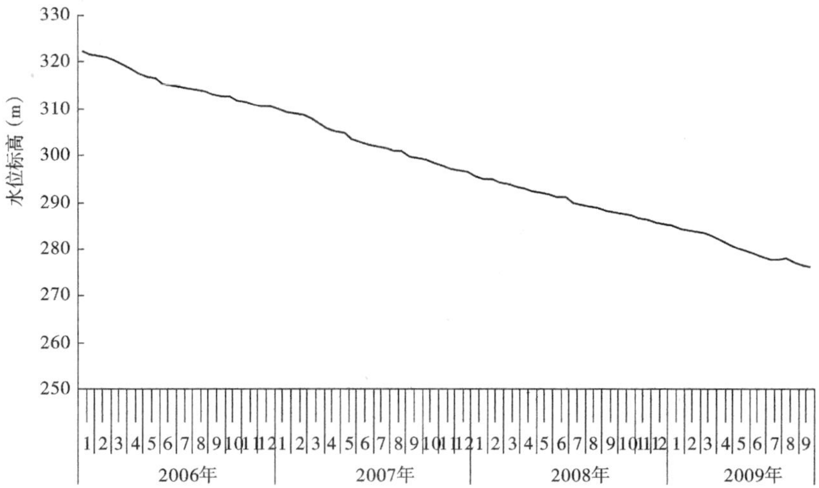


**图 4-8　某地下水水源地 11 号观测井地下水位动态变化曲线**

（3）其水位年变幅较大。矿山西段矿段（DZK4213）年变幅 9 ~ 14 m；矿山东段矿段（ZK7908）年变幅较稳定，为 11 m，上游水位变化幅度大于下游水位变化幅度，见图 4-10。

（4）MK5 孔水位，除有上述规律外，还与供水量有关，夏季用水量大，水位就下降得多，冬季则相反。总体趋势水位是下降的。

## 4.5.3　气象型

河谷砂卵石含水层，石炭、二叠系（$C_{2t}$—$P_1$）灰岩砂岩含水层水位动态属气象型，观测孔动态变化曲线见图 4-11、图 4-12、图 4-13，从图中可以看出：

（1）其水位与降水量有关，2004 年降水量大，水位高，2005 年和 2006 年降水量相应减小，其水位就低。

（2）在一年当中，每年的 5 ~ 6 月，其水位最低，雨季（8 月左右）水位最高，显出与降水量密切相关。

（3）其水位年变幅小于 2 m。

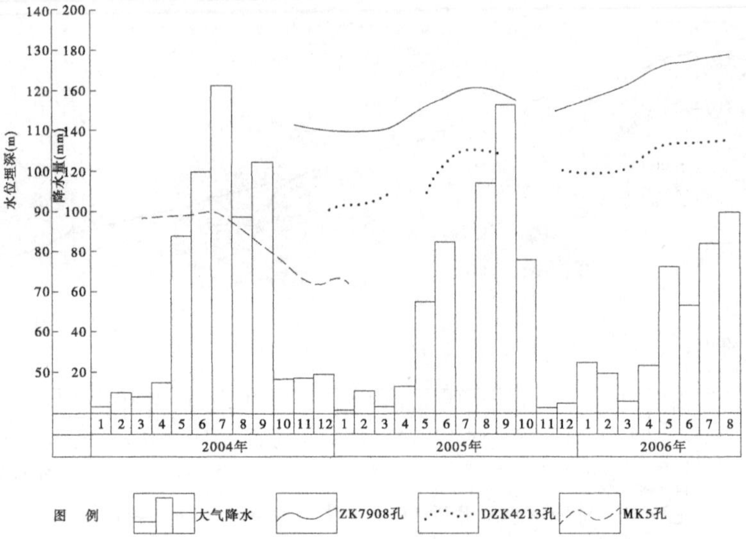


图 4-9 灰岩( ∈—O)含水层水位动态变化曲线

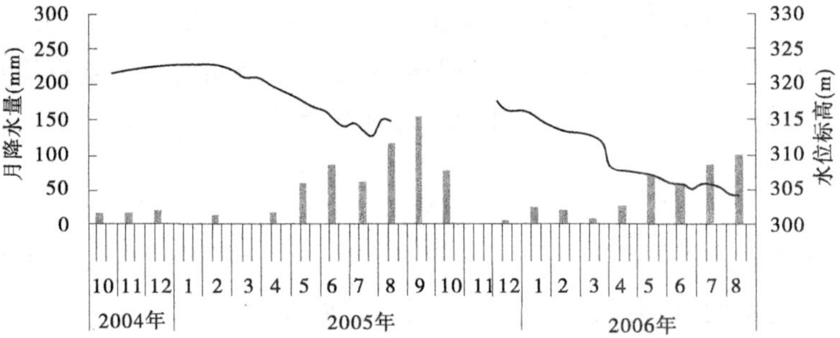


图 4-10 ZK7908 号孔水位动态曲线

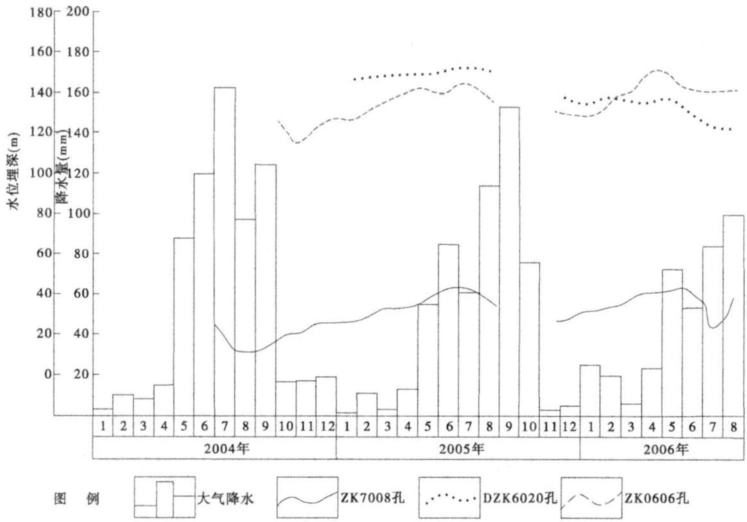


图 4-11　砂岩、灰岩($C_{2t}$—P)含水层水位动态变化曲线

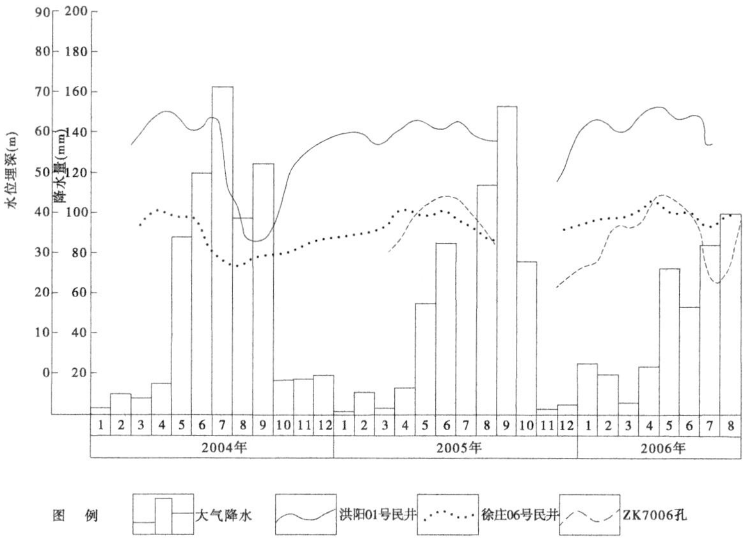


图 4-12　砂卵石($Q_4^{al}$)含水层水位动态变化曲线

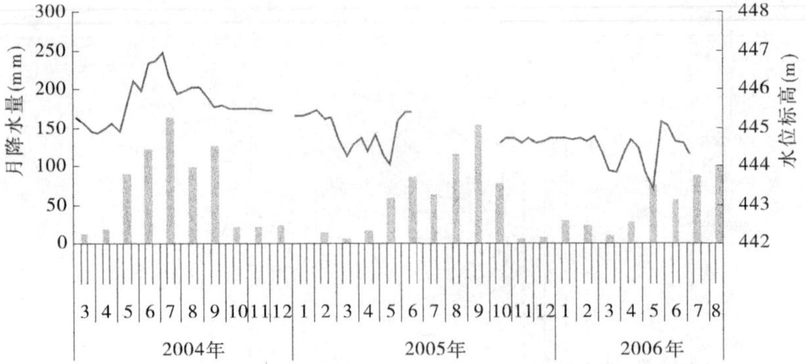


图 4-13　矿区河谷浅层地下水 12 号观测孔水位动态曲线

## 4.6　矿区水源地供水水文地质条件分析

矿区地下水类型主要是北涧河河谷砂卵石层松散岩类孔隙水，石炭、二叠系碎屑岩类裂隙水和碳酸岩类裂隙岩溶水。松散岩类孔隙水和石炭、二叠系碎屑岩类裂隙水富水性较差，单井涌水量较小，而且水资源较为贫乏，不具备长期开采型水源地的建设条件。

矿区岩溶水具有富水性强、单井涌水量大、补给面积大、资源量丰富的水文地质特征，具有长期开采价值。因此，矿区已有水源地均开采本层地下水，水源地主要有义煤某地下水水源地、腾跃水泥厂水源地、渑池二电厂南坻坞水源地、仰韶酒厂分厂水源地等。目前，渑池二电厂南坻坞水源地、仰韶酒厂分厂水源地开采井已停用，现有开采井主要是义煤某地下水水源地、腾跃水泥厂供水井。水源地水文地质特征如下。

### 4.6.1　义煤某地下水水源地

义煤某地下水水源地现有开采井 8 眼，主要分布在北涧河以南，某地下水—西矿山东段河谷中，供水井编号自西向东依次是 11 号、7 号（大 7 和小 7）、14 号、补 2B、新 4 号、补 2A、5 号。井深 200 ~ 700 m，配泵扬程 200 m，流量 63 $m^3/h$，水泵下入深度 198 m。供水井封闭石炭系以上含水层，取其下奥陶系—寒武系岩溶水。该处石炭系底板埋深

80 ~ 245.3 m，受断裂构造影响地层埋深变化较大，见水文地质剖面图 4—4′（图 4-5）及 B—B′（图 4-6）。据义煤水厂补 2B 井资料，该井 1998 年 12 月竣工，静水位埋深 74.45 m，抽水量 124.0 $m^3/h$，水位降深 13.42 m，单位涌水量 9.24 $m^3/(h \cdot m)$，抽水历时 48 h，稳定 43 h。在其西 40 m 的新 4 号井，目前静水位埋深在 137.42 m，动水位埋深 161.5 m，水泵下入 198 m，出水量 63 $m^3/h$，水位降深 24.08 m，单位涌水量 2.62 $m^3/(h \cdot m)$。同补 2B 井 1998 年涌水能力相比明显降低，该井抽水试验曲线见图 4-14。该水源地供水井自西向东水位标高及供水井结构见图 4-15。

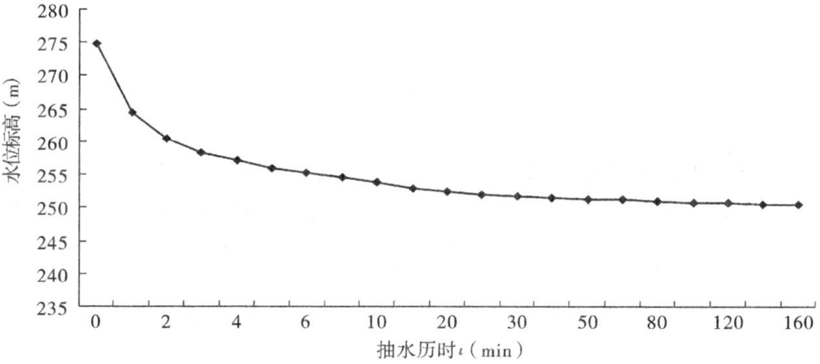


**图 4-14　新 4 号井抽水水位历时曲线**

某地下水水源地各供水井间断向水厂蓄水池提水，现日开采地下水 5 000 $m^3/d$。据补 2B 井水位资料，1984 年 3 月水位埋深 3.15 m，1998 年 12 月水位埋深 74.45 m，2009 年 10 月水位埋深 137.5 m。1984 ~ 2009 年水位下降了 134.35 m，年均水位降幅 5.37 m。

### 4.6.2　义煤水泥厂水源地

义煤水泥厂水源地现有开采井 5 眼，主要分布于某地下水水源地以西徐庄一带，井深 300 ~ 500 m，开采奥陶—寒武系岩溶水，2008 年施工水井 2 眼，井深 500 m，水量 30 $m^3/h$，存在掉泵现象。该水源地日取水 2 500 $m^3/d$。

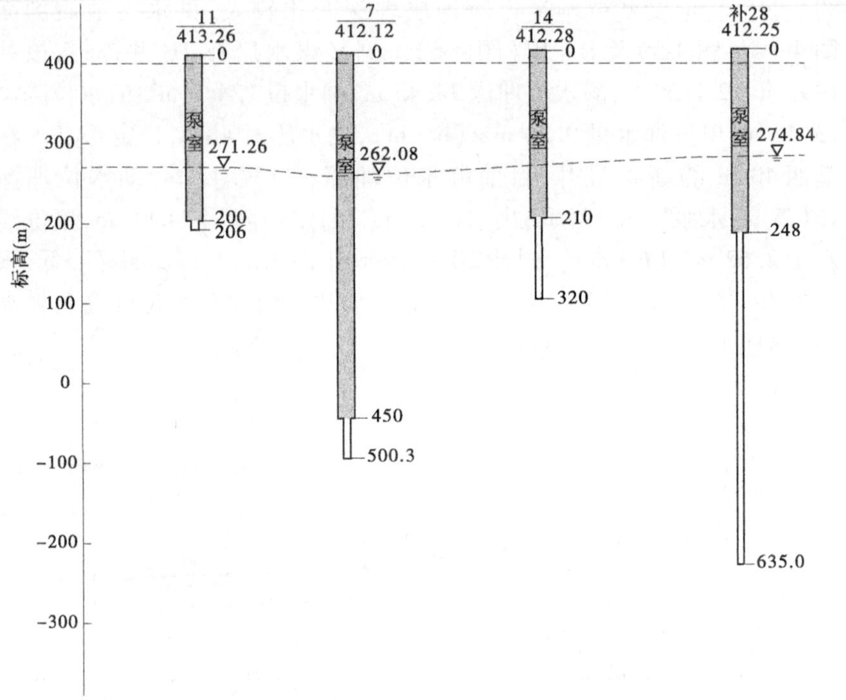


图 4-15　某地下水水源地供水井结构示意图

## 4.6.3　新电龙涧水源地

供水井 13 眼，井间距 10 ~ 20 m，现有 5 眼配套齐全，井深 300 ~ 400 m，日取水约 5 000 $m^3$/d。开采奥陶—寒武系灰岩岩溶水。该水源地 1995 年建成投产，1995 年 6 月龙涧泉断流，1998 年 9 月水位埋深 73.4 m，2009 年 10 月水位埋深 173.95 m，水位年均降幅 7.25 m。

据水位调查资料，矿区岩溶水水位埋深，西部南坻坞一带在 131.81 m 左右，水位标高 520 m 左右。中部仁村一带水位埋深 60 m 左右，水位标高 450 m 左右。东部某地下水一带水位埋深 140 m 左右，水位标高 270 m 左右。再向东新安龙涧泉一带水位埋深 170 m 左右，水位标高在 160 m 左右。

# 第5章　矿山开发利用方案

## 5.1　矿段划分及资源储量

### 5.1.1　矿段划分及面积

研究区以 $F_4$ 断裂为界，分为东、西两个矿段。其中西矿段矿区面积6.27 $km^2$，东矿段矿区面积7.58 $km^2$。矿区总面积13.85 $km^2$。

### 5.1.2　资源储量

根据《矿产资源储量核实报告》，西矿段共圈定了7个铝土矿矿体，累计查明铝土矿资源储量638.09万t，其中：已开采(111b)类基础储量186.81万t，保有资源储量(121b)+(122b)+(333)共451.28万t，矿体平均厚度4.04 m。东矿段共圈定了三个铝土矿矿体，保有(121b)+(122b)+(333)铝土矿资源储量1 948.77万t。

## 5.2　矿山开采工艺及方案

### 5.2.1　西矿段

#### 5.2.1.1　开采方式

开采方式为地下开采。

#### 5.2.1.2　开采范围

矿区面积6.269 8 $km^2$，其内赋存有Ⅰ、Ⅱ、Ⅲ、Ⅳ、Ⅴ、Ⅵ、Ⅶ共7个矿体，赋存标高为142.75~613.45 m，上述范围即为本次设计范围。

由于矿量分布不均，中部中段矿量多易于达产，而且离地面建筑物较远,影响因素少,因此本次设计确定的开采顺序为中段间从中部开始,先往上开采再往下开采,中段上从两端向中央后退式的开采顺序。

#### 5.2.1.3　开采方法

由于矿石价值不高,矿体较薄,而铝土矿开采的特点是要严格控制围岩混入,尽量降低贫化率,因此可排除充填和崩落采矿方法,适宜矿体的采矿方法只能为空场采矿方法。

根据矿体分类情况,矿体厚度≤3 m 的地段,选用矿壁 + 液压支柱护顶全面采矿法。对于矿体厚度为 3 ~ 5 m 地段和 >5 m 地段,本次设计选用常规的矿壁 + 锚杆护顶房柱采矿法、矿壁 + 预切顶中深孔中央上山房柱采矿法,前述采矿方法与可行性研究推荐的采矿方法相同。

### 5.2.2　东矿段

#### 5.2.2.1　矿区范围

研究区以 $F_4$ 断裂为界,分东、西两段。东矿段,地表为大面积的第四系地层覆盖,地表无铝土矿体出露,矿段东西长 7 200 m、南北宽 400 ~ 1 500 m,矿体埋深 11.7 m(ZK0402) ~ 214 m(ZK9610),矿体埋藏较深,平均埋深 124.09 m。

矿区属高山与平原接壤的低山丘陵区,总体地势西高东低、两边高中间低。矿体隐伏于河床第四系砂卵石层下部,平均覆盖层厚度约 40 m,矿体只适宜地下开采。

#### 5.2.2.2　开采范围

矿区内赋存有Ⅰ、Ⅱ、Ⅲ三个矿体,赋存标高为 500 ~ 100 m。由于矿山东段 112 线以东被 $F_{12}$、$F_{14}$、$F_{17}$ 三条断裂包围,使得工程地质、水文地质条件复杂,义马供水基地就在此地段,因此本次设计开采范围不包括此地段。为了使开采对上述地段的地下水影响尽量减少,设计开采范围到 100 线为止,距离 $F_{12}$ 断层大于 600 m(根据群孔抽水试验,向西影响范围小于 600 m)。

#### 5.2.2.3　开采顺序

根据确定的最高限采标高,综合考虑目前矿区奥陶系灰岩的水位标高、中段矿量分布情况、易于投达产等因素,本次设计确定的开采顺序为从中部开始回采，即 42 线以西从 330 m 中段、42 线以东从 300 m 中段开始，均往上回采至限采标高底部后，再返回来往下回采。其优点是，初期含水层水头低，也基本满足确定的防水矿柱要求，部分废石可以充填采空区，减缓了地面的岩石大规模移动，避免了开采初期造成的地面建筑物破坏或搬迁。通过开采实践，对矿区的水文地质条件有进一步认识，而且生产过程中，疏干工程已经发生作用，往上开采基本在零水位以上开采，安全可靠，至限采标高底部后，再返回来往下回采，此时含水层水位已经大大下降，对开采已构不成威胁。

中段上回采顺序基本上为从两端向中央的后退式回采顺序，但需要避开为地面Ⅲ级建筑物而留的保安矿柱。Ⅲ级保安矿柱作为临时保安矿柱，在最后进行回收。

综上所述，本次设计确定的开采顺序为中段间从中部开始，先往上开采再往下开采，中段上从两端向中央后退式的开采顺序。

#### 5.2.2.4　开采方法

由于矿石价值不高，矿体较薄，而铝土矿开采的特点是要严格控制围岩混入，尽量降低贫化率，因此可排除充填和崩落采矿方法，适宜矿体的采矿方法只能为空场采矿方法。

根据矿体分类情况，矿体厚度≤3 m 的地段，选用矿壁 + 液压支柱护顶全面采矿法。对于矿体厚度为 3 ~ 5 m 地段和 > 5 m 地段，本次设计选用常规的矿壁 + 锚杆护顶房柱采矿法、矿壁 + 预切顶中深孔中央上山房柱采矿法，前述采矿方法与可行性研究推荐的采矿方法相同。但根据矿体的赋存特征，在矿山东段矿区中部厚度≥15 m 的矿段较多，且相对集中，为提高矿块生产能力，确保厚大矿段开采的安全性，设计拟采用铲运机出矿的分段空场采矿法。

## 5.3　矿床疏干设计方案

寒武—奥陶系灰岩含水层具有厚度大、岩溶裂隙发育和富水性较强的特点。从现有布置在该含水层中的供水井已连续供水 10 多年，这也表明了该含水层具有较丰富的地下水静水储量及动水补给量。竖井井筒、井底车场、阶段石门、井下水仓、水泵房及阶段运输平巷等均在该含水层中掘进。因此,不采取预先疏干措施,可能引发突然涌水淹井,不能保证井巷施工和开采的安全。

针对矿区水文地质条件,提出了前期地表预先疏干、后期结合一定数量的井下探放水孔进行联合疏干的方案。

### 5.3.1 西矿段

针对矿区水文地质条件,提出了前期地表预先疏干、后期结合一定数量的井下探放水孔进行联合疏干的方案,疏干方案与可行性研究推荐方案相同,但根据《矿区地下开采防治水技术研究报告》的成果,对疏干井井位进行了大幅调整。

#### 5.3.1.1 前期地表深井疏干

本次设计范围内共布置了 8 个地表疏干井,按供水情况来看,其成井后的涌水量能满足要求。

疏干井井深分别为 220 ~ 367 m,共计 2 455 m。疏干井开孔为 426 mm,进入灰岩井径一般为 325 mm,底部设 20 m 长的沉砂段,终孔 194 mm。

#### 5.3.1.2 后期地表深井与井下联合疏干方案

为保证设计范围内最低开采标高以上各中段坑道掘进安全,在进行地表预先疏干降压的同时,后期结合井下探放水孔进一步降低灰岩地下水位。同时,探放水孔的布置也为老窿、断层破碎带、岩溶发育地带附近的坑道掘进及其他井下工程施工提供了安全预警。探放水孔开孔 91 mm,终孔 75 mm,深 30 m,总进尺 14 400 m。

#### 5.3.1.3 井下排水

设计在西矿段 450 m 和 330 m 中段 1 号和 3 号提升井车场附近分别设置排水泵房。水仓按内、外水仓形式布置,以便于清泥。清泥采用人工方式。水仓有效容积按正常涌水量 6 h 考虑。水泵房所在中段涌水通过水沟汇集流入水仓,水泵房以上中段涌水通过水沟汇集流入中段车场附近集水坑,通过泄水孔下放到下中段进入水仓。

为保证泵房任何时候均能正常工作,在泵站与井底车场通道内设置有防水门。

预测的矿坑涌水量见表 5-1。

表 5-1　矿坑涌水量

| 预测中段范围 | 中段标高 | 正常矿坑涌水量 ($m^3/d$) | 最大矿坑涌水量 ($m^3/d$) |
|---|---|---|---|
| 基建中段 | 西矿段西 450 m 中段 | 8 950 | 11 820 |
| | 西矿段东 420 m 中段 | 6 900 | 13 810 |
| 最低开采中段 | 西矿段西 300 m 中段 | 14 520 | 17 400 |
| | 西矿段东 300 m 中段 | 12 670 | 19 590 |

#### 5.3.1.4　地下水位观测网

为了及时掌握各个含水层尤其是灰岩含水层地下水位动态变化，指导井巷工程施工安全，同时为了掌握疏干工程效果，以便及时作出调整，并根据各观测点的水位变化，分析研究解决遗留的水文地质问题，必须在矿区建立地下水观测网。为此在矿区范围内布置了 26 个观测孔（其中 11 个已经施工完毕），本次设计所布观测孔基本上是为最低基建中段以上矿体开采服务的。沿东西走向布置 2 排观测孔，排距、孔距 500 m 左右。

观测孔开孔 130 mm，终孔 75 mm。所下观测管直径不小于 32 mm，测管内底部 50 m 打筛孔，孔径 3 ~ 5 mm 呈梅花形排列，孔隙比不小于 30%。观测孔总进尺 4 394 m，观测管总长 4 304 m（不包括已施工观测孔）。

### 5.3.2　东矿段

#### 5.3.2.1　前期地表深井疏干

本次设计范围内共布置了 13 个地表疏干井，大部分疏干井均布置在现有供水井附近，按供水情况来看，其成井后的涌水量能满足要求。仅有疏 15、疏 18 为新增位置孔，需先施工井位选择孔以最终确定该两孔位置。

疏干井井深分别为 200 ~ 300 m，共计 3 753 m。疏干井开孔为 426 mm，进入灰岩井径一般为 325 mm，底部设 20 m 长的沉砂段，终孔

194 mm。

各疏干井中将装设4种型号的深井潜水泵:250QJ140－280/18(工作4台,备用1台),250QJ100－288/16(工作3台,备用1台),250QJ80－280/14(工作3台,备用1台),250QJ50－320/16(工作3台,备用1台)。需要扬水管4 053 m,电缆4 053 m,井壁管100 t。

疏15、疏18疏干井各布置3个井位选择孔,设计总进尺1 620 m,利用施工的小口径水文地质钻孔,确定是否适宜于施工大口径疏干井。

#### 5.3.2.2　后期地表深井与井下联合疏干方案

为保证设计范围内最低开采标高以上各中段坑道掘进安全,在进行地表预先疏干降压的同时,后期结合井下探放水孔进一步降低灰岩地下水位。同时,探放水孔的布置也为老窿、断层破碎带、岩溶发育地带附近的坑道掘进及其他井下工程施工提供了安全预警。探放水孔开孔91 mm,终孔75 mm,深30 m,总进尺21 668 m。

#### 5.3.2.3　井下排水

全矿井下排水泵房分设2个,东矿段设在330 m中段2号井车场附近和300 m中段3号井车场附近,排水管自泵房管子斜道经竖井至地表,各泵房排水量及几何排水高度见表5-2。

**表5-2　各中段泵房排水量及排水高度**

| 泵房 | 几何排水高度 $H_P$(m) | 正常涌水量 $Q_{zh}$($m^3$/d) | 最大涌水量 $Q_{max}$($m^3$/d) |
|---|---|---|---|
| 东矿段西矿段330 m泵房(2号井) | 148 | 12 710 | 19 900 |
| 东矿段东矿段300 m泵房(3号井) | 141 | 15 980 | 26 800 |

由于前期所有水泵房均未设置在最低中段,后期排水需要在最低中段新设水泵房,将下部的水排至前期泵房,再接力排至地表,故本次水泵排水量 $Q$ 按最低中段涌水量考虑。选择的水泵参数见表5-3。

表 5-3　各水泵房水泵及电机型号和参数

| 泵房 | 水泵 | | | | 电动机 | | |
|---|---|---|---|---|---|---|---|
| | 型号 | 台数（台） | 流量 $Q$（$m^3/h$） | 扬程 $H$（m） | 型号 | 功率（kW） | 电压（kV） |
| 东矿段西 330 m 泵房 | MD600 - 60 × 3 | 3 | 666 | 165 | YAKK 500 - 4 | 450 | 10 |
| 东矿段东 300 m 泵房 | MD600 - 60 × 3 | 5 | 666 | 165 | YAKK 500 - 4 | 450 | 10 |

考虑到东矿段东 300 m 泵房水量较大，排水速度取到 2 m/s 以上，经过计算，泵站排水管规格选用 $\phi450 \times 10$ mm 的无缝钢管，矿山东段西 330 m 泵房排水管选用 $\phi377 \times 9$ mm 的无缝钢管，所有排水管在竖井中敷设 2 条，互为备用，最大排水量时 2 条管都投入使用。矿山东段西、东 2 个泵房的排水管分别从矿山东段 2 号井、3 号井接至地表。

为保证泵房任何时候均能正常工作，在泵站与井底车场通道内设置有防水门。

#### 5.3.2.4　地下水位观测网

为了及时掌握各个含水层尤其是灰岩含水层地下水位动态变化，指导井巷工程施工安全，同时为了掌握疏干工程效果，以便及时作出调整，并根据各观测点的水位变化，分析研究解决遗留的水文地质问题，必须在矿区建立地下水观测网。为此在矿区范围内布置了 15 个观测孔（其中 4 个已经施工完毕），本次设计所布观测孔基本上是为最低基建中段以上矿体开采服务的。沿东西走向布置 2 排观测孔，排距、孔距 500 m 左右。

考虑到 100 线以东为未来主要的供水水源地，同时为进一步揭示该区段水文地质情况，观测孔除分布本次设计范围外，在矿山东段东矿段以东也考虑了部分观测孔。

观测孔主要观测灰岩岩溶裂隙含水层水位，同时观 31、观 33、观 35、观 37 孔兼顾观测第四系砂卵石含水层水位。

观测孔开孔 130 mm，终孔 75 mm。所下观测管直径不小于 32 mm，测管内底部 50 m 打筛孔，孔径 3 ~ 5 mm，呈梅花形排列，孔隙比不小于30%。观测孔总进尺3 222 m,观测管总长3 156 m(不包括已施工观测孔)。

矿山地表疏干井及现状开采井井位见图5-1,不同时段不同层位观测井分布见图5-2。各开采井设计排水量见表5-4。

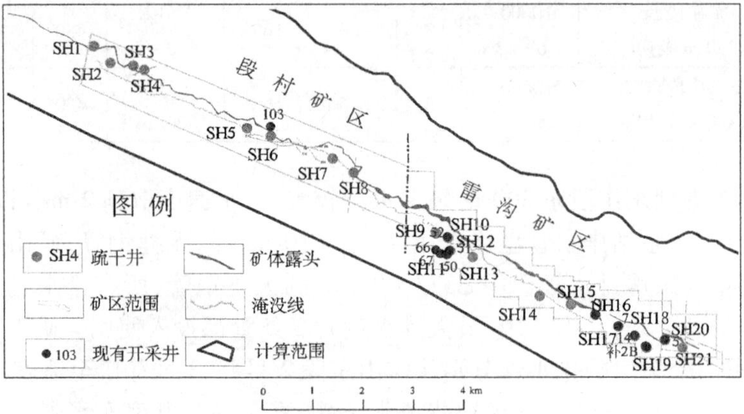


图5-1　矿山地表疏干井及现状开采井井位

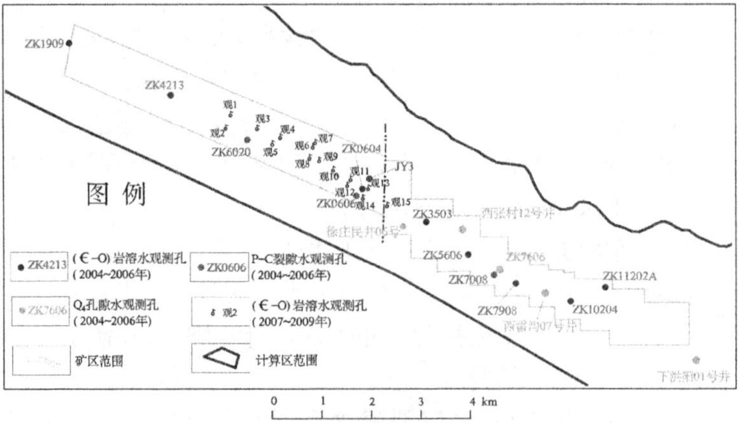


图5-2　不同时段不同层位观测井分布

**表 5-4　地表疏干井一览表**

| 矿段划分 | 疏干井编号 | 坐标 | | 与疏干井位相应的生产井 | | 设计井深（m） | 设计排水量（$m^3/d$） | | |
|---|---|---|---|---|---|---|---|---|---|
| | | *Y* | *X* | 单位 | 编号 | | 单井排水量 | 合计 | 总计 |
| 西矿段西段 | SH01 | 37 577 973.89 | 3 855 084.122 | | | 220 ~ 360 | 1 200 | 4 800 | 11 040 |
| | SH02 | 37 578 303.79 | 3 854 744.322 | | | | 1 200 | | |
| | SH03 | 37 578 762.72 | 3 854 685.68 | | | | 1 200 | | |
| | SH04 | 37 578 981.13 | 3 854 603.329 | | | | 1 200 | | |
| 西矿段东段 | SH05 | 37 581 031.62 | 3 853 420.793 | | | | 1 200 | 6 240 | |
| | SH06 | 37 581 503.12 | 3 853 267.225 | 水泥二分厂 | 103 | | 1 200 | | |
| | SH07 | 37 582 729.61 | 3 852 804.336 | | | | 1 920 | | |
| | SH08 | 37 583 147.25 | 3 852 525.22 | | | | 1 920 | | |
| 东矿段西段 | SH09 | 37 584 785.12 | 3 851 288.854 | | | 200 ~ 300 | 1 920 | 10 320 | 18 960 |
| | SH10 | 37 585 021.85 | 3 851 198.164 | 水泥厂 | 52 | | 1 920 | | |
| | SH11 | 37 584 992.55 | 3 850 867.556 | | 50 | | 3 360 | | |
| | SH12 | 37 585 059.78 | 3 850 938.586 | | 51 | | 1 920 | | |
| | SH13 | 37 585 513.24 | 3 850 810.925 | | | | 1 200 | | |
| 东矿段东段 | SH14 | 37 586 846.65 | 3 850 028.701 | | | | 1 920 | 8 640 | |
| | SH15 | 37 587 473.58 | 3 849 853.956 | | | | 2 400 | | |
| | SH16 | 37 587 959.72 | 3 849 644.319 | 地下水水厂 | 11 | | 2 400 | | |
| | SH17 | 37 588 422.12 | 3 849 411.258 | | 7 | | 1 920 | | |
| | SH18 | 37 588 747.01 | 3 849 224.244 | | 14 | | | | |
| | SH19 | 37 588 977.33 | 3 848 977.642 | | 补 2B | | | | |
| | SH20 | 37 589 345.23 | 3 849 138.685 | | 5 | | | | |
| | SH21 | 37 589 697.3 | 3 848 979.303 | | | | | | |

### 5.3.3 矿坑涌水量设计值

东、西矿段矿坑涌水量初步设计采用的涌水量见表5-5、表5-6。

表5-5 西矿段矿坑涌水量

| 位置 | 中段标高 | 正常矿坑涌水量 ($m^3$/d) | 最大矿坑涌水量 ($m^3$/d) |
|---|---|---|---|
| 最低基建中段 | 西矿段西450 m中段 | 8 950 | 11 820 |
| | 西矿段东420 m中段 | 6 900 | 13 810 |
| 最低开采中段 | 西矿段西300 m中段 | 14 520 | 17 400 |
| | 西矿段东300 m中段 | 12 670 | 19 590 |

表5-6 东矿段矿坑涌水量

| 位置 | 中段标高 | 正常矿坑涌水量 ($m^3$/d) | 最大矿坑涌水量 ($m^3$/d) |
|---|---|---|---|
| 最低基建中段 | 东矿段西330 m中段 | 9 550 | 16 740 |
| | 东矿段东300 m中段 | 11 810 | 22 670 |
| 最低开采中段 | 东矿段西270 m中段 | 12 710 | 19 900 |
| | 东矿段东210 m中段 | 15 980 | 26 800 |

## 5.4 采矿地面环境保护

矿区开采设计按40∶1的采深采厚比设置限采标高，采场内留设较多的3 m×3 m点柱、顶板留有0.5～1 m的护顶矿柱，采场间留有3.5 m的连续矿柱，采用矿石充填部分空区等采空区顶板保护措施，预计地面不会出现采空塌陷，该项措施已通过地质灾害评估和环境评价，说明措施可靠可行。

# 5.5　采矿排水利用规划

## 5.5.1　供水水源及方式

矿山开采疏排水将造成一定的地下水资源影响，矿井疏干排水量大。地下开采正常涌水量为 28 690 $m^3/d$，最大涌水量为 46 700 $m^3/d$；疏干井 13 眼，涌水量为 18 960 $m^3/d$。为了更好地节约地下水资源，确保当地居民生产生活用水不受影响，本次设计将抽取矿井疏干井排水作为给水水源。由于水量较大，因此除供矿山生产生活使用外，剩余部分送新建净水厂处理后作为当地居民的供水水源（水厂不在本次设计范围内）。

本工程将矿区分成 2 个区域，即东矿段西和东矿段东，各区域用水量：东矿段西为 4 748 $m^3/d$，东矿段东为 5 261 $m^3/d$，总水量为 10 009 $m^3/d$。各区域矿坑最大涌水量：东矿段西为 19 900 $m^3/d$，东矿段东为 26 800 $m^3/d$。疏干井涌水量：东矿段西为 10 320 $m^3/d$，东矿段东为 8 640 $m^3/d$，总涌水量为 18 960 $m^3/d$（由于 18、19、20、21 号疏干井靠近某地下水净水厂，而前 17 个疏干井内水量能满足厂区生产、生活需要，故考虑让其直接进入净水厂）。根据各工业场地水源及用水情况来看，前期疏干井内水除能基本满足场区内生产、生活需要外，还能充当一期水厂的水源，坑内水则经各场区沉淀池沉淀后排至改道后某地下水河。到后期将由坑内水替代疏干井内水（由于矿坑水的不断抽取造成疏干井干枯）作为水源。故本次设计将兼顾前后、统一考虑。供水工艺流程见图 5-3。

## 5.5.2　排水系统和排水指标

本工程中主要为矿坑排水和工业场地排水 2 个系统。

矿坑水经各工业场地沉淀池沉淀后作为生产、生活水源，多余部分排入某地下水河。

本工程总排水量为 1 602 $m^3/d$，其中生产废水 1 336 $m^3/d$、生产污

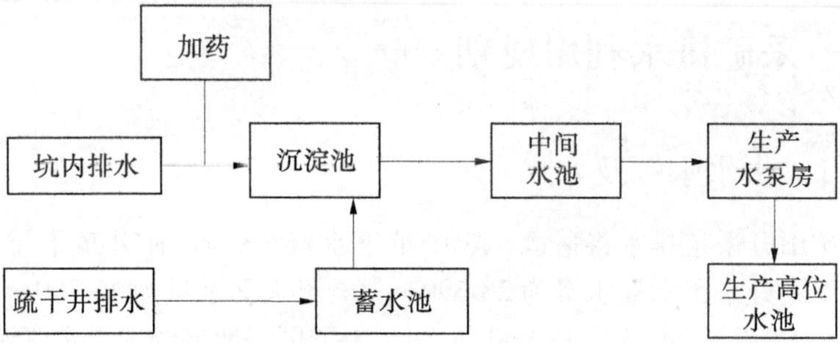


图 5-3　供水工艺流程

水 3 $m^3$/d、生活污水 263 $m^3$/d。生产废水主要为坑内废水，此部分水与矿坑水经沉淀池沉淀后作为生产、生活水源；生活污水则经过 SEJ 型一元化污水处理装置处理后供矿区绿化及道路洒水。东矿段西和东矿段东生活污水量分别为 102 $m^3$/d、164 $m^3$/d，各选取 SEJ－10 型一元化污水处理装置一套，处理水量为 10 $m^3$/h（每套），功率为 5.5 kW，占地面积约 29.5 $m^2$，处理达标后排放。

生活污水水质：BOD 150 mg/L，SS 200 mg/L，COD 300 mg/L。

处理后生活污水水质：BOD 30 mg/L，SS 30 mg/L，COD 90 mg/L，达到《污水综合排放标准》（GB 8978—1996）中的二级标准。

机修及汽修车间的排水经隔油池处理后直接排放。

化验室排水经酸碱中和池中和后排放。

空压机房排水除温度稍高外无其他污染，可就近排入附近排水沟。

# 第6章 岩溶水系统水资源量评价

## 6.1 评价范围及水文地质参数选取

### 6.1.1 评价范围划分及边界条件分析

研究区岩溶含水系统受控于地质构造、地层岩性及岩溶发育特征，该岩溶水系统天然状态下的排泄主要为龙洞泉，龙洞泉岩溶含水系统与矿区岩溶水系统是一致的。张人权等认为，与岩溶大泉有关的系统分为两类：某一岩溶泉的汇水范围称之为岩溶水文系统，此范围内的大气降水最终以一定份额汇集并供应该岩溶泉，圈定的岩溶水文系统对于分析泉的补给、水量动态以及确定水质保护区均有一定意义。与某一岩溶泉水力联系的岩溶含水岩系的分布空间，称之为岩溶含水系统，同一含水系统的水是一个整体，其中任一部分开采或注入水量，均将改变其余部分开发利用或岩溶水的排泄条件，并影响岩溶泉的流量。确定岩溶含水系统是统一筹划岩溶水开发利用与排泄，统一规划岩溶水调控、管理与保护的必要前提。岩溶水文系统与岩溶含水系统往往并不一致。本矿区岩溶水文系统范围略大于岩溶含水系统(见图6-1)。

正确划分矿区岩溶水含水系统及补给条件是评价矿区岩溶水资源的前提和基础，根据本次对矿区岩溶含水系统的认识分析，确定矿区岩溶含水系统的边界范围及水文地质条件如下。

#### 6.1.1.1 平面范围及其边界条件

1. 北部边界

岩溶含水系统评价北部边界以蓟县系变质岩地层露头线为界。震旦系变质岩系地层透水性、富水性极差，但由于边界北部存在地表分水岭，地下水接受侧向径流补给，故本边界视为弱透水补给边界。其补给

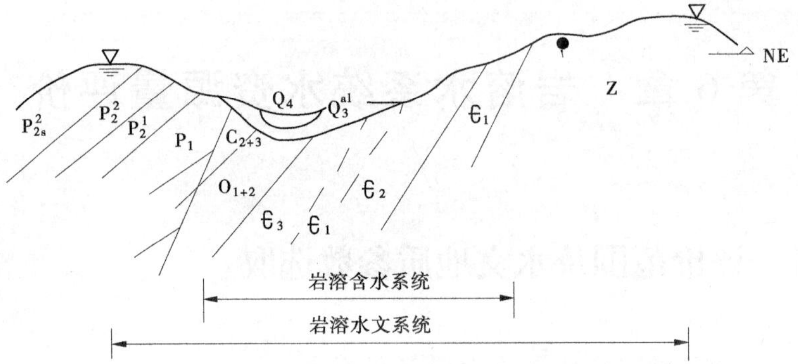


图 6-1　矿区岩溶水文系统与岩溶含水系统

量可按多年降水入渗补给量计算,该区面积为 92.2 $km^2$,降水入渗系数根据已有报告取 0.03。

2. 西部边界

西部边界以扣门山断裂、坡头断裂为界,该断裂带西盘(下降盘)寒武系地层与东盘(上升盘)震旦系石英岩接触,断距 200 ~ 500 m。该断层构成矿区岩溶含水系统系西边界。从该断层两盘水位变化对比判断,该断裂带构成地下水的分水岭,此边界视为零流量边界,见图 6-2。

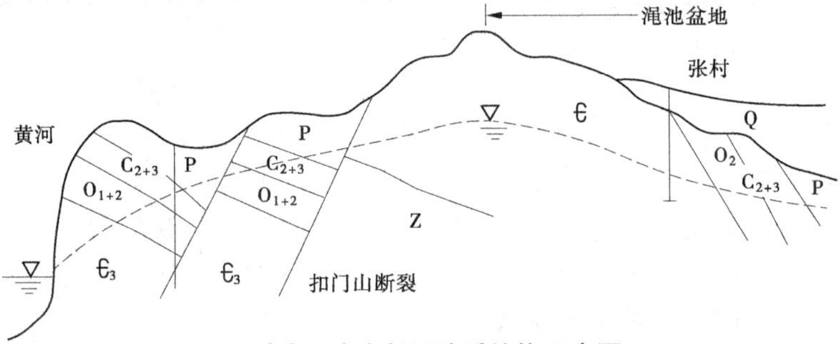


图 6-2　坡头断层地质结构示意图

3. 东部边界

东部边界以龙涧断层、新安断层为界,该断层寒武系与二叠系地层接触,为阻水排泄边界,龙涧泉正因此形成。该岩溶含水系统自西向东由岩溶裸露区无压水变为深埋的承压水,见图 6-3。

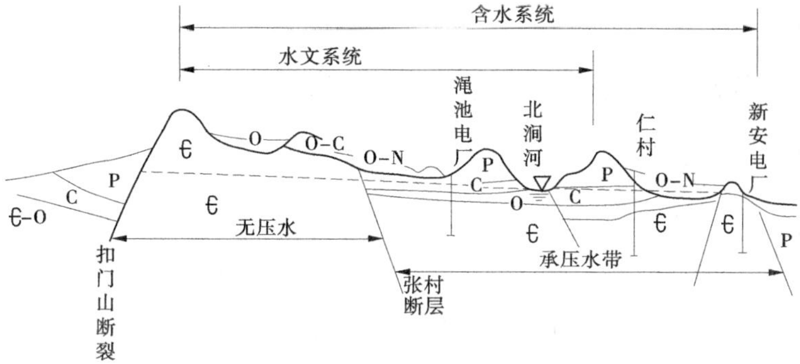


图6-3　矿区岩溶含水系统示意图

4. 南部边界

南部边界以矿区岩溶发育范围为界确定，边界界定根据勘察报告对矿区岩溶发育深度400 m的认识成果，即相当于奥陶—寒武系张夏组的地层厚度471.3 m。据已有勘探资料，矿区奥陶系地层最大厚度为87.77 m，寒武系上统厚度为109.88 m，寒武系中统张夏组地层厚度为273.65 m，奥陶系至寒武系中统张夏组总厚度为471.3 m，根据地层倾角25°和倾向200°换算，矿区岩溶水分布区由铝土矿露头向南延伸的平面范围为1 653 m，即为南部边界，此边界视为零流量隔水边界。

### 6.1.1.2　垂向补给条件

岩溶含水系统垂向补给条件：大气降水补给主要分布于铝土矿露头线以北，岩溶含水层直接裸露区或被第四系Q、第三系N覆盖间接裸露区，根据岩溶含水层埋藏情况将补给区划分为直接补给区和间接补给区（见图6-4）；石河、北涧河河水渗漏补给在河流流经岩溶含水层裸露区对岩溶水的渗漏补给。

铝土矿露头以南大气降水直接补给第四系$Q_4$、石炭系C、二叠系P地下水。根据矿区水文、工程地质勘探报告群孔抽水试验成果，认为第四系潜水、石炭—二叠系裂隙水与下部岩溶水无水力联系。因此，认为矿体露头以南大气降水对岩溶水没有补给作用，从北涧河河谷地质断面也可清楚地看出（见图6-5）。

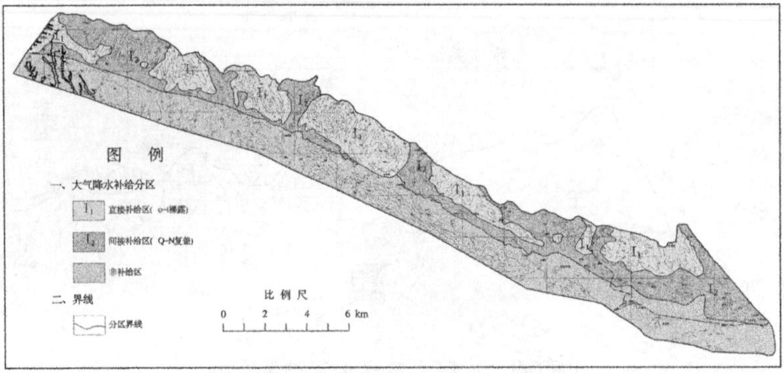


**图 6-4　均衡计算分区**

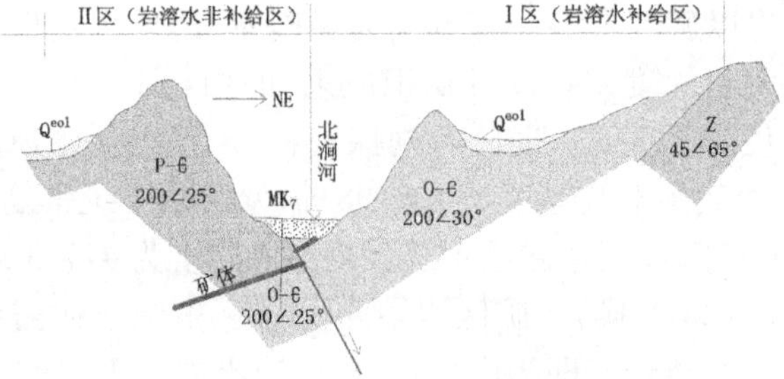


**图 6-5　岩溶水补给示意图**

## 6.1.2　水文地质参数选择

本次水文地质参数主要引用 1986 年 6 月煤炭工业部水源开发队提交的《河南省义马矿区仁村勘探区供水水源地初勘(最终)报告》成果,2006 年 9 月郑州豫源地矿勘查技术服务有限公司、中国铝业股份有限公司矿业分公司提交的《河南省渑池县研究区水文、工程地质勘探报告》成果,2008 年 6 月河南省郑州地质工程勘察院提交的《中铝矿业研究区矿区地下水资源评价报告》中的有关参数,参数可靠。

### 6.1.2.1　渗透系数 $K$、导水系数 $T$

含水层渗透系数 $K$、导水系数 $T$ 统计结果见表 6-1。

表6-1　渗透系数 $K$、导水系数 $T$ 统计结果

| 孔号 | 孔深(m) | 坐标 | | 含水层时代及厚度 | | 单位涌水量 | | 水文地质参数导水系数 | | |
|---|---|---|---|---|---|---|---|---|---|---|
| | | $Y$ | $X$ | 时代 | 厚度(m) | $q$(m$^3$/(m·h)) | $q$(L/(m·s)) | $K$(m/d) | $T$(m$^2$/d) | $R$(m) |
| MK1 | 219.54 | 37 584 800 | 3 851 284 | $O_1$ | 11.6 | 1.688 | 0.469 | 4.370 | 50.692 | 169.96 |
| MK3 | 306.33 | 37 586 848 | 3 850 027 | $O_1$ | 10.0 | 3.516 | 0.977 | 10.527 | 105.267 | |
| ZK7908 | 306.33 | | | $O_1$ | 10.0 | 2.329 | 0.647 | 7.120 | 71.200 | |
| MK5 | 208.47 | 37 589 344 | 3 849 142 | $O_1$ | 11.9 | 13.784 | 3.829 | 33.017 | 392.898 | |
| MK7 | 290.5 | 37 588 437 | 3 849 411 | $O_1$ | 31.4 | 6.324 | 1.757 | 5.617 | 176.363 | |
| ZK0603 | 134.5 | | | $O_1$ | 27.1 | 0.544 | 0.151 | 0.525 | 14.228 | |
| 补2B | 650.03 | | | O—$\in_2$ | 9.0 | 9.000 | 2.500 | 22.500 | 202.500 | 98.11 |
| | | | | | | 3.61 | 1.003 | 12.600 | 113.400 | |
| MK2 | 151.98 | 37 589 549 | 3 849 738 | $\in_2$ | 18.2 | 1.146 | 0.318 | 1.973 | 35.915 | 244.8 |
| ZK3 | 365.44 | 37 579 977 | 3 855 074 | $\in_{2-3}$ | 25.0 | 0.980 | 0.980 | 0.977 | 24.400 | 182 |
| ZK5 | 368.35 | 37 577 580 | 3 854 840 | p—$\in_3$ | 24.9 | 0.830 | 0.830 | 0.810 | 19.400 | 140 |

续表 6-1

| 孔号 | 孔深(m) | 坐标 | | 含水层时代及厚度 | | 单位涌水量 | | 水文地质参数(导水系数) | | |
|---|---|---|---|---|---|---|---|---|---|---|
| | | $Y$ | $X$ | 时代 | 厚度(m) | $q$(m³/(m·h)) | $q$(L/(m·s)) | $K$(m/d) | $T$(m²/d) | $R$(m) |
| ZK1 | 352.3 | 37 577 670 | 3 855 492 | O—$\in_2$ | 25.0 | 0.680 | 0.680 | 0.635 | 15.800 | 120 |
| ZK2 | 421.23 | 37 471 483 | 3 855 027 | O—$\in_2$ | 59.3 | 1.548 | 1.548 | 0.560 | 33.390 | 72 |
| ZK4806B | 250 | 37 585 521 | 3 850 821 | O—$\in_3$ | | | | 8.330 | | |
| ZK0606 | 127.4 | | | p—c | 11.5 | 0.024 | 0.007 | 0.056 | 0.644 | 63.94 |
| ZK7010 | 163.75 | 37 586 937 | 3 850 131 | p—c | 17.7 | 0.041 | 0.012 | 0.072 | 1.272 | 184 |
| DZK6020 | 242.8 | | | p—c | 16.0 | 0.211 | 0.059 | 0.340 | 5.440 | 68 |
| DZK6520 | 228.7 | | | p—c | 8.1 | | $0.8\times10^{-6}$ | $6.8\times10^{-5}$ | | |
| ZK11208 | 331.4 | | | p | 83.2 | 0.019 | 0.005 | 0.005 | 0.438 | |
| ZK7006 | 150.01 | 37 586 493 | 3 850 305 | $Q_4$ | 22.3 | 2.520 | 0.700 | 3.846 | 85.843 | 136.5 |
| ZK10204 | 51 | | | $Q_4$ | 35.9 | 1.572 | 0.437 | 1.396 | 50.098 | 162.71 |

#### 6.1.2.2　弹性释水系数$\mu$

采用1986年6月煤炭工业部水源开发队提交的《河南省义马矿区仁村勘探区供水水源地初勘(最终)报告》成果，取多孔平均值$\mu = 1.72\times10^{-3}$，见表6-2。

表6-2　弹性释水系数统计

| 孔号 | 含水层位 | 非稳定流求参 | | |
|---|---|---|---|---|
| | | $T$(m²/d) | $\mu$ | $K$(m/d) |
| MK7 | $O_1$ | 705.95 | | 78.44 |
| MK大7 | $O_1$ | 767.02 | $1.32\times10^{-5}$ | 62.87 |
| MK4 | $O_1$ | 425.63 | | 141.88 |
| MK5 | $O_1$ | 585.91 | | 49.92 |
| MK大5 | $O_1$ | 456.19 | $6.212\times10^{-8}$ | 103.68 |
| MK8 | $O_2—\in_3$ | 465.14 | | 64.6 |
| MK大8 | $O_2—\in_3$ | 361.33 | $8.3\times10^{-3}$ | 30.11 |
| MK9 | $O_1$ | 262.54 | $2.4\times10^{-4}$ | 131.27 |
| MK1 | $O_1$ | 277.56 | | 57.826 |
| MK3 | $O_2—\in_3$ | 1 131.07 | $5.55\times10^{-5}$ | 435.027 |
| 多孔平均 | | | $1.72\times10^{-3}$ | |

#### 6.1.2.3　降水入渗系数$\alpha$

采用2006年9月郑州豫源地矿勘查技术服务有限公司、中国铝业股份有限公司矿业分公司提交的《河南省渑池县研究区水文、工程地质勘探报告》的降水入渗系数。直接裸露区取$\alpha_{直}=0.31$，间接裸露区取$\alpha_{间}=0.12$。北部地表分水岭以南震旦系变质岩区根据2008年8月河南省郑州地质工程勘察院提交的《中铝矿业矿山西段铝土矿建设项目水资源论证报告书》的降水入渗系数取值，取0.03。

## 6.2 现状条件下均衡法计算与评价

### 6.2.1 均衡方程的建立

根据水均衡原理,在一个水文地质单元内,任一时段地下水的总补给量与消耗量之差,等于该时段内地下水体积的变化值,根据矿区岩溶含水系统水文地质条件建立的水均衡方程如下:

$$(Q_{雨渗} + Q_{河渗} + Q_{径补}) - (Q_{开采} + Q_{径排}) = \frac{\Delta h}{\Delta t}F\mu \qquad (6\text{-}1)$$

式中 $Q_{雨渗}$——降水入渗补给地下水量,$m^3/a$;

$Q_{河渗}$——河水入渗补给地下水量,$m^3/a$;

$Q_{径补}$——震旦系变质岩径流补给量,$m^3/a$;

$Q_{开采}$——开采排泄地下水量,$m^3/a$;

$Q_{径排}$——地下水径流排泄量,$m^3/a$;

$\Delta h$——均衡时段内地下水位变化值,m;

$\Delta t$——均衡时段,a;

$F$——均衡区面积,岩溶水分布总面积取 134 181 717.3 $m^2$;

$\mu$——岩溶含水层弹性释水系数。

### 6.2.2 均衡量计算

均衡计算选取现状年和多年资料进行计算,根据矿区已有水位资料选取均衡时段,采取现状短系列与多年长系列水位资料进行均衡计算。现状时段选取 2004 ~ 2008 年,多年时段选取 1984 ~ 2008 年。

#### 6.2.2.1 补给量计算

矿区岩溶含水系统地下水补给为大气降水和石河、北润河渗漏补给。

1. 降水入渗补给量

降水入渗补给量依下式计算:

$$Q_{雨渗} = \alpha PF \qquad (6\text{-}2)$$

式中　$Q_{雨渗}$——降水入渗补给量，$m^3/a$；

$\alpha$——降水入渗系数；

$F$——补给区面积，直接裸露区面积（$Ⅰ_1$）为 34 651 682.0 $m^2$，间接裸露区面积（$Ⅰ_2$）为 40 900 834.0 $m^2$；

$P$——有效年降水量，m，有效降水量＝降水量－蒸发量。

蒸发量占降水量的百分数的确定：将气象站逐日降水量观测数据按年、月、日对应统计，小于或等于该月日蒸发能力的降水量全部用于蒸发，大者除去蒸发而剩余的降水量按月累加即为年“补给降水量”，与降水总量之差即为用于蒸发的水量，然后除以年降水总量即为蒸发量占降水总量的百分数。根据渑池县1983年、1984年、1985年逐日气象资料计算，蒸发量占降水量的百分比分别为38.40%、38.9%、31.69%，平均为36.33%。因此，有效降水量按降水量的63.7%计算。

降水量采用渑池县气象资料，降水量取值：现状均衡时段选取2004～2008年，年均降水量为0.605 m；多年均衡时段选取1984～2008年，年均降水量为0.614 m。震旦系变质岩径流补给量（$Q_{径补}$）按多年降水入渗补给量计算，降水入渗系数按已有报告取值0.03；矿区岩溶水系统降水入渗补给量及径流补给量计算结果见表6-3。

**表6-3　降水入渗补给量计算结果**

| 计算分区 | 分区面积（$m^2$） | 降水入渗系数 $\alpha$ | 降水入渗补给量（万 $m^3/a$） | |
|---|---|---|---|---|
| $Ⅰ_1$ | 34 651 682.0 | 0.31 | 439.09 | 420.14 |
| $Ⅰ_2$ | 40 900 834.0 | 0.12 | 200.62 | 191.16 |
| （$Ⅰ_1+Ⅰ_2$）合计 | | | 639.71 | 611.3 |
| 北侧径流补给量 | 92 207 315.0 | 0.03 | | 108.19 |

2. 河流渗漏补给量

据郑州豫源地矿勘查技术服务有限公司2007年3月提交的《河南省渑池县铝土矿勘探报告》，实测这两条河流在流经寒武—奥陶系灰岩分布地段时，总平均漏失量石河为1 920.0 $m^3/d$，北涧河为

2 712.0 $m^3/d$。

但同时该报告中还对石河落水洞与仁村上泉的连通试验作了较为详细的描述。连通试验结果表明:二者之间地下水的实际流速为445.83 m/h,不但证明石河落水洞与仁村上泉是连通的,而且表明二者之间的连通是以管道形式为特征的。

另外,河南省有色金属地质勘查总院2005年4月提交的《河南省渑池县研究区水文、工程地质勘查报告》中也对石河落水洞对仁村上泉的补给情况进行了定量的观测。测量结果:落水洞漏失17 L/s,仁村上泉水量为12 L/s,下泉无法施测,但仍在给人们供水。并由此得出结论,认为落水洞中的水直接补给仁村上、下泉,沿途漏失有限,对∈—O灰岩含水层补给有限。

综合以上成果我们认为,石河在流经寒武—奥陶系灰岩分布地段时,大部分漏失量通过泉水排泄出来,仅有少量补给寒武—奥陶系(∈—O)灰岩。本次根据落水洞流量、泉水流量之差与落水洞流量之比(29.4%)确定石河补给量,取漏失量的25%作为有效补给量,即石河入渗补给量为480.0 $m^3/d$。石河、北涧河总补给量为3 192.0 $m^3/d$(116.51万 $m^3/a$),即矿区河流入渗补给量。

#### 6.2.2.2 排泄量计算

1. 开采排泄量

为了准确了解矿区水源地的实际供水能力及开采现状,2009年9月,在三门峡市水务局、渑池县水务局支持与组织下,对矿区水源地开采现状做了准确的调查工作。区内地下水开采主要有义煤某地下水水源地、义煤水泥厂、新安电厂龙涧水源地、黄河水泥厂、洛玻矿业公司及仁村乡、韩村、赵窑村等。开采量调查统计见表6-4。

2. 地下径流侧向排泄量

侧向径流排泄量采用以下公式计算:

$$Q_{径排} = KMBI \tag{6-3}$$

式中 $Q_{径排}$——侧向径流排泄量;

$K$——渗透系数,m/d;

$M$——含水层平均厚度,m;

$B$——排泄边界宽度，m；

$I$——水力坡度。

表 6-4　开采量调查统计

| 地点 | 2008 年开采量 | | 1995～2008 年年均开采量 | |
|---|---|---|---|---|
| | $m^3/d$ | 万 $m^3/a$ | $m^3/d$ | 万 $m^3/a$ |
| 义马地下水水源地 | 5 000 | 182.50 | 6 000 | 219.00 |
| 水泥二分厂 | 600 | 21.90 | 600 | 21.90 |
| 义煤水泥厂 | 2 500 | 91.25 | 2 300 | 83.95 |
| 渑池二电厂 | 1 200 | 43.80 | 2 000 | 73.00 |
| 洛玻矿业 | 3 500 | 127.75 | 2 500 | 91.25 |
| 黄河水泥厂 | 3 500 | 127.75 | 2 000 | 73.00 |
| 新安化肥厂 | 1 500 | 54.75 | 2 000 | 73.00 |
| 新安电厂龙涧水源地 | 6 000 | 219.00 | 8 000 | 292.00 |
| 观吊、陈沟、仁村、韩村、赵窑村 | 400 | 14.60 | 400 | 14.60 |
| 合计 | 24 200 | 883.30 | 25 800 | 941.70 |

$T = KM$，$T$ 取 2006 年 9 月《河南省渑池县水文、工程地质勘探报告》多孔降深 $s \sim \lg r^2$ 直线图解法计算值 54.9 $m^2/d$，排泄边界宽度使用 MapGIS 软件在 1∶5万地形、地质图上量取为 3 690 m，水力坡度采用本次实测值（见表 6-5）。

$$Q_{径排} = KMBI = 54.9 \times 3\,690 \times 0.003\,03 = 613.82(m^3/d) = 22.40 万\ m^3/a$$

表 6-5　排泄边界水力坡度计算

| 点号 | 位置 | | 沿地下水流向距离（m） | 水位标高（m） | 水位高差（m） | 水力坡度 $I$ |
|---|---|---|---|---|---|---|
| | $X$ | $Y$ | | | | |
| 洛玻水泥厂井 | 19 594 113 | 3 848 078 | 2 850 | 164.7 | 8.64 | 0.003 03 |
| 龙涧水源地井 | 19 596 889 | 3 848 044 | | 156.06 | | |

### 6.2.2.3　均衡计算结果

矿区岩溶水补给总量 = 降水入渗量 + 河水渗漏量 + 地下流补给

量，排泄总量=开采量+径流排泄量。现状均衡、多年均衡、不同降水频率年份均衡计算结果见表6-6。

表6-6 现状条件下均衡计算结果

| 均衡年份 | | 丰水年（20%） | 平水年（50%） | 枯水年（75%） | 现状均衡（2004～2008年） | 多年均衡 |
|---|---|---|---|---|---|---|
| 补给量（万 $m^3/a$） | 地下径流 | 108.19 | 108.19 | 108.19 | 108.19 | 108.19 |
| | 降水入渗 | 739.71 | 633.24 | 349.62 | 639.72 | 612.1 |
| | 河水渗漏 | 116.51 | 116.51 | 116.51 | 116.51 | 116.51 |
| | 合计 | 964.41 | 857.94 | 574.32 | 864.42 | 836.81 |
| 排泄量（万 $m^3/a$） | 地下径流 | 22.40 | 22.40 | 22.40 | 22.40 | 22.40 |
| | 开采量 | 941.70 | 941.70 | 941.70 | 883.30 | 941.70 |
| | 合计 | 964.10 | 964.10 | 964.10 | 905.70 | 964.10 |
| 均衡差（万 $m^3/a$） | | 941.70 | -106.16 | -389.78 | -41.28 | -127.29 |
| 弹性释水系数 $\mu$ | | 0.001 72 | 0.001 72 | 0.001 72 | 0.001 72 | 0.001 72 |
| 水位变幅（m） | | 0.01 | -4.60 | -16.89 | -1.79 | -5.52 |

## 6.2.3 均衡结果分析

将以上各资源量计算结果：丰水年、平水年、枯水年、现状年（2004～2008年）、多年（1984～2008年），计算出矿区岩溶水系统在典型年内的补给量、排泄量、均衡差、水位变幅等。通过均衡计算得出以下结论：

（1）现状均衡期（2004～2008年），区内总补给量为864.42万 $m^3/a$，排泄量为905.70万 $m^3/a$，排泄量大于补给量。计算出均衡区平均水位下降1.79 m。根据中铝矿业公司水位观测资料及义煤某地下水水源地观测孔资料进行水位统计，水位有升有降，水位上升的观测孔主要分布在义煤水泥厂以西，年升幅1～3 m，下降的孔主要分布在义煤水泥厂以东，年降幅一般为3～13 m。分析其原因主要是渑池电厂、仰韶酒厂停采矿区西段岩溶水的因素影响。多孔平均表现为水位下降,年降幅为1.61 m(见表6-7)。计算与实测水位基本吻合,说明所选参数合理,计算的补给量和排泄量可靠。

表6-7　观测孔水位变化统计

| 孔号 | 时间（年-月-日） | 水位埋深（m） | 时间（年-月-日） | 水位埋深（m） | 水位降幅（m） |
|---|---|---|---|---|---|
| ZK0604 | 2004-10-20 | 51.90 | 2005-01-20 | 50.6 | 1.30 |
| DZK4213 | 2004-12-20 | 89.00 | 2005-12-20 | 99.69 | -10.69 |
| ZK7908 | 2004-10-30 | 111.03 | 2005-11-30 | 114.42 | -3.39 |
| DZK4213 | 2004-12-20 | 89.06 | 2005-12-20 | 99.69 | -10.63 |
| ZK11202A | 2005-01-20 | 62.46 | 2006-01-20 | 75.89 | -13.43 |
| 观1 | 2008-02-29 | 105.60 | 2009-03-28 | 104.2 | 1.40 |
| 观2 | | 90.30 | | 93 | -2.70 |
| 观3 | | 89.00 | | 87.93 | 1.07 |
| 观4 | | 73.60 | | 72.6 | 1.00 |
| 观6 | | 67.20 | | 63.7 | 3.50 |
| 观8 | | 70.45 | | 69.23 | 1.22 |
| 观11 | | 64.00 | | 66.1 | -2.10 |
| 观13 | | 58.20 | | 60.5 | -2.30 |
| 观15 | | 56.00 | | 58 | -2.00 |
| 多孔平均 | | | | | -1.61 |

(2)多年均衡期(1984～2008年),区内总补给量为836.81万$m^3/a$,排泄量为964.10万$m^3/a$,排泄量大于补给量。计算出均衡区平均水位下降5.52 m。根据区内多孔多年水位统计资料(见表6-8),水位表现为持续下降的特征,1984～2008年水位下降在40～140 m,多孔平均水位年降幅为5.68 m。计算水位降幅与实测水位多年降幅基本

吻合。均衡计算表明,近几年和多年均衡说明所选参数正确,计算的补给量和排泄量可靠。

表 6-8 岩溶水位变化统计

| 地点 | 时间(年-月) | 水位埋深(m) | 水位下降(m) | 年均降幅(m) |
|---|---|---|---|---|
| 新电龙洞水源地 | 1995-06 | 0.0 | | |
| | 1998-09 | 73.4 | | |
| | 2009-10 | 173.95 | 173.95 | 9.16 |
| 韩村水井 | 1996-06 | 85 | | |
| | 2009-10 | 185.5 | 100.5 | 7.73 |
| 义煤某地下水水源地(补 2B) | 1984-03 | 3.15 | | |
| | 1998-12 | 74.45 | | |
| | 2009-10 | 137.5 | 134.35 | 5.37 |
| MK1 | 1984-04 | 441.52 | | |
| | 2009-10 | 380.00 | 61.52 | 4.39 |
| 南坻坞(MD3) | 1997-09 | 86.12 | | |
| | 2009-10 | 131.81 | 45.69 | 4.15 |
| 陈沟水井 | 2006-08 | 135 | | |
| | 2009-10 | 174.37 | 39.37 | 3.28 |
| 多孔平均 | | | | 5.68 |

(3)现状条件下,平水年补给量为 857.94 万 $m^3/a$,排泄量为 964.1 万 $m^3/a$,排泄量大于补给量 106.16 万 $m^3/a$,计算水位下降 4.60 m。丰水年补给量略大于排泄量,水位上升 0.01 m;枯水年补给量小于排泄量 389.78 万 $m^3/a$,水位下降 16.89 m。

(4)岩溶地下水现状条件下的补给量主要是大气降水和河水入渗

及北边界侧向径流补给量。总补给量多年平均为 836.81 万$m^3/a$,其中大气降水补给量为 612.10 万 $m^3/a$,北边界地下径流补给量为 108.19 万 $m^3/a$,石河北涧河渗漏补给量为 116.51 万 $m^3/a$,大气降水补给量占补给量的 73.0%。

(5)岩溶地下水的排泄量主要是水源地开采和侧向地下径流排泄。水源地开采多年平均为 947.1 万 $m^3/a$,占总排泄量的 97.7%,地下水径流排泄量为 22.40 万 $m^3/a$,占总排泄量的 2.3%,

(6)岩溶水(1984 ~ 2008 年)消耗的弹性储存量。

矿区岩溶水弹性储存量按下式计算:

$$Q_{储} = \mu HF \tag{6-4}$$

式中　$\mu$——弹性释水系数;取 $1.72\times10^{-3}$;

$H$——水位下降值,m,取 136.32 m;

$F$——岩溶水系统面积,为 134 181 717.3 $m^2$。

$Q_{储} = \mu HF = 0.001\ 72 \times 136.32 \times 134\ 181\ 717.3 = 3\ 146.16\times10^4$ ($m^3$)

计算可知,岩溶水开采 1995 ~ 2008 年动用的储存量 3 146.16 万 $m^3$,年均为 131.09 万 $m^3$,占多年平均补给量 836.81 万 $m^3/a$ 的 15.66%。

(7)现状条件下对水源地影响分析。

现状均衡计算结果表明,岩溶水长期处于超采状态,引起地下水位不断下降。水位下降表现为东部大、西部小,1984 ~ 2008 年水位下降 60 ~ 170 m,年均水位降幅 3.28 ~ 9.16 m,多孔平均水位降幅 5.68 m,这与东部水源地多、开采量大密切相关。中部某地下水水源地 1984 年至今水位下降 134.35 m,年均降幅 5.37 m,这与整个矿区多孔平均水位年降幅 5.68 m 十分接近。表明现状条件下某地下水水源地未来年份的水位下降可按 5.37 m 计算。根据某地下水水源地 11 号井水位观测资料分析,2006 年至今水位降幅年均在 12.4 m,表明近几年水位下降快于多年平均值。

## 6.3 排泄量法评价允许开采量

### 6.3.1 开采条件下允许开采量评价

岩溶含水系统为一完整的水文地质单元，在长期开采条件下，在岩溶水水位稳定下的地下水排泄量等于矿井水补给量和允许开采量。本区地下水排泄量主要为人工开采和侧向径流，根据多年水位、水量资料和《供水水文地质勘察规范》(GB 50027—2001)第9.2.8条规定，结合本区岩溶水动态特征和人工开采实际情况，矿区岩溶水的排泄量减去动用的储存量即为允许开采量。

允许开采量采用以下公式计算：

$$Q_{允} \approx Q_{开} + Q_{侧排} - SF\frac{\Delta S}{\Delta t} \tag{6-5}$$

式中 $Q_{允}$——允许开采量，$m^3/a$；

$Q_{开}$——人工开采量，$m^3/a$，取多年平均值941.7万$m^3/a$；

$Q_{侧排}$——侧向排泄量，$m^3/a$，取22.4万$m^3/a$；

$S$——弹性释水系数，取$1.72\times10^{-3}$；

$F$——承压水含水层面积，134 181 717.3 $m^2$；

$\Delta S$——在$\Delta t$时段的水位降深，m，取多年平均值5.68 m/a，见表6-8；

$\Delta t$——水位下降的时段，a。

计算结果：

$$Q_{允} = 941.70\times10^4 + 22.4\times10^4 - 1.72\times10^{-3}\times134\ 181\ 717.3\times\frac{5.68}{1.0}$$

$$= 840.39\times10^4(m^3/a) = 23\ 024.5(m^3/d)$$

### 6.3.2 龙洞泉流量法评价允许开采量

在没有开采情况下，研究区岩溶含水系统的排泄主要是以泉排泄，龙洞泉群基本代表了矿区岩溶水系统的排泄量。该区岩溶水系统补给主要靠大气降水入渗补给和河水漏失补给，地下水由西北向东南径流，于新安县庙头龙涧断层、新安断层溢出，龙涧泉群在此诞生。龙涧断层东盘下降，二叠系岩层与断层西盘寒武—奥陶系地层接触，受二叠系砂泥岩阻水作用，岩溶水沿断层破碎带溢出成泉。

据河南省郑州地质工程勘察院1998年10月《新安县铁门镇龙涧泉水文地质调查报告》资料，1982年9月11日泉水流量307.46 L/s，1984年6月泉水流量301.5 L/s，1986年4月泉水流量239.5 L/s，1987年6月泉水流量232.3 L/s，1990年7月泉水流量187.30 L/s，1992年10月泉水流量133.2 L/s，1994年10月泉水流量137.3 L/s。1995年5月以后，由于人工开采泉水断流。泉水流量变化见表6-9。

**表6-9　龙涧泉流量变化统计**

| 年份 | 龙涧泉流量 | |
|---|---|---|
| | $m^3/d$ | L/s |
| 1982 | 26 564.54 | 307.46 |
| 1984 | 26 049.60 | 301.5 |
| 1986 | 20 692.80 | 239.5 |
| 1987 | 20 070.7 | 232.3 |
| 1990 | 16 182.72 | 187.3 |
| 1992 | 11 508.5 | 133.2 |
| 1994 | 11 862.72 | 137.3 |
| 多年平均(1982～1994) | 18 990.2 | 219.8 |

1998年9月泉口附近地下水位埋深73.4 m，1995～1998年水位年平均下降24.46 m。龙涧泉多年平均排泄量为18 743.4 $m^3/d$。大气降水量与龙涧泉流量进行比较，泉水流量与大气降水变化趋势基本一致，表现为随大气降水量减少而减少，见图6-6。根据相关分析原理，求得龙涧泉流量与大气降水量的相关系数为0.68，表明泉流量与大气降水量密切相关。龙涧泉排泄量多年平均值为18 990.2 $m^3/d$(693.14万

m³/a)。

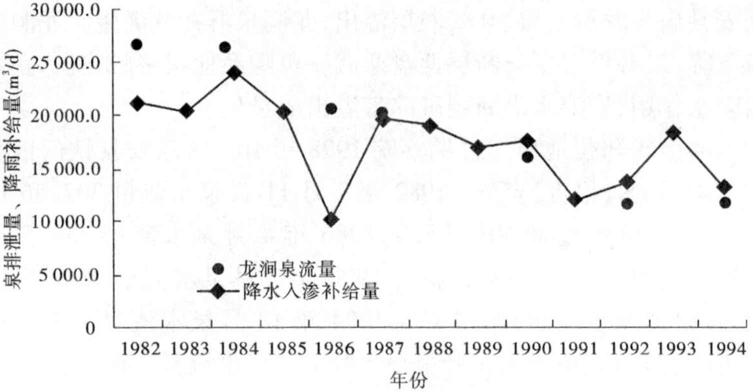


**图 6-6　龙洞泉流量与大气降水量变化对比**

## 6.3.3　岩溶水系统允许开采量综合评价

地下水允许开采量是不引起地下水位持续下降、水质恶化,具有补给保障的可开采量。根据补给量法、排泄量法对矿区岩溶水允许开采量计算结果分析,各种方法计算的结果比较接近,结果是可靠的,见表 6-10。

**表 6-10　矿区岩溶水系统允许开采量成果**

| 类别 | 补给量法 | | | 排泄量法 | 龙洞泉流量法 |
|---|---|---|---|---|---|
| | 丰水年(20%) | 平水年(50%) | 枯水年(75%) | | |
| 侧向径流(万 m³/a) | 108.19 | 108.19 | 108.19 | | |
| 降水入渗(万 m³/a) | 739.71 | 633.24 | 349.62 | | |
| 河水漏失(万 m³/a) | 116.51 | 116.51 | 116.51 | | |
| 允许开采量(万 m³/a) | 964.41 | 857.94 | 574.32 | 840.39 | 639.14 |
| 允许开采量(m³/d) | 26 422.19 | 23 505.21 | 15 734.79 | 23 024.53 | 18 990.20 |

按 1982 ~ 1994 年龙洞泉流量法计算的岩溶水系统允许开采量，多年平均值为 18 990.20 $m^3$/d(639.14 万 $m^3$/a)；其结果最小，分析原因是没有计入企业开采量。

按排泄量法计算的允许开采量为 840.39 万 $m^3$/a，计算选取了多年水位下降资料，把降水补给量和河流渗漏补给量减去动用的储存量作为允许开采量真实可靠。

按大气降水补给量和河水渗漏补给及侧向径流补给量作为允许开采量，具有补给保证。丰水年补给量 964.41 万 $m^3$/a，平水年补给量 857.94 万 $m^3$/a，枯水年补给量 574.32 万 $m^3$/a。

以上不同方法计算的允许开采量中，平水年允许开采量与排泄量法评价的允许开采量相近，建议允许开采量按平水年补给量 857.94 万 $m^3$/a(23 505.21 $m^3$/d)取值。

# 第7章 地下水流数值模拟

## 7.1 研究区水文地质概念模型

概念模型是地下水系统的一种近似的形象化表示，其目的是简化野外实际问题，便于对地下水系统进行分析，建立数学模型，组织有关数据。虽然在理论上，概念模型愈接近实际情况，数值模拟就愈精确，但是限于工作程度等客观原因，想一丝不差地再现野外地下水系统事实上是不可能的，所以简化是必要的。但它必须保持原系统的基本特征，即所有主要的水文地质条件。

根据水文地质条件可知，区内含水层分为三种，分别为第四系松散岩类孔隙含水层、石炭—二叠系碎屑岩类裂隙含水层和寒武—奥陶系碳酸岩类裂隙岩溶含水层。裂隙岩溶含水层为矿区主要含水层，三层含水层存在一定的水力联系，矿区水文地质概念模型如图7-1所示。

### 7.1.1 模拟范围的确定

地下水流场模拟范围的确定，应该以矿区水文地质条件为依据，同时还应充分考虑地下水系统的完整性和独立性。北部以蓟县系变质岩地层露头线为界，西部以扣门山断裂、坡头断裂为界，东部以龙涧断层、新安断层为界，南部边界以矿区岩溶发育范围为界，面积134.2 km$^2$；顶部边界取寒武—奥陶系灰岩的顶板，底部边界根据岩溶发育深度确定。

### 7.1.2 含水层结构的概化

根据研究区的水文地质条件，含水层分为上部第四系松散岩类孔隙含水层、中部石炭—二叠系碎屑岩类裂隙含水层和底部寒武—奥陶

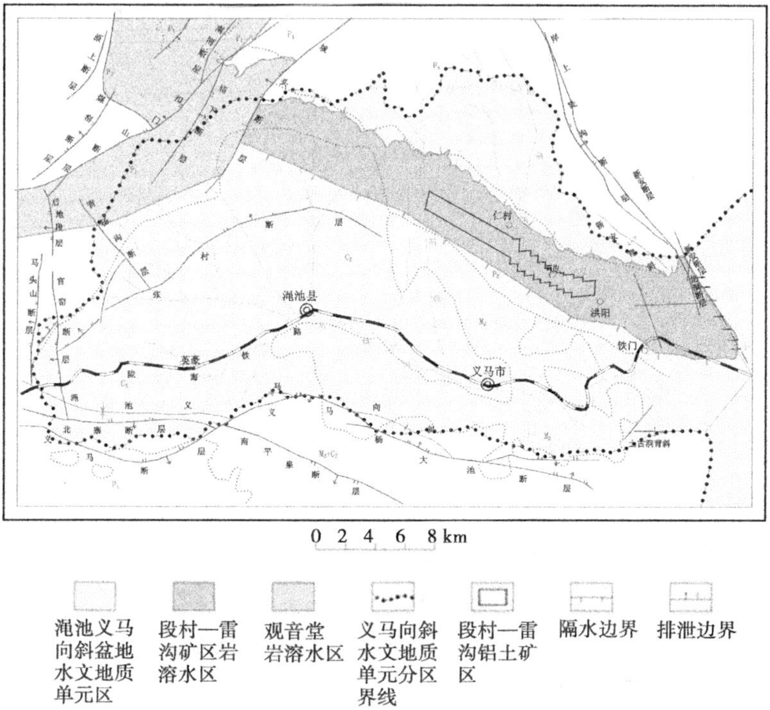


图 7-1　水文地质概念模型示意图

系碳酸岩类裂隙岩溶含水层。本次地下水数值模拟主要研究对象为寒武—奥陶系碳酸岩类裂隙岩溶含水系统，该系统分为两个部分：一是直接裸露区（面积 34.65 $km^2$）和隐伏于第四系下面的间接裸露区（面积 40.90 $km^2$），二是隐藏于石炭—二叠系下面的覆盖区（面积 58.65 $km^2$）。

该含水系统在数值计算中，上部第四系松散岩类孔隙水为潜水；石炭—二叠系碎屑岩类裂隙水在裸露区为潜水，在覆盖区为微承压水；底部寒武—奥陶系碳酸岩类裂隙岩溶在裸露区为潜水，在覆盖区为承压水。由于矿区岩溶地层岩性及断层发育较多，构造控水特征明显，岩溶发育程度及富水程度极不均匀，岩溶发育具有明显的水平及垂直分带特征。因此,将本区岩溶裂隙含水系统的结构及水动力条件概化为非均质各向异性的承压—无压三维流。含水层空间结构如图 7-2 ~图 7-4 所示。

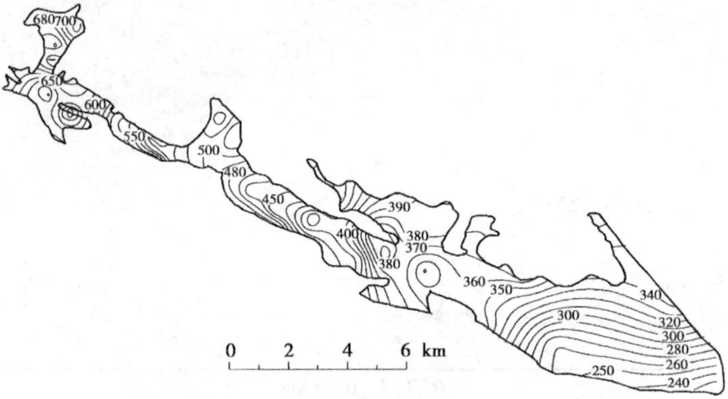


图 7-2　第四系松散岩类孔隙水底板等值线

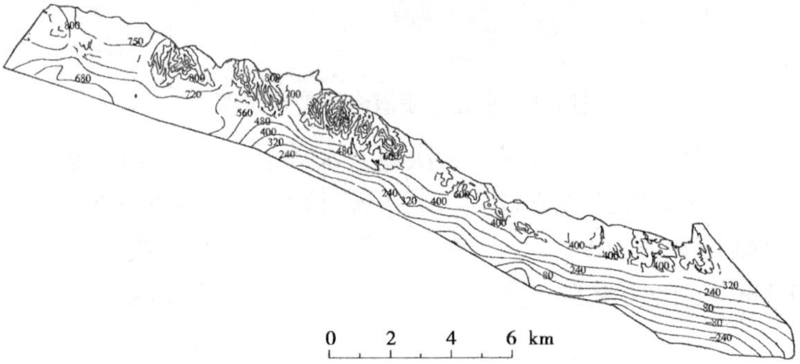


图 7-3　岩溶裂隙水顶板等值线

## 7.1.3　模型边界条件

### 7.1.3.1　北部边界

岩溶含水系统评价北部边界以蓟县系变质岩地层露头线为界。震

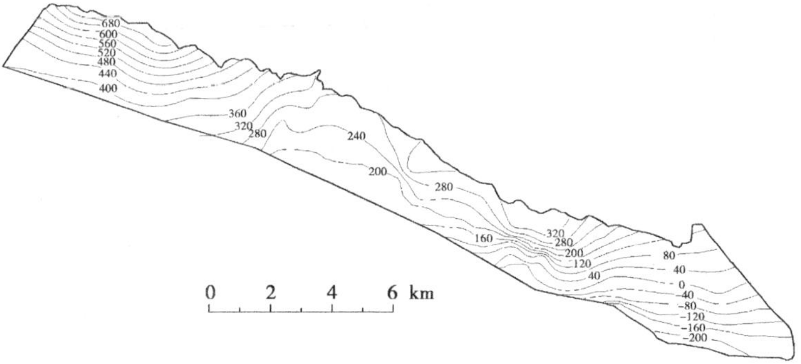


图 7-4　岩溶裂隙水底板等值线

且系变质岩系地层透水性、富水性差，视为弱透水补给边界。

#### 7.1.3.2　西部边界

西部边界以扣门山断裂、坡头断裂为界，从该断层两盘水位变化对比判断，该断裂带构成地下水的分水岭，此边界视为零流量边界，见图 6-2。

#### 7.1.3.3　东部边界

东部边界以龙涧断层、新安断层为界，该断层寒武系与二叠系地层接触，为阻水排泄边界，龙涧泉正因此形成。该岩溶含水系统自西向东具有由岩溶裸露区无压水变为深埋的承压水，见图 6-3 。

#### 7.1.3.4　南部边界

南部边界据前所述，以铝土矿露头向南延伸的平面范围为 1 653 m，即为南部边界，此边界视为零流量隔水边界。

## 7.2　研究区地下水数学模型

根据水文地质概念模型，本矿区的裂隙岩溶地下水流可概化为非均质各向异性介质中的三维非稳定流问题，确立各变量之间的数量关系，建立了该矿区的数学模型如下，其微分方程为：

$$
\begin{cases}
\dfrac{\partial}{\partial x}\left(K_x\dfrac{\partial h}{\partial x}\right)+\dfrac{\partial}{\partial y}\left(K_y\dfrac{\partial h}{\partial y}\right)+\dfrac{\partial}{\partial y}\left(K_z\dfrac{\partial h}{\partial y}\right)+w(x,y,z,t)=S_S\dfrac{\partial h}{\partial t} & x,y,z\in\Omega,t>0\\
h(x,y,z,o)=H_o(x,y,z) & x,y,z\in\Omega\\
h(x,y,z,t)=\varphi(x,y,z,t) & x,y,z\in s_1\\
K\dfrac{\partial h}{\partial n}\mid\Gamma_2=q(x,y,z,t) & x,y,z\in\Gamma_2
\end{cases}
\tag{7-1}
$$

式中 $K$——渗透系数张量,坐标轴方向的主渗透系数分别为 $K_x$、$K_y$、$K_z$,[$LT^{-1}$];

$t$——时间,[T];

$h$——水头,[M];

$S_S$——贮水率或给水度,贮水率量纲[$L^{-1}$];

$w$——源泄项,即单位体积排除和吸收的水量,[$T^{-1}$];

$\Omega$——计算区域;

$H_0$——初始水头,[L];

$\varphi(x,y,z,t)$——第一类边界上的水头,[L];

$q$——第二类边界上的单位面积流量,[$LT^{-1}$]。

## 7.3　数值模拟及模型识别校正

### 7.3.1　模型数据的前处理

在识别 Visual Modflow 模型时,需输入矿区大量的数据,这些输入包括各层的顶、底板高程,渗透系数分区,各开采井、观测井的定位等,这些数据都是以 MapGIS 软件的点、线、面格式存储的。遗憾的是,目前这些文件无法直接被 Visual Modflow 软件调用,增加了建模的工作量。

但是通过将相关的 MapGIS 相关文件转换为 shp 格式,可以方便 Visual Modflow 软件的直接调用。通过这种转换,将 MapGIS 软件和 Visual Modflow 软件联系了起来(见图 7-5),实现了数据的相互转化,极大地减少了建模的工作量,提高了工作效率。

图 7-5　文件转换示意图

## 7.3.2　可视化模型的建立

根据前面建立的水文地质概念模型,运用目前国际上先进三维可视化的渗流软件——Visual Modflow,经过概念模型—数学模型—数值模型等几个阶段,建立了符合矿区水文地质条件的可视化三维渗流模型。具体步骤如下。

### 7.3.2.1　模型剖分

岩溶水面积 134.2 $km^2$,在评价范围内共剖分 69 行、148 列,剖分后全区共有 30 636 个计算单元,垂直方向上划分为 3 层(见图 7-6 ~ 图 7-8)。

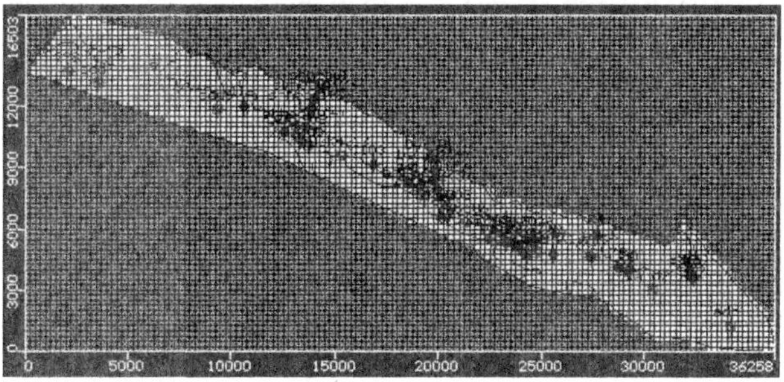


图 7-6　网格剖分平面图

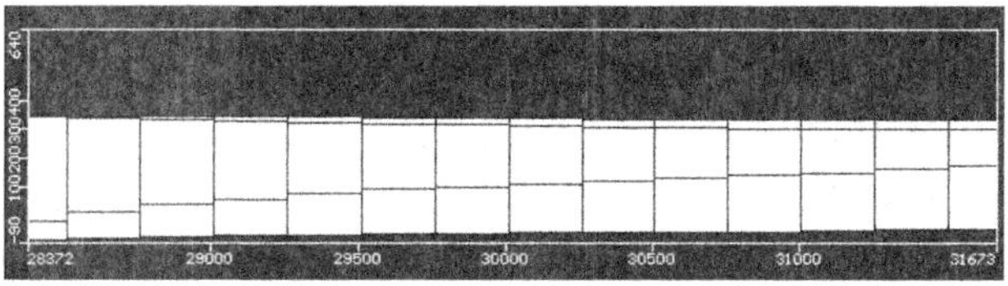


图 7-7　网格剖分垂向图(第 55 行)

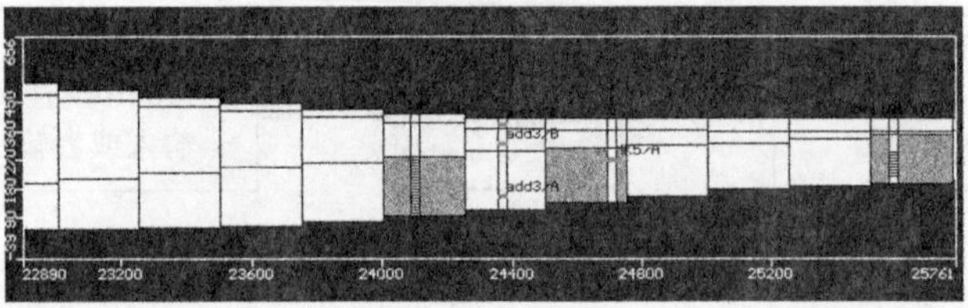


图 7-8　网格剖分垂向图(第 47 行)

#### 7.3.2.2　基础资料的输入

1. 初始水头

初始流场时采用 2004 年 10 月统测水位资料，将 3 层水等水位线资料分别导入，步骤如下：

将 MapGIS 格式的等水位线图(以岩溶裂隙水初始等水位线为例，见图 7-9)，线文件赋水位标高值，利用“文件转换”功能将线文件转换为 shp 格式，然后在 Modflow 界面下可以直接导入，如图 7-10 所示。另外地形线、各层顶、底板等值线等线文件，均可以同样方式导入。渗透系数分区、存储系数分区等区文件，将区属性赋值后也可以同样方式导入。

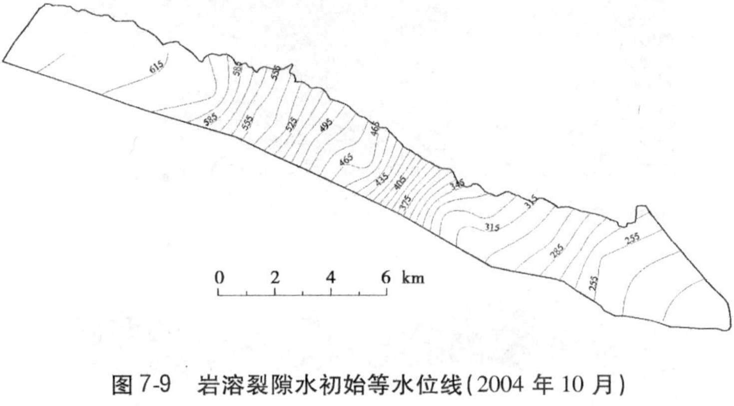


图 7-9　岩溶裂隙水初始等水位线(2004 年 10 月)

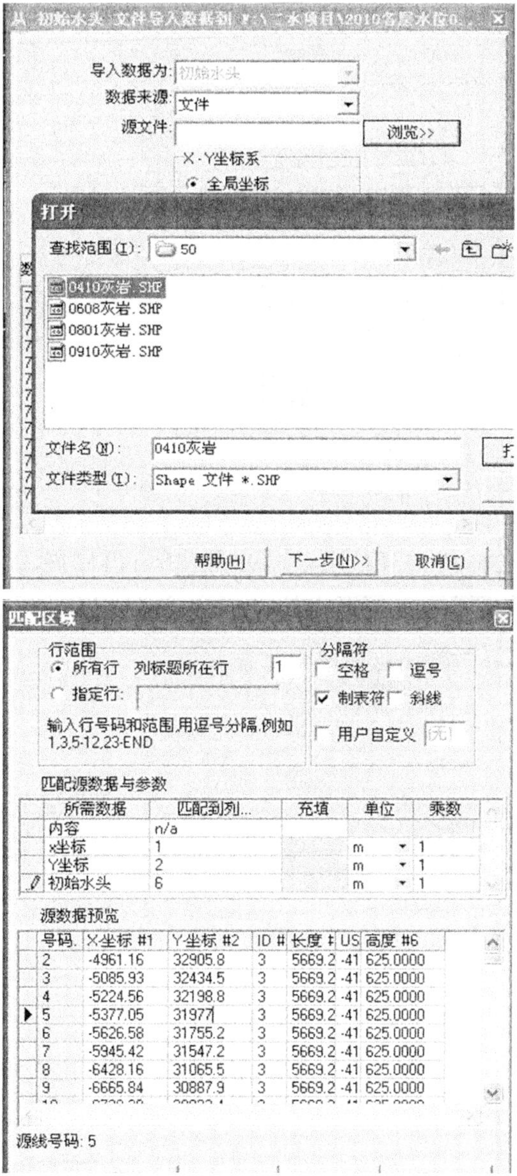


图 7-10　shp 格式等水位线导入模型示意图

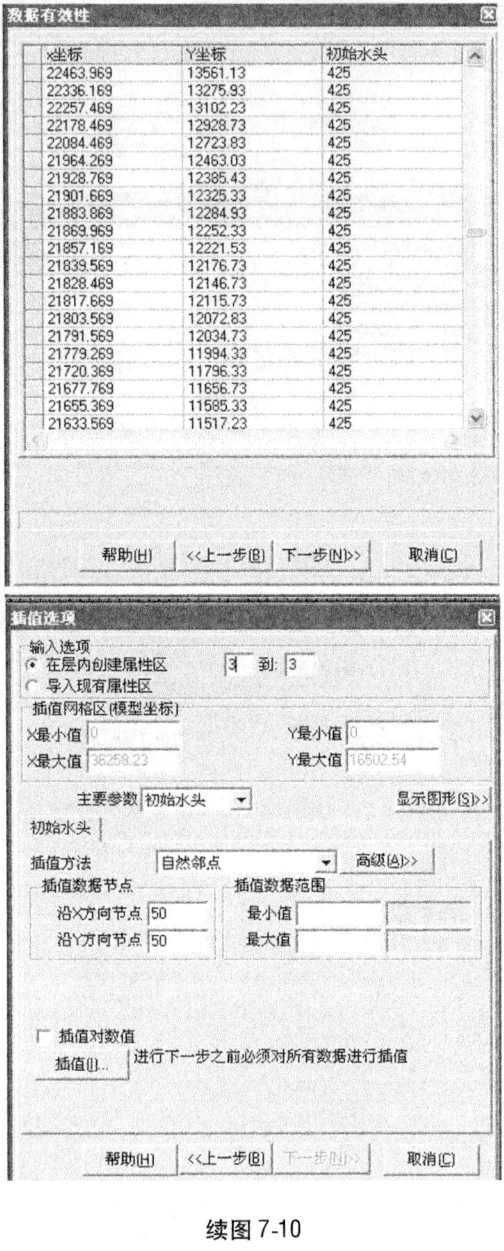

| X坐标 | Y坐标 | 初始水头 |
| --- | --- | --- |
| 22463.969 | 13561.13 | 425 |
| 22336.169 | 13275.93 | 425 |
| 22257.469 | 13102.23 | 425 |
| 22178.469 | 12928.73 | 425 |
| 22084.469 | 12723.83 | 425 |
| 21964.269 | 12463.03 | 425 |
| 21928.769 | 12385.43 | 425 |
| 21901.669 | 12325.33 | 425 |
| 21883.869 | 12284.93 | 425 |
| 21869.969 | 12252.33 | 425 |
| 21857.169 | 12221.53 | 425 |
| 21839.569 | 12176.73 | 425 |
| 21828.469 | 12146.73 | 425 |
| 21817.669 | 12115.73 | 425 |
| 21803.569 | 12072.83 | 425 |
| 21791.569 | 12034.73 | 425 |
| 21779.269 | 11994.33 | 425 |
| 21720.369 | 11796.33 | 425 |
| 21677.769 | 11656.73 | 425 |
| 21655.369 | 11585.33 | 425 |
| 21633.569 | 11517.23 | 425 |



续图 7-10

2. 源汇项

研究区地下水主要由大气降水入渗补给及河流入渗补给，地下水以人工开采为主要排泄方式。年均降水量为 628.1 mm，主要集中在7、8、9 月 3 个月。根据灰岩裸露情况不同，将矿区分为灰岩直接裸露及间接裸露两种类型，这两种类型的面积分别为 34.6 km$^2$ 和 40.9 km$^2$。大气降水入渗系数分别取为 0.31 和 0.12。区内地表水主要有北涧河和石河两条季节性河流，根据观测资料，北涧河由西向东流经灰岩裸露地段时，其漏失量平均为 2 712 m$^3$/d，石河由北向南流经裸露地段时，也存在明显的漏失现象，其平均漏失量取为 480 m$^3$/d。

根据调查，区内有工业及生活供水水源地，由西向东分别是二电厂、乡政府村民用水井、水泥厂、某地下水水源地、洛玻水源地、龙涧水源地。各源汇项分布如图 7-11 所示。

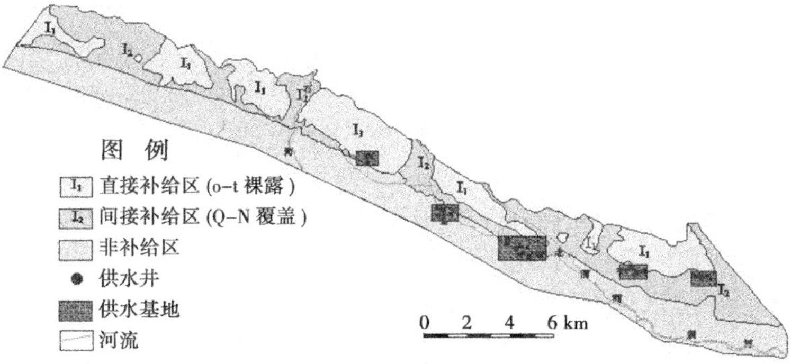


图 7-11　矿区源汇项分布

3. 边界条件

北部边界为震旦系变质岩系地层，该层透水性、富水性差，视为弱透水补给边界；西部边界为地下水分水岭，为零流量边界；东部为阻水排泄边界；南部以矿区岩溶发育范围为界确定，视为零流量隔水边界。底部边界取岩溶发育底板，根据勘探资料，岩溶底板西高东低，标高 +400 ~ −100 m。

4. 参数分区

数值模型包括的水文地质参数主要有含水层的渗透系数 $K$、贮水率 $S_S$ 和给水度 $\mu$，水文地质参数分区综合考虑含水层的富水性、断裂构造的特点以及观测孔的分布和数目。各参数的初值，根据勘探报告抽水试验成果，取各分区内的平均值。水文地质参数分区及初值见图 7-12、表 7-1。

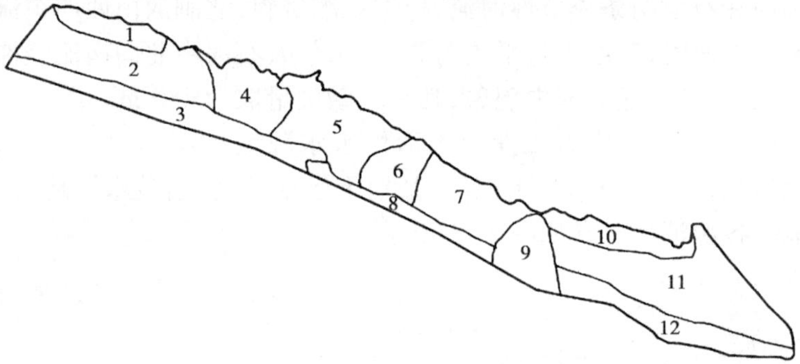


图 7-12　水文地质参数分区

5. 时间离散

根据矿区内的地下水开采和观测资料，选取 2004 年 10 月 1 日至 2006 年 8 月 28 日作为模型识别的时段，计算时间为 2004 年 10 月至 2006 年 8 月，以月为时间步长，共 669 d 、23 个应力期。

## 7.3.3　模型参数识别及验证

模型识别或校正是为了证明所建立的模型能代表所研究的地质体，也就是说，该模型确实有再现野外实测水头和水流场的能力，模型所反映的这些场符合实际情况。为此必须对模型进行检验，即把模型预测的结果和通过某种试验或对含水层施加某种影响后所得到的实际观测结果或一个地区地下水动态长期观测资料进行比较，看看两者是否一致。若不一致，需要对模型进行校正，以及修正模型的参数和定解条件，直到两者最佳地拟合为止。

表 7-1　水文地质参数初值

| 参数分区号 | 主轴方向渗透系数(m/d) | | | $S_S(m^{-1})$ | $\mu$ |
|---|---|---|---|---|---|
| | $K_x$ | $K_y$ | $K_z$ | | |
| 1 | 5.1 | 5.1 | 0.51 | $1\times10^{-5}$ | 0.02 |
| 2 | 4.8 | 4.8 | 0.48 | $1\times10^{-5}$ | 0.02 |
| 3 | 2.4 | 2.4 | 0.24 | 0.000 1 | 0.01 |
| 4 | 5.5 | 5.5 | 0.55 | 0.001 | 0.03 |
| 5 | 5.3 | 5.3 | 0.53 | $1\times10^{-5}$ | 0.08 |
| 6 | 13.2 | 13.2 | 1.32 | $1\times10^{-5}$ | 0.03 |
| 7 | 5.8 | 5.8 | 0.58 | $1\times10^{-5}$ | 0.01 |
| 8 | 13.3 | 13.3 | 1.33 | 0.000 2 | 0.021 |
| 9 | 20.5 | 20.5 | 2.05 | 0.000 2 | 0.03 |
| 10 | 5.2 | 5.2 | 0.52 | $1\times10^{-5}$ | 0.03 |
| 11 | 17.2 | 17.2 | 1.72 | $1\times10^{-5}$ | 0.01 |
| 12 | 5.2 | 5.2 | 0.52 | $1\times10^{-5}$ | 0.01 |

#### 7.3.3.1　模型识别与验证的目的

模型识别与验证的目的是检验所建数学模型在识别与验证期受各种因素激励后地下水动力场时空分布与实测值时空分布的一致性，分析数学模型对地下水系统的行为和功能的适应性，深化对水文地质条件的认识，确定水文地质参数，从而为评价区域地下水可开采资源提供依据。

本次运用 Visual Modflow 软件进行运算，采用间接求参法来达到模型识别目的。间接求参就是在计算时给出参数初值及其变化范围，用正演计算求解水头函数，将计算结果和实测曲线进行拟合比较，通过不断调整参数初值，反复多次的正演计算，使计算曲线与实测曲线符合拟合要求，即拟合误差小于规定值。间接求参法的关键是发挥人的能动作用，它有利于克服脱离水文地质条件的纯数学运算，使计算和地质条件的分析相结合，及时指导调参，以取得最佳拟合效果。

#### 7.3.3.2　模型识别与验证的依据

以本次野外调查流场、各种源汇项和动态资料为依据，结合前人在区内的研究成果，以 2004 年 10 月 1 日前后统测的地下水流场为模型识别期的初始流场，选用 2004 年 10 月至 2006 年 8 月区内地下水动态观测资料和各种源汇资料为依据进行模型的识别；其中第四系孔隙水观测孔 6 个，石炭—二叠系碎屑岩类裂隙水观测孔 3 个，寒武—奥陶系碳酸岩类裂隙岩溶水 9 个，如图 7-13 所示。

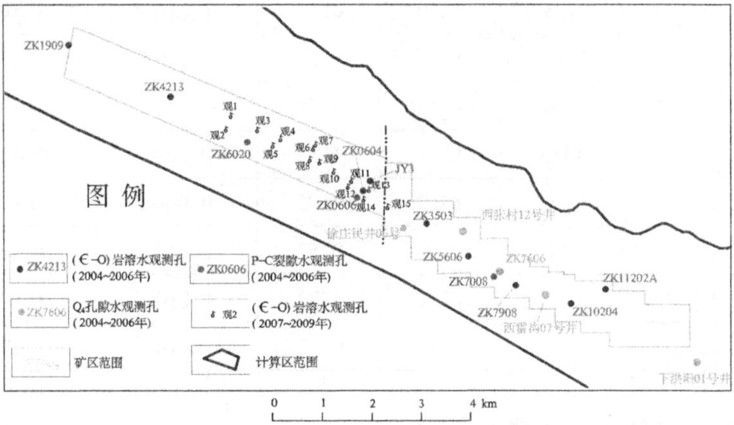


图 7-13　模型识别观测孔分布

以 2006 年 8 月统测的地下水流场作模型验证的初始流场，利用识别的参数，选用 2009 年 10 月的动态和源汇资料对模型进行验证。

#### 7.3.3.3　模型识别与验证的结果

模型识别时各观测孔水位观测值和计算值对比情况如图 7-14 所示，识别末时段实测水位与计算水位对比图如图 7-15 所示，模型验证期实测水位与计算水位对比图如图 7-16 所示。

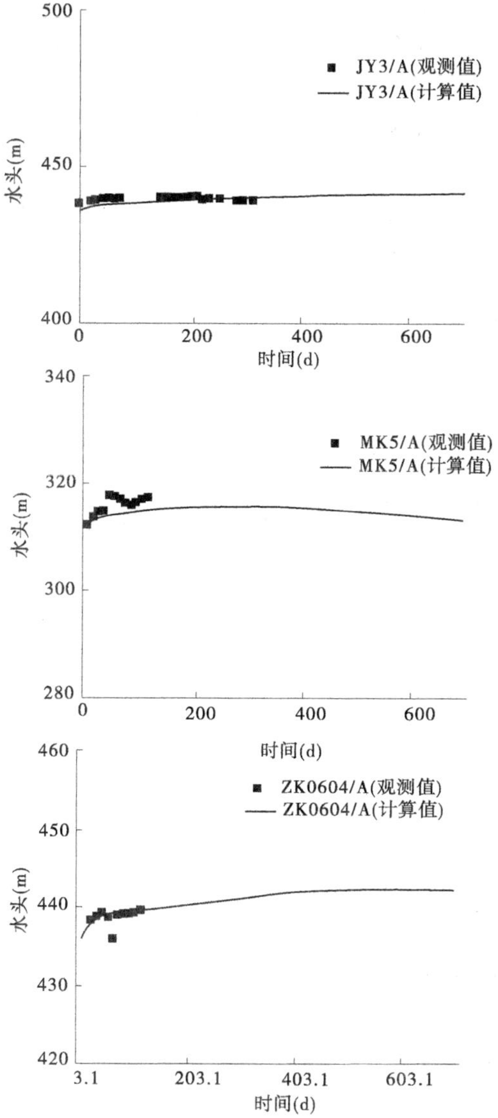


图7-14　识别期观测值和计算值对比

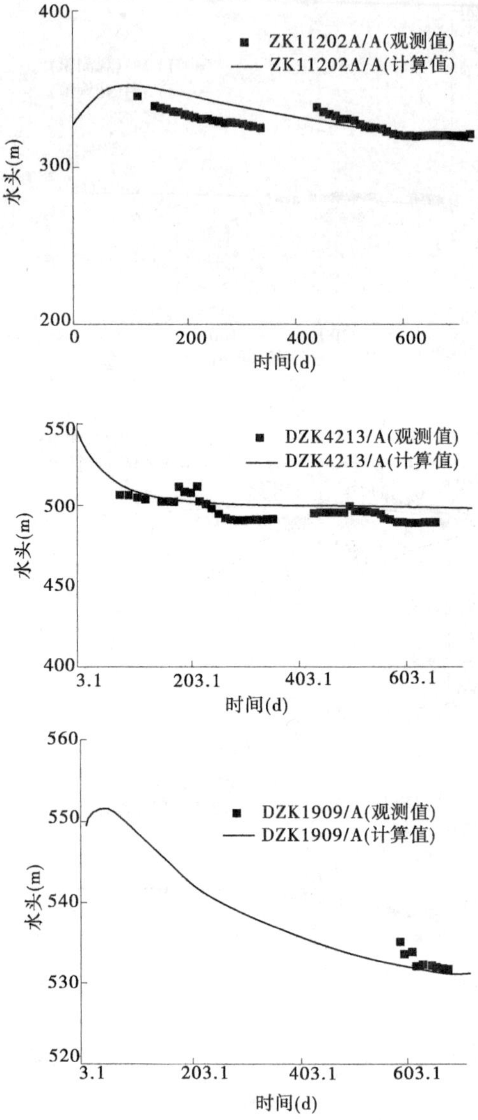
ZK11202A/A(观测值)
ZK11202A/A(计算值)
400
300
200
0
200
400
600
水头(m)
时间(d)
DZK4213/A(观测值)
DZK4213/A(计算值)
550
500
450
400
3.1
203.1
403.1
603.1
水头(m)
时间(d)
DZK1909/A(观测值)
DZK1909/A(计算值)
560
550
540
530
520
3.1
203.1
403.1
603.1
水头(m)
时间(d)

续图 7-14

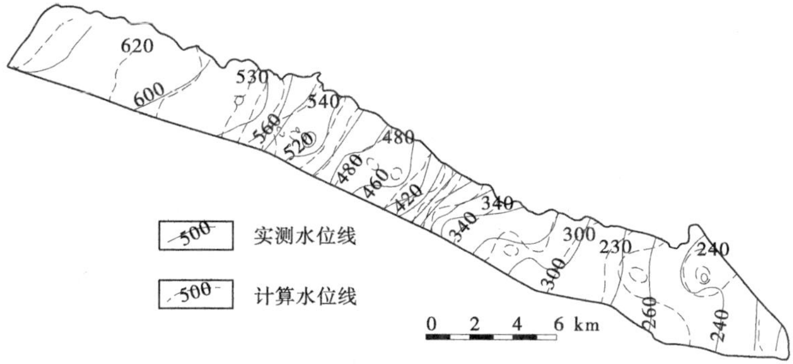


图 7-15　识别末时段实测水位与计算水位对比(2006 年 8 月)

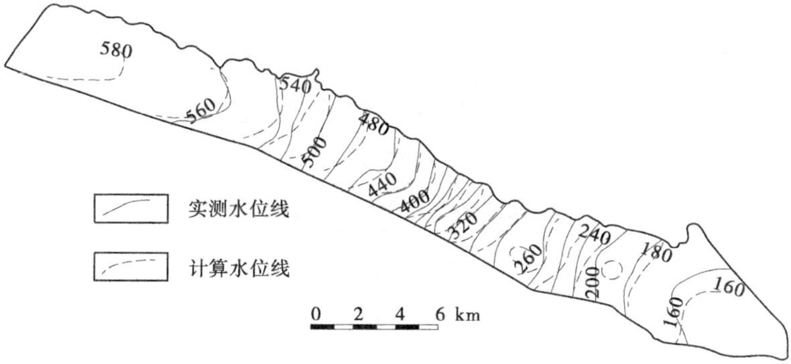


图 7-16　模型验证期实测水位与计算水位对比(2009 年 10 月)

模型识别所得各水文地质参数见表 7-2,各观测孔的计算偏差见表 7-3。

表 7-2　模型识别所得水文地质参数

| 参数分区号 | 主轴方向渗透系数(m/d) | | | $S_S$(m$^{-1}$) | $\mu$ |
|---|---|---|---|---|---|
| | $K_x$ | $K_y$ | $K_z$ | | |
| 1 | 0.15 | 0.15 | 0.015 | $1\times10^{-6}$ | 0.011 |
| 2 | 0.1 | 0.1 | 0.01 | $1\times10^{-5}$ | 0.001 |
| 3 | 0.25 | 0.25 | 0.03 | 0.000 13 | 0.022 |
| 4 | 0.21 | 0.21 | 0.021 | 0.000 24 | 0.002 |

续表 7-2

| 参数分区号 | 主轴方向渗透系数(m/d) | | | $S_S$($m^{-1}$) | $\mu$ |
|---|---|---|---|---|---|
| | $K_x$ | $K_y$ | $K_z$ | | |
| 5 | 0.6 | 0.6 | 0.06 | 0.000 17 | 0.003 |
| 6 | 0.7 | 0.7 | 0.07 | 0.000 14 | 0.005 |
| 7 | 0.51 | 0.51 | 0.51 | 0.000 1 | 0.015 |
| 8 | 0.22 | 0.22 | 0.03 | 0.000 1 | 0.021 |
| 9 | 0.42 | 0.42 | 0.042 | $1\times10^{-7}$ | 0.034 |
| 10 | 0.3 | 0.3 | 0.03 | 0.001 8 | 0.026 |
| 11 | 0.45 | 0.45 | 0.045 | 0.000 26 | 0.004 |
| 12 | 0.35 | 0.35 | 0.035 | 0.000 34 | 0.025 |

表 7-3 观测孔的计算偏差 (单位:m)

| 观测孔 | 观测值(标高) | 计算值 | 误差 |
|---|---|---|---|
| ZK11202A | 316.92 | 315.89 | 1.03 |
| DZK4213 | 490.99 | 490.95 | 0.04 |
| ZK7908 | 304.13 | 304.05 | 0.08 |
| ZK0604 | 439.62 | 439.71 | -0.09 |
| JY3 | 439.03 | 438.57 | 0.46 |
| MK5 | 317.09 | 315.49 | 1.6 |
| ZK5606 | 327.49 | 328.24 | -0.75 |
| ZK3503 | 353.332 | 354.21 | -0.878 |
| DZK1909 | 532.52 | 532.01 | 0.51 |

从各水头观测孔的观测值和计算值对比图及表 7-3 可以看出,大多数的观测孔的计算值和观测值拟合程度较高,计算偏差较小。所建模型与水文地质条件基本相符,可以作为模拟地下水系统运动规律和区域水资源评价的依据。

# 第8章 矿山排水量及地下水位预测

## 8.1 地下水位动态预测

### 8.1.1 预测时段概化及初始流场选择

矿山开采条件下地下水动态预测:根据校验的模型进行预测,初始流场为2009年10月矿区岩溶水流场,预测流场根据研究区开采设计方案确定。研究区开采设计方案:开采阶段划分为最低基建中段和最低开采中段两个阶段;基建工期和矿山开采服务年限为,矿山西段矿段基建工期为2年,开采服务年限8~10年,矿山东段矿段基建工期为3年,开采服务年限为15~18年;开采顺序是,由最低基建中段开始向上采至限采标高,最低开采中段是由基建中段向下开采至矿体底部。基建完工即进入最低基建中段开采阶段,此开采阶段要求水位在基建工期结束(2~3年)就应当满足设计的矿山西段西段450 m、东段420 m,矿山东段西段330 m、东段300 m的标高要求,并在最低基建中段开采期间(3~12年)以保持矿区水头不高于该设计标高;最低开采中段水位标高要求不高于矿山西段西段300 m、东段300 m,矿山东段西段270 m、东段210 m的设计标高。因此,确定选择2年、3年、7年、12年、21年的地下水流场进行预测。

矿山排水量计算:根据矿区不同矿段、不同开采阶段对疏干水位的要求进行排水量调整,计算出满足矿山开采设计水位标高条件下的排水量。

## 8.1.2 开采条件下矿区地下水流场及典型点位水位预测

### 8.1.2.1 矿区地下水流场预测

预测时间始于矿山基建开始,终止于开采全部结束,共计 21 年。流场时间选择以便于对不同开采阶段水位标高要求比较确定,确定时段为 2 年、3 年、7 年、12 年、21 年。流场时段的选择主要根据矿山开采方式、顺序及设计开采年限综合分析确定,预测结果见图 8-1 ~ 图 8-5。

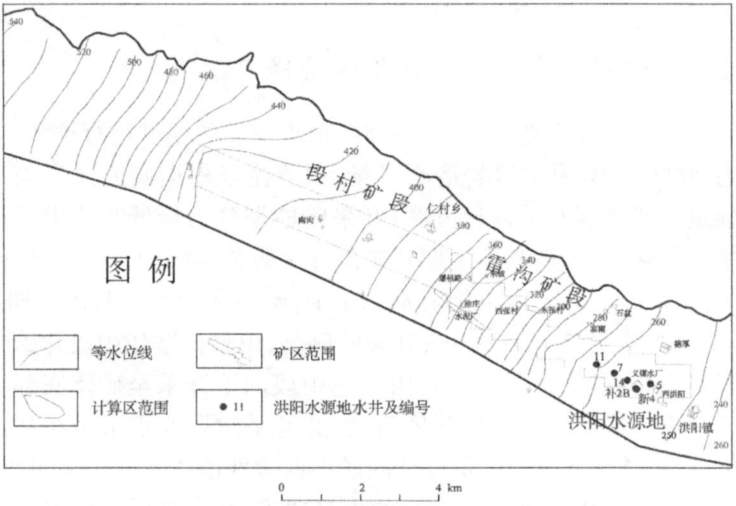


图 8-1　预测开采 2 年流场

### 8.1.2.2 典型点位水位预测

典型地点选择研究区不同矿段的西、中、东及某地下水水源地供水井进行矿山开采条件下水位预测,$g_1$、$g_2$、$g_3$、$g_4$ 及某地下水水源地 11 号、14 号、补 2B 水位预测见图 8-6。由图可知,矿区水位符合不同矿段设计标高要求,可满足矿山开采不同时段对疏干排水的设计要求。典型点位水位下降统计见表 8-1。由表 8-1 可知,矿山开采条件下,矿山西段矿段水位降幅最大 129.68 ~ 209.03 m,水位年均降幅 9.91 ~ 11.82 m,最大降幅 17.42 m;某地下水水源地一带降幅较小,在 81.26 ~ 97.84 m,年均降幅 5.80 ~ 6.90 m。是矿区现状年(2004 ~ 2008 年)多孔水位实测降幅

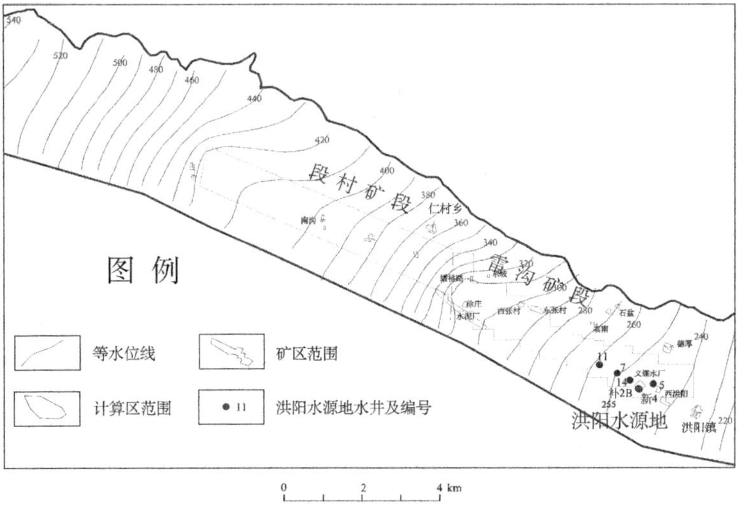


图 8-2　预测开采 3 年流场

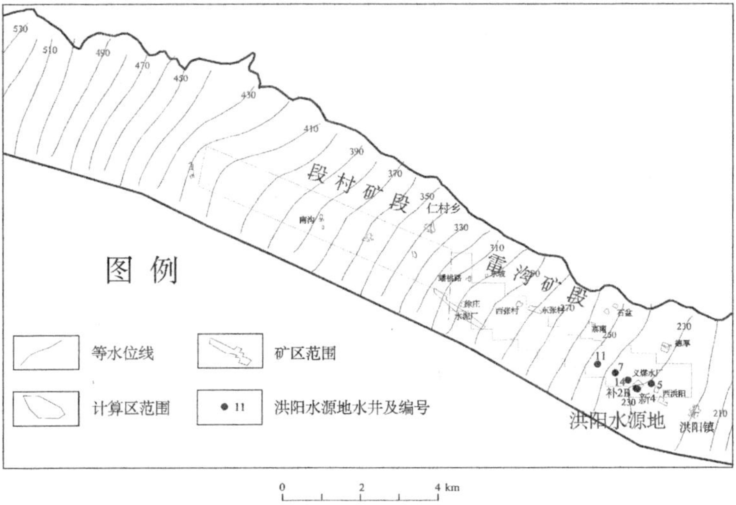


图 8-3　预测开采 7 年流场

1.76 m的 3 倍，大于该水源地补 2B 井 1984 ~ 2008 年的年均水位降 5.37 m。表明矿山开采主要对矿区西部地下水有较大的影响。

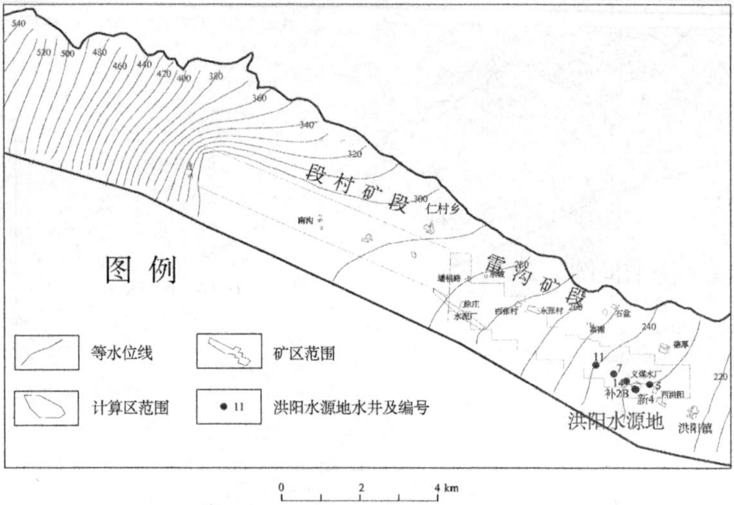


图 8-4　预测开采 12 年流场

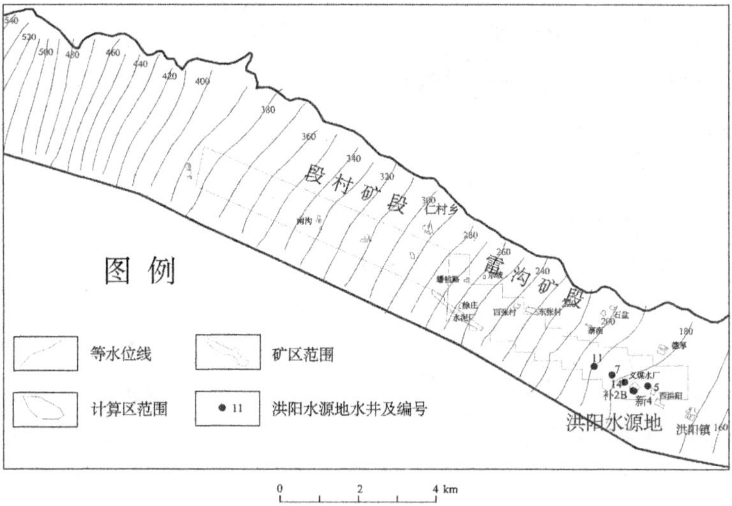


图 8-5　预测开采 21 年流场

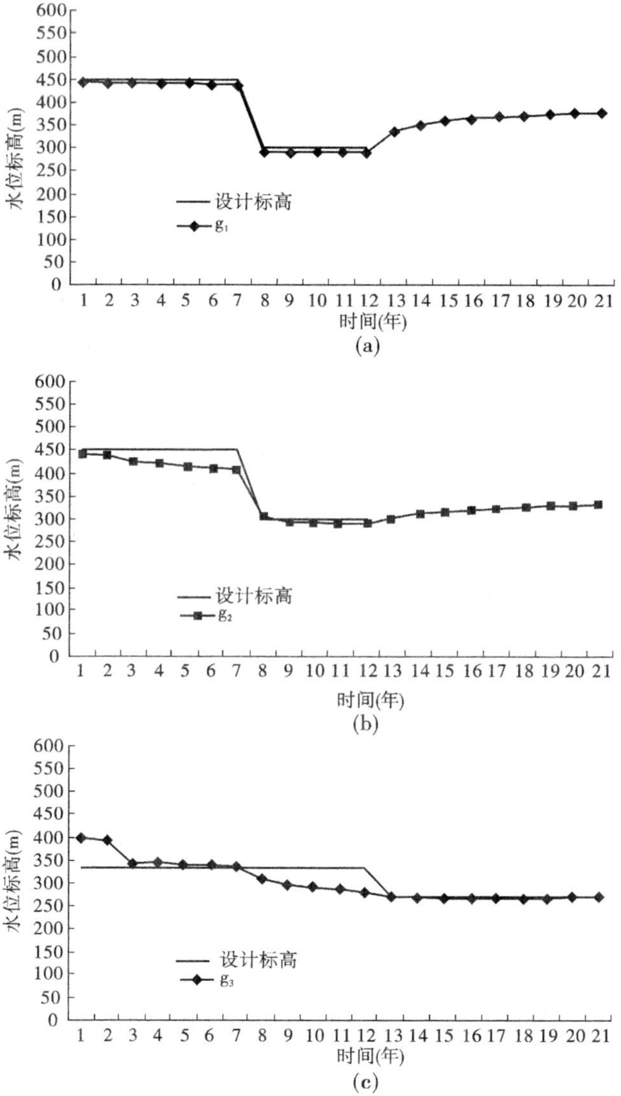


图 8-6　水位预测动态曲线

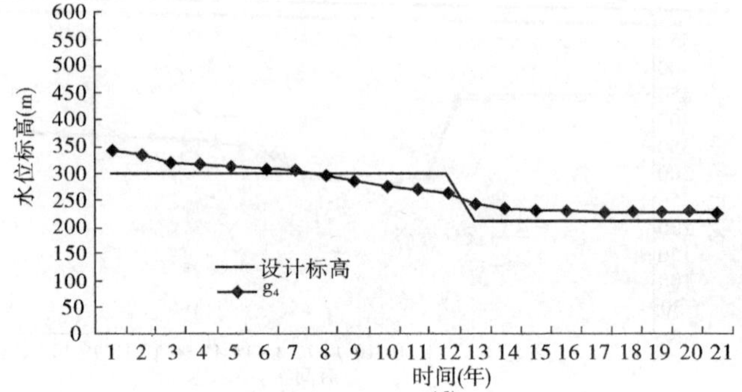

(d)

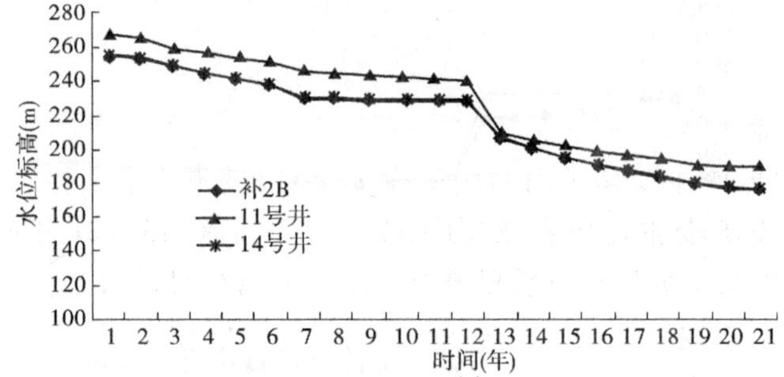

(e)

续图 8-6

表 8-1　水位下降统计

| 点号 | 不同年份水位下降值(m) | | | | | 年均水位降幅(m) | |
|---|---|---|---|---|---|---|---|
| | 2 年 | 3 年 | 7 年 | 12 年 | 21 年 | 多年 | 最大年 |
| $g_1$ | 58.04 | 58.54 | 60.18 | 209.03 | 122.73 | -10.23 | -17.42 |
| $g_2$ | 13.85 | 13.85 | 43.28 | 159.33 | 118.98 | -9.91 | -13.28 |
| $g_3$ | 19.83 | 19.83 | 73.74 | 129.68 | 141.78 | -11.82 | -11.82 |
| $g_4$ | 4.34 | 20.83 | 33.13 | 75.73 | 112.94 | -8.07 | -8.07 |
| 11 号井 | 6.19 | 12.26 | 25.26 | 31.26 | 81.26 | -3.80 | -5.80 |
| 补 2B | 21.69 | 26.23 | 45.84 | 46.84 | 97.84 | -4.65 | -5.60 |

## 8.2　矿山排水量计算及水均衡评价

在矿区现有开采条件不变的情况下，预测计算满足矿山不同开采阶段水位设计标高要求的矿坑排水量，矿山开采条件下水资源量计算结果见表 8-2。矿山开采设计的正常和最大矿坑涌水量见表 8-3。

由表 8-2 可知，矿山开采条件下最低基建中段补给量为 52 151.22 $m^3/d$，其中降水补给量 16 630.00 $m^3/d$，河流渗漏补给量 3 060.00 $m^3/d$，侧向径流补给量 2 964.11 $m^3/d$，越流补给量 1 561.20 $m^3/d$，动用的储存量为27 935.91 $m^3/d$，排泄量大于补给量。矿山开采条件下新增矿坑排水量为：最低基建中段排水量为 27 501.71 $m^3/d$，最低开采中段排水量为 22 279.78 $m^3/d$。同矿坑设计值正常涌水量相比(见表 8-3)偏小，分析原因主要是矿山西段矿段 12 年后就不再开采排水。7 ~ 12 年矿山西段矿段加大开采，矿山东段矿段不排水，13 ~ 21 年矿山东段矿段加大排水。数值法计算的矿山西段、矿山东段矿段铝土矿开采排水量变化见图 8-7。

**表 8-2　不同开采阶段水量计算成果**　　(单位：$m^3/d$)

| 计算项目 | | 最低基建中段(0 ~ 7 年) | 最低开采中段(8 ~ 21 年) |
|---|---|---|---|
| 补给量及储存量 | 侧向径流补给量 | 2 964.11 | 2 964.11 |
| | 降水入渗补给量 | 16 630.00 | 16 630.00 |
| | 河流渗漏补给量 | 3 060.00 | 3 060.00 |
| | 石炭—二叠系越流补给量 | 1 561.20 | 1 956.30 |
| | 动用的储存量 | 27 935.91 | 22 194.67 |
| | 合计 | 52 151.22 | 46 805.08 |
| 开采量及排泄量 | 现状开采量 | 24 200.00 | 24 200.00 |
| | 矿坑排水量 | 27 501.71 | 22 279.78 |
| | 东侧径流排泄量 | 449.51 | 325.30 |
| | 合计 | 52 151.22 | 46 805.08 |

**表 8-3　矿山开采设计采用的矿坑涌水量**

| 矿段 | 中段标高 | 正常矿坑涌水量 ($m^3/d$) | 最大矿坑涌水量 ($m^3/d$) |
|---|---|---|---|
| 最低基建中段 | 矿山西段西 450 m 中段 | 8 950 | 11 820 |
| | 矿山西段东 420 m 中段 | 6 900 | 13 810 |
| | 矿山东段西 330 m 中段 | 9 550 | 16 740 |
| | 矿山东段东 300 m 中段 | 11 810 | 22 670 |
| | 合计 | 37 210 | 65 040 |
| 最低开采中段 | 矿山西段西 300 m 中段 | 14 520 | 17 400 |
| | 矿山西段东 300 m 中段 | 12 670 | 19 590 |
| | 矿山东段西 270 m 中段 | 12 710 | 19 900 |
| | 矿山东段东 210 m 中段 | 15 980 | 26 800 |
| | 合计 | 55 880 | 83 690 |

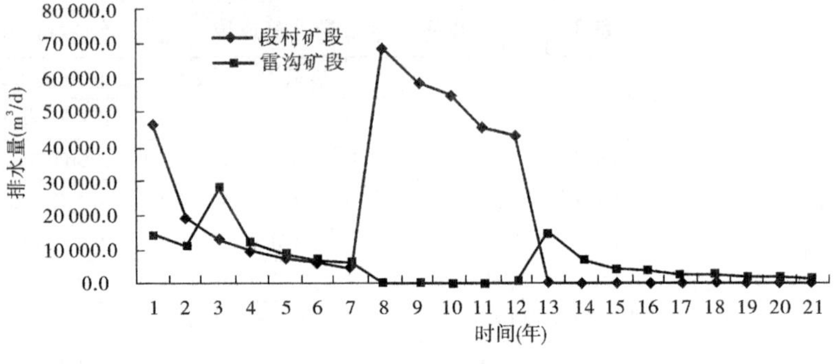


图 8-7　矿坑排水量变化

## 8.3　现状条件下矿区地下水位下降预测分析

矿区岩溶水处于超采状态，地下水位表现为不断下降的变化趋势，其下降趋势表现为西部慢、东部快的变化特征。这一变化趋势与矿区岩溶水开采量西部小、东部大的开采特征是一致的，体现为开采量大的地段水位下降较快、开采量小的地段水位下降较慢的变化特征。据实测资料，矿区不同地段岩溶水多年水位降幅西部南坻坞为 45.69 m，中部某地下水水源地为 134.35 m，东部龙涧水源地为 173.95 m，呈现西部小、东部大，见图 8-8；多年平均水位降幅西部南坻坞为 4.15 m/a，中部某地下水水源地为 5.37 m/a，东部龙涧水源地为 9.16 m/a，见图 8-9。

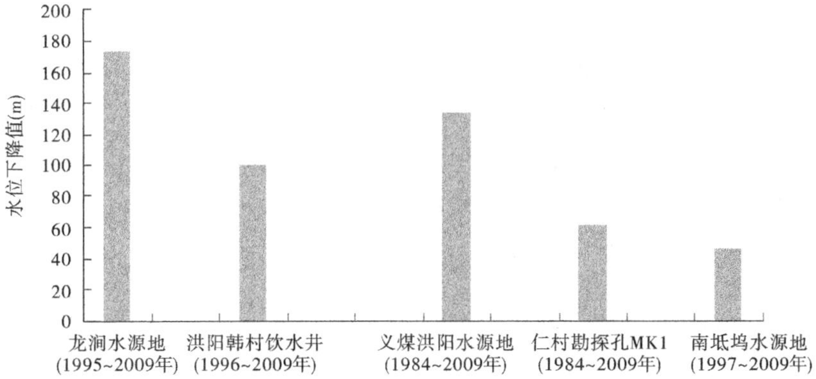


图 8-8　岩溶水不同地段水位降幅对比

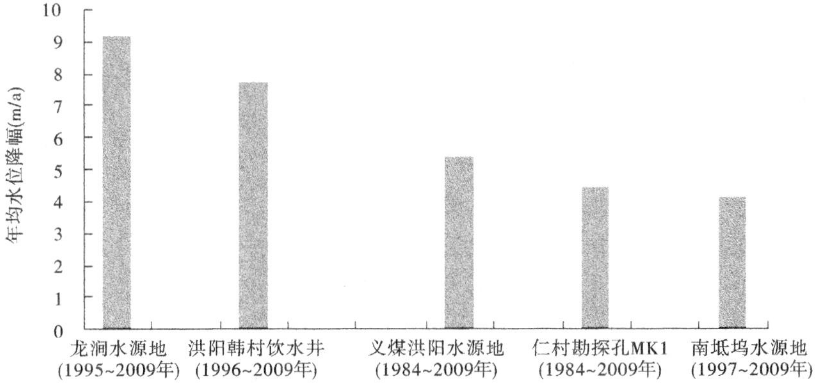


图 8-9　岩溶水不同地段水位年降速对比

现状条件下地下水位预测：在现状条件不变，主要是开采量不变的情况下，矿区地下水位仍维持缓慢下降的变化趋势，中部某地下水水源地、东部龙洞水源地的年水位降幅数据基本代表了其未来水位的变化趋势，西部南坻坞一带由于渑池二电厂水源地的停采，停采初期水位存在回升，而后会继续下降，其降速会有所减缓。

# 8.4　矿山开采对某地下水水源地影响分析

## 8.4.1　开采条件下某地下水水源地水位变化分析

开采条件下某地下水水源地水位变化预测成果见表8-4，水位动态变化历时曲线见图8-6。

**表8-4　开采条件下水源地水位预测成果**

| 时段 | 最低基建中段时段 | | | 最低开采中段时段 | |
|---|---|---|---|---|---|
| 预测年份 | 2年 | 3年 | 7年 | 12年 | 21年 |
| 11号井 | 265 | 259 | 246 | 240 | 190 |
| 补2B | 255 | 246 | 230 | 229 | 178 |

## 8.4.2　矿山开采对某地下水水源地供水井影响分析

影响供水井正常开采的因素主要是地下水位和供水井泵室深度，以及现状条件下抽水引起水位降深。后两者基本不会改变，主要是水位的改变，矿山开采增加排水引起水位下降是影响供水井开采的主要因素。由于水位下降可造成供水井水泵报废和水井报废。水泵报废是由于水泵扬程不能满足地下水位下降的要求，可更换大扬程水泵解决供水问题。水井报废是由于地下水位下降至供水井泵室深度以下，更换大扬程水泵也无法下入井水面下进行提水。要使供水井中的提水泵正常工作，水泵下入水面以下的深度应大于抽水水位降深。因此，供水井正常供水还应满足地下水面与水井泵室的高差大于抽水水位降深。根据义煤某地下水水源地新4号井2009年10月15日抽水资料，抽水量65 $m^3/h$，水位降深24.23 m，单位涌水量2.68 $m^3/(h \cdot m)$。按此水位降深预测，要使水源地供水井正常供水，地下水面与水井泵室的高差应大于25.0 m。由于地质条件的差异，各井会有不同。水源地供水井结构及现状水位见图8-10，11号井泵室最低标高为213.26 m，14号井为202.28 m，补2B井为164.25 m。水源地水井水位与井泵室标高对比见图8-11。

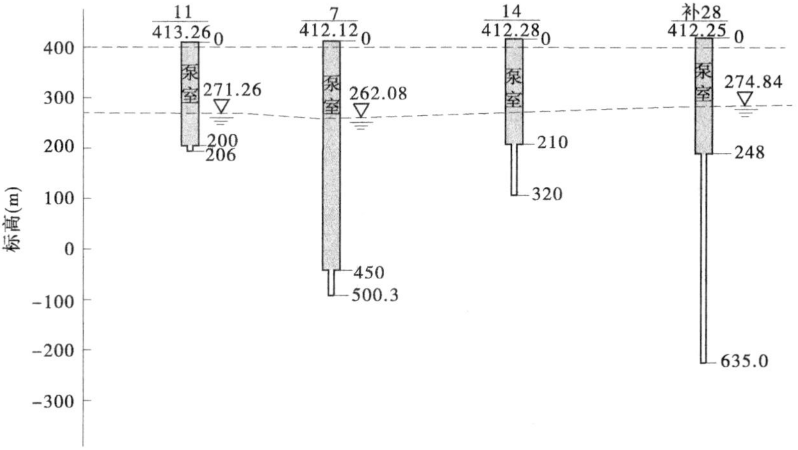


图8-10 水源地供水井结构与水位变化

最低基建中段开采时某地下水水源地水位标高为246～230 m，与目前水位标高271.26～262.04 m相比，水位下降25.26～32.04 m。

最低开采中段开采时某地下水水源地水位标高为190～178 m，与目前水位标高271.26～262.04 m相比，水位下降了81.26～84.04 m。

根据矿山开采排水水位下降预测：当矿山排水13年时，11号井水位标高209.01 m，低于泵室深度4.25 m，该井报废；14号井水位标高206.66 m，低于泵室深度4.38 m，该井报废；补2B水位标高207.04 m，高于泵室42.79 m，仍可正常供水，21年时该井水位标高为177.0 m，高于泵室标高(164.25 m)12.75 m，不能满足抽水降深25 m的要求，该井面临报废，21年后矿山全部开采结束，水位回升，供水井可恢复使用。其他供水井由于泵室较深不会报废。

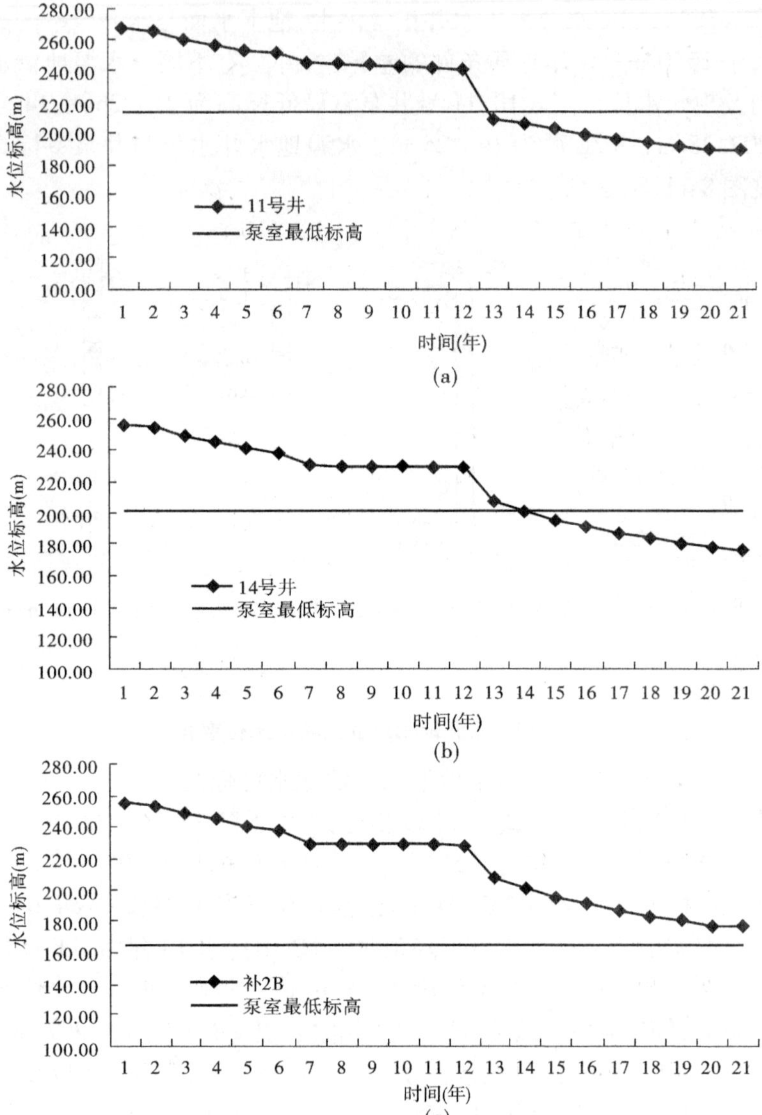


图 8-11 水位与泵室标高对比

## 8.5　矿区岩溶水资源保护与矿坑水综合利用

矿区岩溶含水系统地下水较丰富且水质优良，适宜生活及工业用水，目前已处于超采状态。研究区开采，正常情况下矿山新增排水量27 501.71 $m^3/d$。矿山生产总用水量为2 344.5 $m^3/d$，其中生产用水量为1 920 $m^3/d$，生活用水量为424.5 $m^3/d$，总用水量占矿床疏干排水量的8.5%。还有大部分矿坑水没有利用。

为了保护矿区有限的地下水资源，将矿床疏干排水资源化，对有影响的取水用户建议进行补偿。为避免开采过程中排放大量疏干水对周围水环境的影响，使水资源得到充分利用，建议水务部门加强矿区水资源管理，充分利用矿区现有供水管网，尽可能多地利用矿山排水为当地居民及企业供水。为使矿区水资源得到有效保护，建议采取以下措施：

(1)加强管理，制订矿井水水资源合理开采利用与保护规划，建立多因素控制的矿井水资源管理模型。只有依靠科学管理才能合理解决水资源利用过程中的各种问题。因此，应建立科学的矿井水管理模型，达到合理分配利用水资源。

(2)建立矿井水水资源净化处理系统，严禁矿井水直接排入河道，污染地表水和地下水，控制水体污染和污水灌溉。

(3)加强地质环境的监测与治理。铝土矿开采必然会对地下水资源造成破坏和影响，同时会引起地面沉降、地裂缝等地质灾害和矿山环境问题。应加强地质环境的监测与矿山环境治理。

(4)建立岩溶地下水监测网络，进行岩溶地下水监测。应建立地下水长期监测网络，对岩溶水的水位、水质和矿井水排水量进行监测，发现异常情况，应及时分析原因，采取防治措施。

(5)加强矿井水水资源管理，科学分配利用水资源。

(6)加强矿山生产、生活废水排放管理与监测，合理规划废水排放，坚持废水达标排放，加强矿区地下水环境保护。

# 第 9 章 地下水水质评价

## 9.1 岩溶水水质现状评价

本次调查共取全分析水样 5 组，由河南省地质环境监测院实验测试中心进行全分析测试。其中岩溶水 4 组，有某地下水水源地、义煤水泥厂新井、洛玻矿业供水井、龙涧泉水源地井，矿山东段北北涧河第四系砂卵石层浅层水 1 件。水质化验分析项目包括 $K^+$、$Na^+$、$Ca^{2+}$、$Mg^{2+}$、$Cl^-$、$SO_4{}^{2-}$、$HCO_3{}^-$、$CO_3{}^{2-}$、$NO_3{}^-$、$NO_2{}^-$、$F^-$、$OH^-$、$Fe^{2+}$、$Fe^{3+}$、$Al^{3+}$、$NH_4{}^+$、$F^-$、Br、$I^-$、$PO_4{}^{3-}$、Zn、$Cu^{2+}$、Pb、Cd、Se、Hg、Mn、As、Ag、$Cr^{6+}$、永久硬度、暂时硬度、负硬度、总硬度、$H_2SiO_3$、COD、氰化物、酚类、溶解总固体、矿化度和 pH 值等。依据化验分析资料，对水质进行生活饮用水评价。

依据《生活饮用水卫生标准》(GB 5749—2006)对水质进行评价，评价结果表明，矿区地下水均符合生活用水标准。现状条件下水质优良，属低矿化度弱碱性淡水，适宜作为生活饮用水水源，见表 9-1。

表 9-1 生活饮用水评价

| 项目 | 标准 | 龙涧水源地 | 洛玻矿业 | 义煤水厂 | 水泥厂新井 | 矿山东段北河滩浅井 | 评价结果 |
|---|---|---|---|---|---|---|---|
| $K^+$ | | 0.91 | 0.88 | 0.77 | 1.19 | 1.61 | |
| $Na^+$ | | 11.07 | 9.56 | 12.42 | 10.51 | 30.9 | |
| $Ca^{2+}$ | | 87.66 | 62.07 | 82.54 | 67.49 | 124.2 | |
| $Mg^{2+}$ | | 30.59 | 28.71 | 26.82 | 32.8 | 32.88 | |
| $Fe^{3+}$ | ≤0.03 | <0.01 | <0.01 | 0.01 | 0.03 | <0.01 | 符合 |
| $Fe^{2+}$ | | <0.002 | <0.002 | <0.002 | <0.002 | <0.002 | 符合 |

续表 9-1

| 项目 | 标准 | 龙洞水源地 | 洛玻矿业 | 义煤水厂 | 水泥厂新井 | 矿山东段北河滩浅井 | 评价结果 |
|---|---|---|---|---|---|---|---|
| $NH_4^+$ | ≤0.2 | <0.02 | 0.1 | <0.02 | <0.02 | <0.02 | 符合 |
| $Cl^-$ | ≤250 | 9.57 | 9.57 | 11.34 | 25.89 | 29.07 | 符合 |
| $SO_4^{2-}$ | ≤250 | 68.68 | 17.29 | 76.85 | 29.3 | 118.63 | 符合 |
| $HCO_3^-$ | | 323.41 | 298.39 | 292.29 | 311.2 | 403.95 | |
| $NO_3^-$ | ≤20 | 11.35 | 16.72 | 11.88 | 7.45 | 19.25 | 符合 |
| $NO_2^-$ | ≤0.02 | <0.002 | <0.002 | <0.002 | 0.06 | <0.002 | 符合 |
| $F^-$ | ≤1.0 | 0.18 | 0.18 | 0.16 | 0.18 | 0.2 | 符合 |
| Zn | ≤1.0 | <0.005 | <0.005 | <0.005 | <0.005 | <0.005 | 符合 |
| $Cu^{2+}$ | ≤1.0 | <0.005 | <0.005 | <0.005 | <0.005 | <0.005 | 符合 |
| Pb | ≤0.05 | <0.005 | <0.005 | <0.005 | <0.005 | <0.005 | 符合 |
| Cd | ≤0.01 | <0.005 | <0.005 | <0.005 | <0.005 | <0.005 | 符合 |
| Se | ≤0.01 | 0.000 2 | 0.000 1 | <0.000 1 | 0.000 3 | <0.000 1 | 符合 |
| Hg | ≤0.001 | <0.000 1 | <0.000 1 | <0.000 1 | <0.000 1 | <0.000 1 | 符合 |
| Mn | ≤0.1 | 0.01 | 0.02 | <0.01 | 0.11 | <0.01 | 符合 |
| As | ≤0.05 | <0.001 | <0.001 | <0.001 | 0.001 | <0.001 | 符合 |
| Ag | ≤0.05 | <0.001 | <0.005 | <0.005 | <0.005 | <0.005 | 符合 |
| $Cr^{6+}$ | ≤0.01 | <0.001 | <0.001 | <0.001 | <0.001 | <0.001 | 符合 |
| 总硬度 | ≤450 | 344.5 | 278 | 316.5 | 303.5 | 445.5 | 符合 |
| $H_2SiO_3$ | | 16.9 | 15.6 | 14.3 | 15.6 | 18.2 | |
| COD | ≤20 | 0.52 | 0.17 | 0.09 | 0.26 | 0.17 | 符合 |
| 氰化物 | ≤0.05 | <0.001 | <0.001 | <0.001 | <0.001 | <0.001 | 符合 |
| 酚类 | ≤0.002 | <0.002 | <0.002 | <0.002 | <0.002 | <0.002 | 符合 |
| 溶解总固体 | ≤1 000 | 394.73 | 306.3 | 379.97 | 342.52 | 572.76 | 符合 |
| pH 值 | 6.5~8.5 | 7.3 | 7.3 | 7.3 | 7.3 | 7.2 | 符合 |

## 9.2 开采条件下水质变化分析

研究区开采矿体为石炭系本溪组铝土质泥岩、黏土岩，矿体呈窝状，厚度变化较大。铝土矿下部（本溪组下段）为铁质页岩（黏土岩），主要由黏土和铁质组成，原岩含黄铁矿、菱铁矿，风化后均形成赤铁矿、褐铁矿。

铝土矿开采期间，矿体及其围岩氧化还原条件发生了变化，由原来封闭状态下的还原条件变为空气流通的氧化条件，使得铁矿、铝土矿的氧化加剧，从而会使地下水中的铁成分含量增高。矿山停采后，地下水位回升，矿坑充满地下水，采空区上部石炭—二叠系裂隙水与下伏寒武—奥陶系岩溶水连通，氧化环境由于矿坑充水变为原来的还原环境，使得矿渣及围岩处于还原条件下，矿物质溶解能力大为降低。停采后水化学成分中的金属元素含量会降低，地下水水质趋于稳定并向好，可接近目前水质状况。总体分析，矿山开采对水质有一定影响，不会很大，建议加强水质监测。

建议加强矿山建设管理，加强矿区地表水、地下水、矿坑排水水质监测工作，废水排放要做到达标排放。

# 第10章　地下水系统修复对策建议

## 10.1　研究区地下水系统变化特征

(1)矿区地层属华北地层区,除志留系、泥盆系及上元古界缺失外,自中元古界长城系至新生界均有出露。水文地质单元属渑池—义马向斜盆地地下水系统。根据地下水埋藏、分布及含水层岩性的不同,将其划分为松散岩类孔隙水、碎屑岩类裂隙水、碳酸岩类裂隙岩溶水三个不同的含水系统。碳酸岩类裂隙岩溶水为区内主要含水系统,富水性好,水质优良,是企业、水源地取水的主要水源,也是研究区开采的主要排水对象。

(2)根据水文地质条件划定矿区岩溶含水系统的边界:北部以蓟县系变质岩地层露头线为界,为弱透水径流补给边界;西部以扣门山断裂、坡头断裂为界,为零流量边界;东部以龙涧断层、新安断层为界,为阻水边界;南部边界根据矿区岩溶发育范围确定,为零流量边界。

(3)按地下水系统理论,采用水均衡法、排泄量法、泉排泄量法多种方法对矿区岩溶水系统水资源量进行了评价。矿区岩溶水补给主要是大气降水、河流入渗及侧向径流补给,计算确定的现状条件下总补给量864.42万$m^3/a$,多年平均补给量836.81万$m^3/a$。排泄主要是水源地开采,根据2009年9月调查,主要开采用户有义煤某地下水水源地、义煤水泥厂、新安电厂龙涧水源地、黄河水泥厂、洛玻矿业公司及仁村乡、韩村、赵窑村等。现状开采量合计为883.3万$m^3/a$,多年平均为941.7万$m^3/a$。根据均衡计算分析,平水年允许开采量为857.94万$m^3/a$。由于开采量大于允许开采量,并超过了总补给量,区内岩溶水一直处于超采状态。2004~2008年矿区岩溶水实测年均下降1.61 m,多年水位实测(1984~2008年)水位年均降幅为5.68 m,某地下水水源地补 2B 井多年(1984 ~ 2008 年)水位年均降幅为 5.37 m,某地下水水源地 11 号井 2006 年 1 月至 2009 年 9 月水位埋深由 95.8 m 下降到 142 m,下降了 46.2 m,月平均水位下降 1.03 m。矿区地下水沿岩层倾向和溶洞向南、南东径流。目前,岩溶水系统排泄主要是水源地开采。

(4)在水文地质条件综合分析的基础上,抽象、概化出矿区的岩溶水系统水文地质概念模型,建立了承压水非稳定流的三维数学模型,采用 Visual Modflow 有限差分软件进行地下水流动模拟。依据建立的模型分别预测矿区开采 2 年、3 年、7 年、12 年、21 年的地下水位流场及典型点位和某地下水水源地水位动态。根据预测结果分析,矿山开采条件下,矿山西段矿段水位降幅最大 129.68 ~ 209.03 m,水位年均降幅一般为 9.91 ~ 11.82 m,最大降幅为 17.42 m;某地下水水源地一带降幅较小,为 81.26 ~ 97.84 m,年均降幅 5.80 ~ 6.90 m,是矿区现状年(2004 ~ 2008 年)多孔水位实测年均降幅 1.61 m 的 3.6 ~ 4.3 倍,且大于某地下水水源地补 2B 井 1984 ~ 2008 年的年均水位降 5.37 m,表明矿山开采主要对矿区西部地下水位影响较大。

(5)矿山开采对水源地的影响主要表现在水位下降引起水井的报废。矿山开采条件下数值法预测的最低基建中段某地下水水源地水位标高在 246 ~ 230 m,与目前水位标高 271.26 ~ 262.04 m 相比,水位下降 25.26 ~ 32.04 m;最低开采中段水位标高在 190 ~ 178 m,水位下降了 81.26 ~ 84.04 m。当矿山排水 13 年时,11 号井水位标高 209.01 m,低于泵室深度 4.25 m,该井报废;14 号井水位标高 206.66 m,低于泵室深度 4.38 m,该井报废;补 2B 水位标高 207.04 m,高于泵室 42.79 m,仍可正常供水,21 年时该井水位标高为 177.0 m,高于泵室标高(164.25 m)12.75 m,不能满足抽水降深 25 m 的要求,该井面临报废,21 年后矿山开采全部结束,水位回升,供水井可恢复使用。其他供水井由于泵室较深不会报废。

(6)矿区岩溶水长期处于超采状态,地下水位表现为不断下降的变化趋势,其下降趋势西部慢、东部快,这一变化趋势与矿区岩溶水开采量西部小、东部大的开采特征是一致的,体现为开采量大的地段水位下降较快,开采量小的地段水位下降较慢。据实测资料,矿区不同地段岩溶水多年平均水位降幅：西部南坻坞为 4.15 m/a，中部某地下水水源地为 5.37 m/a，东部龙涧水源地为 9.16 m/a。中部某地下水水源地、东部龙涧水源地的年水位降幅数据基本代表了现状条件下其未来水位的下降趋势，西部南坻坞一带由于渑池二电厂水源地的停采，停采初期水位回升，而后会继续下降，其下降速度会比以前减缓。

(7)矿区浅层地下水是矿区居民饮水的主要水源，该层水与下部岩溶水水力联系较差，矿山开采排水对其影响不大。建议加强浅层地下水水位监测。

(8)依据《生活饮用水卫生标准》(GB 5749—2006)对矿区岩溶水水质进行了评价，结果表明，现状条件下水质优良，属低矿化度弱碱性淡水，适宜做生活饮用水水源。矿山开采会增加基岩裂隙水对其的补给和岩溶水水化学环境的改变，分析对其水质会有一定的影响，但影响不大，建议加强水质监测。

## 10.2　修复建议

(1)研究区铝土矿资源丰富，设计开采年限长，矿山排水对象主要是岩溶水，其水质优良，水源丰富。研究区长期处于超采状态，水位持续下降。建议有关部门加强矿区水资源管理和合理开发利用规划，加强矿山开采排水的充分利用规划，尽可能地减少排放。

(2)建议建立矿区地下水监测网，实施水位、水质监测。对岩溶水的水位、水质、开采量、矿山排水量进行长期的监测，既有利于岩溶水资源的保护，也有利于指导矿山开采、水源地的正常运行。同时对矿区浅层地下水实施水位、水质监测。

(3)加强矿山地质环境的监测和治理。矿山的生活污水、生产废水需经过处理后方能排放，同时要对矿山开采可能引起的地面塌陷、地裂缝等地质灾害进行监测。

(4)建议矿区各企业要树立和平共处、互利共赢、共同发展的理念，为促进地方经济快速发展多做贡献。真实、客观地认识矿区地下水资源状况和存在的矛盾。探讨矿山开采对企业、地方造成影响的合理补偿机制，地方企业、政府要支持矿山开采，为矿区经济的可持续发展共同努力。

(5)开采条件下地下水资源的破坏及其控制。

张发旺等结合干旱区采煤与地下水保护的实际，提出“含水层再造”的概念，研究了煤层顶板含水层再造与地下水资源保护的相互关系。建议借鉴该研究成功经验，开展该矿区开采条件下地下水系统的破坏及其控制方法研究，建立不同含水层结构变化观测系统，进行含水层结构破坏机制与控制方法研究，提出含水层再造的最佳方案，对正在开采的矿区地下水资源可持续利用具有重要的实际意义。

(6)保水采矿技术方法研究。

韩宝平等提出了煤矿开采诱发水文地质效应的概念，即煤矿区地下水系统在开采扰动下，其输入、输出、系统结构、内部作用过程和功能以及环境等要素的变化。明确指出结构的变化包括冒落带、裂隙带和沉降弯曲带的形成，采动后断层活化充水，采动沉降盆地边缘垂直剪裂隙发育，地面沉降、开裂和塌陷，采空区成为充水、储水体，以及各种人造工程设施等。资源与环境协调开采是近年来新兴起的理念。建议借鉴此研究成果，加强保水开采技术研究特别是减沉技术消除或减轻了开采对上覆地层中含水层、隔水层的破坏，对保护地下水系统具有重要意义。

(7)含水层修复技术方法。

采矿造成含水层结构破坏，尤其是群矿开采导致区域含水层空间结构非均质演化，已经严重影响了区域地下水循环演化态势，这是矿区地下水资源短缺和破坏的根本原因。

采矿对含水层的破坏形式有采动形成的导水裂隙对上部含水层的自然疏干及由于采动形成的地表沉陷和裂缝，对地下水原始径流的破坏。建议建立该研究区岩溶水动态观测网和不同含水层系统结构变化观测网，研究开采条件下，含水层结构变化机制，提出防护措施尽量减少采矿对含水层结构的影响和破坏。

(8)矿山开采区地下水人工调蓄关键技术研究。

近几十年来，我国修建了很多地表水库，这些水库在防洪抗旱方面发挥了重要作用,并带来了巨大的经济利益。与此同时,修建地表水库也出现了不少问题。例如:库区泥沙淤积降低了水库调蓄能力,甚至导致水库壅水淤积、洪灾加剧(如三门峡水库);干旱、半干旱地区,水库蒸发损失造成水资源的巨大浪费;水库壅水及水库渗漏导致库区地下水位抬升,引起次生沼泽化和盐渍化,触发滑坡崩塌,破坏洄游鱼类的生态环境;库区移民造成了沉重的社会经济负担等。

基于以上原因,发达国家正在放弃修建地表水库来调蓄水资源的传统做法,甚至考虑拆除一些已建水库,转而利用地下含水层——地下水库来调蓄水资源(Stephen B,1999)。地下水库将水蓄存在地下岩土的空隙中,可以避免因修建地表水库引起的负效应,造价远远低于同等规模的地表水库。

修建地下水库,还可以多方面改善生态环境。例如,通过人工补给含水层抬升地下水位,可以消减因地下水超采形成的降落漏斗,缓解地面沉降,减少由于抽水引起不均匀沉降导致的地裂缝,阻止海水入侵,恢复湿地面积,缓解土地荒漠化、沙漠化等。人工补给不但增强了含水层的水量(潜水面上升),而且改善了水资源的总体质量,尤其是硬度和硝酸盐的含量(G. delos cobos,2002)。

作为一种有效的、环保的、经济的地下开发工程,地下水库在国外发展很快。对于地下水库,国外常用的提法是"含水层人工补给"或"含水层储存与回采(ASR - aquifer storage and recovery)"。

我国也已经开始实施地下水库调蓄工程,如北京西郊、山东龙口、大连旅顺等地都已经修建了地下水库,积累了一些经验(刘青勇,2004;赵天石,2002),并于2005年4月在南京召开了全国地下水库建设学术研讨会,对我国利用地下水库调蓄水资源研究现状、存在问题等方面进行了广泛的讨论。但从国内外来看,在矿区开展地下水人工调蓄技术研究的资料报道较少,在矿山开采闭坑后,往往造成矿区及周边地下水大幅度下降,为地下水储存提供了有利空间,为人工地下水调蓄试验提供了必要条件。因此,建议有关部门选取典型地段开展矿山开采闭坑区地下水人工调蓄关键技术研究,为缓解矿区水资源供需矛盾、水资源可持续利用提供科学依据。

# 第11章 地下水资源保护措施

水资源是人类赖以生存和社会发展不可缺少而又无法替代的物质资源,是生态环境系统中最活跃和影响最广泛的因素。随着人类进步和社会经济的迅速发展,水资源需求不断增长,供需矛盾日益突出,水资源危机日趋严重,已经严重影响了社会经济的发展和人类的生存。因此,加强水资源保护,限制工业和生活废水向河流排放,改善地表水水质,控制地下水位下降,防止水资源枯竭,培育节约风尚、增强全民的忧患意识,保护水资源可持续利用,坚持开源节流与保护并重,通过采取综合治理措施,实现地下水资源的健康循环,达到人、水、自然的和谐相处,为当地经济可持续发展提供可靠保障。

## 11.1 地下水资源的管理措施

### 11.1.1 节约用水

节约用水不但是缓解当地水资源供需矛盾和控制水位下降的基本措施之一,也是进行地下水保护的重要措施。节水可以提高水的利用效率,减少水资源的浪费;生产和生活用水的节约将直接减少污水排放量,降低水污染程度带来的环境压力;可以直接减少用水单位的取水量,进而节约供水工程投资,缓解水资源供应不足的矛盾。当地水资源紧缺将是长期的,无论是现在还是将来都应该把节水放在更加突出的位置,采取各项措施,大力推行节约用水,发展节水型工业、农业,建设节水型社会,根据水资源的承载能力和实行以水定产、以水定发展规模,限制发展高耗水易污染企业。

#### 11.1.1.1 工业节水

区内工业、矿业、电力等企业较多,大力发展和推广工业用水重复利用技术，提高水的重复利用率。大力发展循环用水系统、串联用水系统和回用水系统。发展和推广蒸汽冷凝水回收再利用技术；发展外排废水回用和“零排放”技术。鼓励和支持企业外排废（污）水处理后回用，大力推广外排废（污）水处理后回用于循环冷却水系统的技术。

发展高效冷却节水技术。发展高效换热技术和设备，鼓励发展高效环保节水型冷却塔和其他冷却构筑物。优化循环冷却水系统，加快淘汰冷却效率低、用水量大的冷却池、喷水池等冷却构筑物，发展高效循环冷却水处理技术。

#### 11.1.1.2　农业节水

区内农业用水量大，有很大的节水潜力，要进一步加强农业节水研究。农业节水的重点，在于进一步减少无效蒸发与渗漏损失，提高水分利用效率，达到节水增产的目的。农业节水，是一次农业、农村生产力和生产关系的重大变革，是推进两个转变和实施可持续发展的一个战略重点。

对灌区全面实施节水改造，加强灌区配套改造工程建设，改进地面灌水技术，推广小畦灌溉、细流沟灌、波涌灌溉；合理确定沟畦规格和地面自然坡降，缩小地块；科学控制入畦（沟）流量、水头、灌水定额等灌水要素。淘汰无畦漫灌。鼓励发展微灌技术，在果树种植、设施农业、高效农业中大力推广微灌与滴灌；提倡将微灌技术与地膜覆盖、水肥同步供给等农艺技术有机结合起来。

推广降水滞蓄利用，推广协调作物耗水和天然降水的灌溉制度与灌水技术。在旱作农业区，推广以滞蓄天然降水为主要目的的土地平整技术和改进耕作技术；大力发展雨水集蓄利用。

发展和推广村镇集中供水，发展集约化节水型养殖技术，推广养殖废水处理及重复利用技术。发展畜产品、水产品加工节水技术。

#### 11.1.1.3　生活节水

生活用水单位必须坚持“开源与节流并重、节流优先、治污为本、科学开源、综合利用”的原则，加强水资源的管理。城市生活用水应推广节水生活器具，减少生活用水的浪费。

节水型用水器具的推广应用，是生活节水的重要技术保障。大力推广节水器具，比如推广节水型水龙头、节水型便器系统、节水型淋浴设施，使用节水型洗衣机等，鼓励研究生产新型节水器具；新建小区全面推广节水型用水器具，发展"节水型住宅"；旧小区通过政策引导，逐步推广节水型器具。

加强对公共供水单位的节水管理，供水管网的维护及改造，改变粗放的供水经营模式，采取有效措施杜绝跑、冒、滴、漏现象。

推广预定位检漏技术和精确定点检漏技术，推广应用供水管道连接、防腐等方面的先进施工技术，鼓励开发和应用管网查漏检修决策支持信息化系统。尽快建立矿区节水模式方法研究与示范，达到水资源高效和作用。

### 11.1.2　减少河水污染

研究区生态环境脆弱，必须确保生态环境用水，防止灌溉农业的盲目发展和生态环境的进一步恶化。加大环境治理措施，防止和杜绝新的污染产生，对研究区内工业废水严格达标排放，尽早使涧河河水达到Ⅲ类水功能区划标准，使废水的水质改善，保护河水不受污染，或使污水资源化而被重新利用，从而使水环境得到改善。

### 11.1.3　加强宣传教育

宣传工作是管理工作的基础。应认识到宣传工作的重要性，突出水资源保护的重要性，扩大宣传范围，增加以案讲法的数量，提高宣传效果。水涉及千家万户和各个领域，为了确保水量的稳定性、水质的优良性和充分发挥水资源的利用价值，必须深入持久地通过报纸、电视、广播、画报、手册等媒介工具，开展"立体型"的宣传教育，提高人们节水的责任感和自觉性，丰富人们的节水知识。使每个公民认识到水是宝贵的资源，水是生命不可缺少的物质，水资源是有限的，对人类的贡献是巨大的。节约用水是一场持久战，要从"一点一滴"做起，而且要让群众明白，过去的"以需定供"用水模式对水资源短缺地区的水环境造成了破坏性后果，以超出当地"水资源承载力"的强度和方式，掠夺性地开发利用水资源，造成了区域性地下水位降落漏斗的出现和发展。

因此，必须扭转这种错误的用水模式，加强需水管理，采用“以供定需”的用水模式。以当地的水资源承载能力为前提，在实现水资源持续利用的前提下，支撑社会经济的可持续发展。

要让人们认识到：节约用水不是权宜之计，而是根本对策。节约用水，不是限制用水，而是当用则用，高效节流，杜绝浪费。节约用水要个人、集体、各行业和全民都积极参与，大力推广“蓝色革命”运动。

通过宣传教育让大家都来关心水、保护水、爱惜水。因此说，舆论宣传是做好水资源保护工作的重要环节。

### 11.1.4　实现水资源统一管理

水资源统一管理是进行地下水保护的前提。实行水资源的统一科学的管理，即以水资源的优化配置和高效利用、有效保护为前提，通过工程措施与非工程措施相结合，统筹考虑地表水、地下水、土壤水、雨水、灌溉回归及城市污水等的开发利用，进行协调管理和调度，实行以供定需的方针：以水定产业结构，以水定发展速度和建设规模，统筹协调生产、生活和生态用水，做到量水而行。由此而实现从工程水利向资源水利转变，从传统水利向现代水利、可持续水利转变，以水资源的可持续利用来支持经济和社会的可持续发展。

目前，当地水资源管理、防洪、城镇供水、排水、节水、污水处理和中水使用等涉水职能依然由不同部门来行使，各部门之间存在职能交叉，缺乏必要的协调机制，不利于地下水保护的开展。

水务统管就是遵循水资源的自然属性和利用规律的客观要求，把水资源作为一个完整的系统进行统一管理，而不是按城市与农村、地表水与地下水、供水与排水进行人为的分割管理。而且随着经济社会的快速发展，水资源短缺成为重要的因素，水资源已经成为一种战略性资源。对于这样一种重要的战略性资源，更需要实施符合其自身运行规律的统一管理。因此，要制订统一的、科学的、切实可行的水资源合理开发利用与保护规划，并建立有权威的管理机构，及时监督检查各项规划的实施情况，随时修订和不断完善规划方案，进行阶段性动态分析、评价和预测。依法治水和管水，改变在水资源开发利用、保护与管理方面各自为政、盲目开发、不合理利用、肆意浪费、污染无人管、违法无人究的落后状况。充分运用现代科学技术,使水资源管理模型化,充分利用洛阳市自然地理条件和水资源分布特点,以系统的观点建立用水立体化系统,统一认识,联合调度水资源,采用系统分析方法和最优化技术建立水资源管理模型,拟订最佳用水方案。把地表水开发与地下水开发有机结合起来,取长补短,发挥各自优势,则可以取得比较好的效果。

因此,必须改革现行的水资源管理体制,实现真正意义上的水务一体化,统一管理水资源。以流域管理与区域管理相结合、水资源权属与开发利用权属分开为原则,实现包括城市与农村、水量与水质、地表水和地下水、供水与需水在内的水资源统一管理。

## 11.2　地下水资源保护的对策

### 11.2.1　合理开采和利用矿坑水

由于研究区水资源时空分布不均,为建设和保护良好的生态环境,保护水资源的可持续开发利用,必须进行合理调配,坚持做到合理开采,综合利用,科学管理,严格保护,避免盲目超量开采带来的环境地质灾害,实现人工开采与自然补给基本平衡的目标,可通过地下水的调蓄功能,实现年内或年际调节,做到以丰补歉。要运用经济杠杆来制约,以保证得到合理、优化供水和用水。

#### 11.2.1.1　调整供水结构

据调查,区内农业灌溉面积大,为了进一步落实“优水优用”原则,在节水的前提下,农业灌溉应利用中水或地表水,限制利用地下水。

对于工业用水,动员协调用水单位积极调整产品取、用水结构,首先考虑使用中水,不能使用中水的使用地表水,尽可能少用或不用地下水。

在供水结构调整过程中,要克服以往的“急功近利、拍脑门决策”的方式,一切从实际出发,力求做到能用河水的不用自来水,能用自来水的不用优质地下水。树立区域自然条件是确保当地社会经济持续发展的基础和重要保障的意识,不能再给脆弱的自然资源增添新的负担。

#### 11.2.1.2　科学划定地下水功能区

为了使有限的地下水资源发挥到最佳的效益，以“优水优用”为原则，结合地区供水条件和单位生产、用水状况，核定分配每一眼井的允许开采量，确保总的开采量控制在允许开采量之内。

科学划定水功能区，划分后实行分区管理，对不同的水功能区实施相应的措施和管理办法。

## 11.3　保护水资源的法律法规措施

水资源管理应纳入法制轨道，使管理法制化、制度化，以科学技术为依据，促进和保持水资源可持续利用。

### 11.3.1　健全法律法规

“没有规矩，不成方圆”，健全的法律法规，是水资源切实得到有效管理的重要保证。法律的不健全和法律法规宣传力度不够，人们的法律意识淡薄，是造成水资源管理“无法可依、执法不严”的重要原因，要切实通过“法律手段、行政手段、经济手段、技术手段、宣教手段”等来加强水资源的管理，真正做到地下水统一管理、水量和水质统一管理、开源与节流并重，以最终实现水资源的持续利用。实行“一龙管水，多龙治水”的模式，加强水资源立法与执法工作的严格性，加强流域规划与滚动规划工作。着重落实地表水与地下水的联合调度利用，取长补短，实现水资源的高效利用。

认真贯彻执行《中华人民共和国水法》、《取水许可和水资源费征收管理条例》等法律法规，按加强水资源统一规划管理的要求和有关规定，修订、完善并制定新的政策法规，使之成为完整体系。确立适应市场经济发展同水资源优化配置相衔接的政策体系，为水资源管理实现政企分开、政事分开打好基础，创建适应市场运行的水资源开发利用、节约与保护的新机制，在法规方面建立适应统一管理、科学管理的水法规体系，为实现水资源可持续利用提供法律保障。

### 11.3.2 完善水资源论证制度

继续完善建设项目水资源论证制度。统筹考虑经济社会发展和当地水资源条件、单个项目取水成本效益与社会成本效益的关系,使区域发展与水资源条件相适应。严格执行国家、省、市有关水资源论证的政策法规,严格论证程序,保证论证质量,确保水资源论证的有效性和权威性。

社会发展规划和城市总体规划的修编、重大建设项目的布局,应当与当地水资源条件和防洪要求相适应,并进行科学的水资源论证。

## 11.4 水源地保护区的具体管理措施

为了确保城区饮用水源地的水质、水量,保障城区居民的身心健康,对水源地保护区管理措施规定如下。

### 11.4.1 一级保护区

(1)禁止在一级保护区范围内建设与取水设施无关的建筑物,如民居、渠道等,建设的供水井房不允许居住或堆放杂物。

(2)禁止在一级保护区范围内耕种作物,限制在井周围从事农牧业活动。

(3)禁止在井周围倾倒、堆放工业废弃渣及城市垃圾、粪便和其他有害废物。研究区内的水源地均为潜水水源地,水源地附近又是人口聚居地,易遭受生活垃圾和城市的污染,污染源易通过包气带进入含水层,污染地下水。

(4)禁止在井周围建设输送污水的渠道、管道及输油管道。

(5)禁止在井周围设立墓地。

(6)建立卫生检查制度,定期检查井周围的环境状况。

### 11.4.2 二级保护区

(1)保护区内的各种建筑活动必须得到水资源管理部门的许可才

可能进行施工，尤其在集中水源地一带，人口密集，分布居民点、蔬菜基地和工业企业，建筑施工活动强烈。

(2)禁止在保护区内进行可能引起开采含水层污染的工作，禁止利用大口井开采地下水，也应该限制居民点小井的开采；利用未经净化的污水灌溉农田，必须保证以不污染地下水为前提。

(3)禁止修建存放污水和废物的各种水库和沉渣库，禁止设置工业和生活污水的渗透场。

(4)禁止修建新的产生大量工业废液和污水以及排放大量废气的大型工厂。

(5)禁止在保护区内及沿河两岸修建垃圾场，倾倒各种垃圾，尤其是靠近河流地带，沿河易堆放垃圾，应及时进行检查清理。

(6)农业区大面积种植蔬菜，为防止农药及化肥造成地下水水源地的污染，应限制和监督农药化肥的使用，同时也限制采用新的肥料和禁止使用污水灌溉。

(7)清除或封填保护区内可能引起污染的无用的、损坏了的及不合理的开采钻孔和坑道。

(8)禁止修建破坏含水层上面防护层的基坑、水池、露天采矿场，禁止建立大型畜牧场和家畜屠宰场。

### 11.4.3　准保护区

按《饮用水水源保护区污染防治管理规定》确定准保护区的管理措施如下：

(1)禁止建设城市垃圾、粪便和易溶、有毒有害物的堆放站，因特殊需要设立转运站的，必须采取防渗措施。

(2)准保护区内的地表水体水质不应低于国家《地表水环境质量标准》(GB 3838—2002)Ⅲ类水标准。

(3)此区内不得使用不符合《农田灌溉水质标准》(GB 5084—2005)的污水灌溉，科学使用化肥。

# 第 12 章　研究展望

环境与可持续发展是一个困扰人类发展的全球问题。环境的恶化,乃至全球环境恶化已经或正在不断地威胁着人类的生存。这就是当代人类面临的两难困境。构建人与自然和谐的、良性循环的地下水系统、水文系统、环境地质系统和生态环境系统是未来环境科学家所面临的重要核心课题。中国被列为全世界人均水资源贫困国之一,人均占有水资源量仅相当于世界人均的 1/4,研究区所在的河南省地处我国北方,不仅水资源绝对数量不足,而且从水资源时空分布、社会经济发展需求、人口分布等情况分析,水资源供需关系也非常紧张。形成了大规模开采利用地下水的格局,大大改变了地下水径流的状况,使水资源分布、数量和质量都受到了严重干扰,引发了区域地下水位下降、地面沉降、地下水污染、地表水体萎缩等环境地质问题。

研究区由于大规模地开发利用地下水和矿山疏干排水,人类活动造成地下水环境向着恶化的方向发展,从而导致了地下水位持续下降、水质污染、生态环境退化等地质环境问题。建议主管部门加大投入,开展矿区人工干预条件下的地下水资源可持续关键技术研究,科学实施水资源联合调控,为保障研究区内水资源可持续开发利用提供技术支撑。建议今后加强人工调控对含水层的物理破坏和化学环境变化机制方面的研究,同时也应进一步研究矿区人工调控对地下水化学场、动力场、温度场等方面的影响以及所产生的环境效应。

为了保证社会经济的可持续发展,实现水资源可持续利用,保护生态和环境可持续发展,应加强水资源统一管理,统一水资源保护,开源节流,以供定需,合理利用,建立节水型社会。大力加强水资源环境演化和人工补给地下水的研究,协调水资源与环境可持续发展,是摆在我们水文地质工作者面前的首要任务。

由于资料和笔者水平所限,本书还存在一些不足,如对地下水脆弱性评价、人类活动对地下水资源和生态环境的耦合影响、人类活动对含水层结构破坏机制与控制等还有待进一步研究。

# 参考文献

[1] 王大纯,张人权,史毅虹,等. 水文地质学基础[M]. 北京:地质出版社,1995.
[2] 薛禹群. 地下水动力学[M]. 北京:地质出版社,1997.
[3] 王刚. 酒泉盆地地下水系统数值模拟研究[D]. 兰州:兰州大学,2007.
[4] Anderson M P, Woessner W W. Applied groundwater modeling :Simulation of flow and advective transport[M]. New York :Academic Press Inc,1992.
[5] Scheibe T, Yabusaki S. Scaling of flow and transport behavior in heterogeneous groundwater systems[J]. Advances in Water Resources,1998,22(3):223-238.
[6] Porter D W, Gibbs B P. Data fusion modeling for groundwater systems [J]. Journal of Contaminant Hydrology,2000,42:303-335.
[7] Mazzia A, Puttii M. Mixed – finite element and finite volume discretization for heavy brine simulations in groundwater [J]. Journal of Computational and Applied Mathematics,2002,147:191-213.
[8] Juan C S, Kolm K E. Conceptualization, characterization and numerical modeling of the Jackson Hole alluvial aquifer using ARC/INFO and MODFLOW [J]. Engineering Geology,1996,42:119-137.
[9] Ataiezashianib, Volker Olker R E. Numerical and experimental study of seepage in unconfined aquifers with a periodic boundary condition [J]. Journal of Hydrology, 1999, 222:165-184.
[10] 于峰. 区域地下水数值模拟[D]. 济南:山东大学,2005.
[11] 王玮. 水文地质数值模拟中节点地面标高的获取方法[J]. 长安大学学报:地球科学版,2003,25(2):41-45.
[12] 薛禹群,叶淑君,谢春红. 多尺度有限元法在地下水模拟中的应用[J]. 水利学报,2004(7):7-13.
[13] 叶淑君,吴吉春,薛禹群. 多尺度有限单元法求解非均质多孔介质中的三维地下水流问题[J]. 地球科学进展,2004,19(3):437-442.
[14] 王宏,娄华君,邹立芝. Modflow 在华北平原区地下水库模拟中的应用[J]. 世界地质,2003,22(1):69-72.

[15] 温忠辉,曹英杰. 开采量不确定条件下数值模拟结果的可靠性分析[J]. 吉林大学学报:地球科学版,2007,37(2):239-242.

[16] 刘猛,束龙仓,刘波. 地下水数值模拟中的参数随机模拟[J]. 水利水电科技进展,2004,25(6):25-27.

[17] 邓彬,顾小芳. 裂隙岩体中水运动规律及数值模拟研究现状[J]. 黑龙江水专学报,2005,32(4):77-80.

[18] 陈喜,刘传杰,胡忠明,等. 泉域地下水数值模拟及泉流量动态变化预测[J]. 水文地质工程地质,2006,33(2):36-40.

[19] 陈喜,陈询洪. 美国 SandHills 地区地下水数值模拟及水量平衡分析[J]. 水科学进展,2004,15(2):94-99.

[20] 刘玉珍. 平原区地下水系统模拟与决策支持研究[D]. 大连:大连理工大学,2008.

[21] 王现国. 水资源与水文地质工程地质环境地质[M]. 郑州:黄河水利出版社,2007.

[22] 魏云杰,许模,刘健. Visual Modflow 软件及其在砂岩型铀矿成矿水文地质条件研究中的应用潜力分析[J]. 铀矿地质,2003,19(1):11-16.

[23] 傅莉,周念清. 三门峡铝土矿地下水疏排数值模拟[J]. 勘查科学技术,2008(5):46-49.

[24] 郑州豫源地矿勘查技术服务有限公司. 河南省渑池县矿山西段铝土矿水文、工程地质勘探报告[R]. 2006.

[25] 煤炭工业部水源开发队. 河南省义马矿区仁村勘探区供水水源地初勘(最终)报告[R]. 1986.

[26] 薛禹群,谢春红. 地下水数值模拟[M]. 北京:科学出版社,2007.

[27] John Marler, Shemin Ge. The Permeability of the Elkhorn Fault Zone. South Park, Colorado[J]. Groundwater,2003,41(3):223-233.

[28] Wu Qiang, Yin Zhongmin, Wu Xun. Groundwater Study in the Weerselo Area, Overijssel, the Netherlands[M]. Beijing: Petroleum Industry Press,2001:47-74.

[29] Moench A F. Importance of the Vadose Zone in Analyses of Unconfined Aquifer Tests[J]. Groundwater,2004,42(2):223-233.

[30] 张志忠,武强. 河水与地下水耦合模型的建立与应用[J]. 辽宁工程技术大学学报,2004,23(4):449-452.

[31] 钱家忠,吴剑锋,董洪信,等. 徐州市张集水源地裂隙岩溶水三维等参有限元数值模拟[J]. 水利学报,2003(3):37-41.

[32] 徐绍辉,朱学愚. 地下水石油污染治理的水力截获技术及数值模拟[J]. 水利学报, 1999 (1): 71-76.

[33] 吴剑锋,朱学愚,钱家忠,等. GASAPF 方法在徐州市裂隙岩溶水资源管理模型中的应用[J]. 水利学报, 2000(12): 7-12.

[34] 朱学愚,朱国荣,吴春寅,等. 山东临淄地区喀斯特裂隙水资源的管理模型[J]. 地理学报, 1994, 49(3): 247-257.

[35] 张凤岐,李博涛. 中国北方岩溶地下水系统和开发利用中的几个问题[J]. 中国岩溶, 1990, 9 (1): 7.

[36] 李燕,徐州市张集水源地地下水数值模拟及环境脆弱性评价研究[D]. 合肥:合肥工业大学,2005.

[37] 钱家忠,汪家权. 中国北方型裂隙岩溶水模拟及水环境质量评价[M]. 合肥:合肥工业大学出版社,2003:59-61.

[38] 周顺平,李雪平. MapGIS 二次开发库的设计与实现简介[J]. 地球科学,1998,23(4):210-216.

[39] 郭际元,曾文. MapGIS 地理信息系统的二次开发[J]. 测绘信息与工程,2000,25(1):30-38.

[40] 陈秀成,曹瑞钰. 地下水污染治理技术的进展[J]. 中国给水排水,2001(4):4-9.

[41] 张文静,董维红,苏小四,等. 地下水污染修复技术综合评价[J]. 水资源保护,2006,22(5):1-4.

[42] 郑西来. 地下水污染控制[M]. 武汉:华中科技大学出版社,2009.

[43] Michael J. Barcelona. Development and applications of groundwater remediation technologies in the USA [J]. Hydrogeology Journal,2005,13(1):288-294.

# 潜 模 式

## ——大数据时代下的商业模式创新新思维

杜义飞
杨 静 聂 创 冯小平 著

科 学 出 版 社
北 京

## 内容简介

在信息时代中我们如何顺应与创生新的商业模式？本书从复杂性的角度洞悉现象，拥抱创新的思维与动力，全方位经历和启航潜模式。从潜层的自由到显性的爆发，到不断封装与固化，潜模式植入商业内核，释放潜在价值。围绕“火山模型”，本书开启潜在、拥抱潜在、探究潜在和绽放潜在，以简单明了、浅显易懂的方式通达潜模式的内涵与外延，给人以启迪。潜模式是新时代商业思维与精神的不断涌现、不断绽放之旅，我们更愿意与你一起来讲述潜模式的现象和故事。

本书适合高等院校企业管理、工商管理等类专业本科生和研究生学习使用，也可供相关领域研究者、从业人员及政府相关部门参考阅读。

**图书在版编目(CIP)数据**

潜模式：大数据时代下的商业模式创新新思维 / 杜义飞等著.
— 北京：科学出版社，2018.
ISBN 978-7-03-055785-8

Ⅰ.①潜… Ⅱ.①杜… Ⅲ.①商业模式-研究 Ⅳ.①F71

中国版本图书馆 CIP 数据核字（2017）第 298689 号

责任编辑：张　展 / 责任校对：武雯雯
责任印制：罗　科 / 封面设计：墨创文化

科学出版社出版
北京东黄城根北街16号
邮政编码：100717
http://www.sciencep.com

四川煤田地质制图印刷厂印刷
科学出版社发行　各地新华书店经销
*
2018 年 3 月第　一　版　开本：787×1092 1/32
2018 年 3 月第一次印刷　印张：7
字数：260 千字

**定价：69.00 元**

本书得到国家自然科学基金重点项目：基于物联网应用的价值共创模式与价值网络治理机制研究（项目批准号：71531003）的资助

# 潜

道一存而万物生，
生而好动是为潜。
潜至有感可谓成，
成无限时是新生。

混沌无序却有迹，
个性多元又互联。
维度升降皆有法，
自然进化是旋回。

潜思践行是当下，
涌得寰宇你我间。
潜行磨砺光阴下，
偶得欢愉释真然。

# 序

## 潜模式：新的势能转化模式

作序是一件很严肃的事情。

今年 10 月 26 日，电子科技大学杜义飞教授研究团队发来了本书的初稿，并邀请我为该书作序。深夜，我一口气读完了这本书，为杜教授团队洞察到了一个复杂商业行为背后更强大的势能本质感到震撼。我对“潜模式”非常有兴趣，并在第一时间邀请杜教授到公司交流，当面聆听教授对潜模式的理解和解读，同时分享了我对潜模式的理解。

是以序。

这个世界上每一家正常运作的公司都有它存在的合理性，它们不同层度的解决社会需求。同时，随着公司的发展，每一家公司都会在经营过程中积累设计之外的意外资产，有的是显现的，有的是潜在的。当这些资产发生量变到质变时，这种资产将逐步转化为企业一种新的势能。这种势能，通过商业化运作，会产生超过原有资产的价值。

### 我所理解的“潜模式”：新的势能转化模式。

每一家公司都存在着潜模式，每一家公司都应该存在潜模式。创业是一个不断认识自己的过程，阿里巴巴最初从事 B2B 到 C2C

淘宝，再到B2C天猫商城，从支付宝到蚂蚁金服，在阿里巴巴庞大的商业生态圈内，从形式上看一步一步从涵盖电子商务B端和C端，支付宝在成立之初是为阿里电商业务提供支付功能，而现在我们看到蚂蚁金服、芝麻信用等已经深入到人们生活的方方面面，在这个过程中阿里巴巴集团出现了大量“潜模式”的涌现。

我们今天看阿里巴巴最重要的却不是它的商业形态，而是它的数据资产才是核心资产。正是有这样的商业内核存在，现在的阿里巴巴可以快速地进入到任何领域和行业，而这是什么呢？正是我所理解教授在该书中所谈到的潜模式的“内核”，内核一定是企业在成长过程中自己“长出来”的东西，经过时间的沉淀下的财富。

作为本书的第一位读者，该书引发了我对潜模式在公司应用层的思考，CAMERA360 作为一家影像应用开发商，长期以来 CAMERA360 被大众视为工具型应用，通过长时间的运营和探索，CAMERA360 的内核也在不断的丰满，通过对内核的重新定义和应用，可以探索出属于我们的“潜模式”，碰巧与杜教授团队的深度交流，同时在第一时间看完本书，很多想法不谋而合，更加坚定了我们对未来的信心。

我们开始探索我们的内核是什么？所有的互联网都有一个基本的内核叫“数据”，我们不仅仅会成为一家数据公司，CAMERA360 每天产生2亿张照片，全球拥有近9亿用户，庞大的用户数量和相关数据沉淀将是我们公司宝贵的资产之一，这为未来我们进入与照片相关旅游、电商、健康等产业提供了可能。同时，除了数据之外，我也在思考我们的内核还有什么与众不同的地方，这才是一家公司基业长青的根基。与杜教授交流后，回溯我的商业成长经历，我出生在一个对摄影摄影充满浓厚兴趣的家庭。而我们的核心团队具有超过 20 年的图像数字处理经历，是否可以结合当下的商业环境，围绕着我们团队的内核，尝试进行新产品的研发和应用呢？我的心中有了答案。

本书洞察了当下商业环境背后更强大的势能本质，为企业进行内部创新和商业模式构建提供了新视角。本书值得我们认真阅读和学习。实践需要理论，正如理论需要实践。作为中国管理的本土研究成果，我为杜教授研究团队三年的努力感到敬畏，诚挚祝愿杜教授及研究团队为企业界不断创造和奉献价值，为中国企业迈向更高维度提供理论通道。

是为序。

徐灏

CAMERA360 创始人兼 CEO，湖畔大学首期学员

2017 年 10 月于成都

# 自　　序

## ※　这本身就是“潜模式”

不得不承认，我有很严重的拖延症，不到最终期限，很难有足够的动力完成书稿任务。回顾成书的全过程，我试着回答几个问题。

### 第一，我为什么会有写这样一本书的想法？

2013 年上半年一个偶然的机会，我承担了 MBA 的“商业模式设计”课程。从此，我开始了探索商业模式的历程。

2014 年 3 月 28 日，我在上课过程中讲道：“用价值空间、价值创造的视角来解读商业模式，这是我努力在尝试的。商业的基本工具是否可以被用在一般价值的释放中去？”它们都有相应的潜在空间。这些潜在的东西可以为管理所利用和开发，形成动力。

2014 年 4 月 2 日，一位经营不动产大数据公司的学生参与到课程，他在运营大数据业务的过程中思考一个问题：有没有潜在的商业模式能够以这些数据作为核心战略资源？

2014 年 4 月 9 日，我产生了撰写本书的想法。我们总能解读一个企业的显性模式，我们也能发现其背后的潜在的模式：星巴克是一个科技公司，麦当劳是一个房地产公司，GE 公司变成了一个金融公司，王石把地产公司转变成为一个轻资产公司，小米手机不是制造企业，马云在布局金融。

2014年4月10日，我告诉一位DBA学员，我正在酝酿一本书，书名定为《潜模式》。

2014年4月22日，我与一位企业家朋友谈传统商业转型，他提到了“重新定义资产”的想法。重新定义原有资产，释放出更大的价值空间。一位EMBA学员正在思考如何在传统企业战略转型中完成重新定义资产的过程。我告诉她，至少我们还不清楚在新的领域中我们到底该怎么做。也就是，在一套显性的、可以描绘的商业模式背后都有一系列潜在的模式。

2014年5月14日，我给学生讲了“潜模式”的基本思路。我们能够感觉到许多的治理模式：显性的政治治理、市场治理、企业治理等等。但是，随着移动互联网的兴起，许多新兴的商业模式涌现出来。这些商业模式的背后都存在一个基础问题——新兴群体的黏附和新商业的治理。

2014年11月23日，在EMBA授课中，我逐渐清晰了“潜模式”。一个有潜力的商业模式，在其单一的显性面背后一定有大量的潜在价值空间和模式群，它激活了社会的参与个体或群体。“潜”本身就是一个关键词，其背后有丰富的内涵：潜意识、潜模式、弱连接、弱建构……潜模式反映了我们思维的非静态性，是动态的、源源不绝的、不断涌现的。

2014年12月3日，与学生创业团队讨论数据来源和基本用途，我告诉他们，数据是可以被重复使用的，数据本身具有“潜在价值”。数据潜在价值的释放催生了“潜模式”，支撑了创业时空的“穿越”。

……

以上顺接再现了我早期对“潜模式”的探索和思维缘起，这是一个偶然的过程，某些闪现的现象和概念被我捕获，在不断反复的过程中得以集中关注和挖掘。

## 第二，为什么我们花了三年时间才完成此书？

我问自己这个问题的时候，开始从自己“思维印记”的记录中逐渐找到一些文字碎片，并试图把这些碎片串联起来。

在三年多的时间里，我一次又一次大胆地告诉别人我准备完成一本命名为“潜模式”的书籍，但一次又一次的激动退却之后写书的任务一再被搁置下来。每一次我试图敲定全书写作提纲的时候，又有新的想法涌现出来，不断地开启新的一片内容天地。我告诉并安慰自己，我还要等等。

《潜模式》的创作过程本身就在经历一个潜在内容的涌现过程。

2015 年 9 月，科学出版社的张展同志在听了我的“互联网时代商业模式创新”课程以后，主动与我约定出版此书的计划。当年底，他告诉我出书计划审批下来了。一晃两年过去了，直到今年 7 月，张展告诉我出版社在清理未出版计划，如果再不能成稿，书约就可能作废。我当时就给他承诺，8 月底交初稿。

## 第三，为什么后期快速完成能如此有底气？

由于我跟很多人讲到我们要完成这本书，而且针对“潜模式”我公开做了几次报告和讲座，所以隐约感到了压力。今年初，就开始策划并组织了一个团队(其中大部分是我的研究生)，集中准备素材，初步编写各章的内容，6 月份集中展开各章的讨论和修订。另外，我邀请了冯小平加入，参与书稿讨论，并负责后期书稿的统稿工作。

最为关键的，去年我们诞生了一款栏目——《静静五分钟》。

2016 年 9 月 28 日，我的学生团队正在进行每周例行的学术活动。气氛比较沉闷，一位研究生主动要求改变活动形式：每次在学术活动前，她准备五分钟的有趣话题，启迪大家思维，活跃气氛。当然我非常鼓励创新。于是她自己准备好一个话题——《校庆 vs 王俊凯生日》，用时五分钟，非常有趣，我被吸引住了。我想我们可以持续做下去，甚至可以做一个栏目，一个公众号。这个栏目后来就被固定为《静静五分钟》，那位研究生叫杨静。

## 最后，我用什么样的方式来把“潜模式”讲清楚？

起于偶然，我冥冥之中融入其间，花了大量的时间与经历这个时代变迁的人群进行接触和交互。在电子科技大学经济与管理学院“商业模式设计”与“互联网时代商业模式创新”的课堂上，三尺讲坛，我与众多 MBA 和 EMBA 学员展开“教与学”的互动；借助“毕友”平台，咫尺之间，我与各界商业中人士释放“知与践”的碰撞；“三友茶府”的品茶论道，促膝对面，我与深谙时势的朋友之间深切入里、释放真我。

他们都告诉我，我们应该把“潜模式”讲出来，也能够讲出来。《静静五分钟》的尝试过程告诉我，我们能够把“潜模式”讲清楚，而且以年轻朋友的语言展现得更加生动，更贴近时代的新人群。

我们确定了本书文字的基本风格：简单明了、浅显易懂、实践启迪。我们就是写一本通俗读物，可以让大家通晓“潜模式”的内核，给人以启迪。我抓住《静静五分钟》的讲述风格，命名“静静体”。通过有趣现象切入，展开一个真实情景，把听众拉入情景，在情景之中体会与解读现象，大家一起陷入对问题思考时推出“潜模式”的模型，逐渐清晰起来又“闪离”，留给大家静静回味的空间。行文过程强调“情景性”“静静体”和“我-我们-你”的展现与讲述方式。

另外，本书提出“潜模式”的“4-3-1-5”的结构。“4”代表了我们拥抱、进入潜在的几个基本的循环往复环节；“3”是“潜模式”的基本特性：潜在性、涌现性和迭代性；“1”是我们核心的“火山模型”；“5”归纳了潜模式绽放的“五部曲”。

简要概括，潜模式是时代商业精神的不断涌现、不断绽放之旅，潜模式植入商业的潜层，释放价值的潜在。

出这样一本书，我们更愿意与你一起来讲述潜模式的现象和故事，这是本书的主旨。当然，这本身就是“潜模式”！

2017年8月于成都

# 目　　录

# 第一部分：开 启 潜 在

如果管理者只停留在显性存在的现象之中，并不去抽丝剥茧思考现象背后真正潜伏的原因，将永远无法解决真正的问题。

# ※ 三个故事

## 故事一：蜜蜂与苍蝇

蜜蜂与苍蝇谁更聪明？大多数人都会不假思索地脱口而出：当然是蜜蜂！

美国密执安大学卡尔·韦克教授做过一个实验，颠覆了常识。他把 6 只蜜蜂和 6 只苍蝇装进一个长筒型的玻璃瓶中。他用一束光对着封闭的瓶底，瓶口朝着另外一个方向。

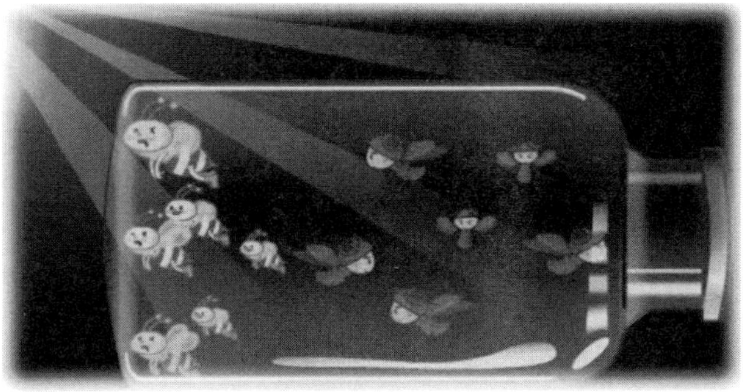

第二天早上，教授惊讶地发现 6 只苍蝇从瓶口“胜利逃亡”，而 6 只蜜蜂全部死在亮光处的瓶底。

相较于“聪明的”蜜蜂一直朝着有光方向飞，“无头的”苍蝇在瓶中四处乱飞，碰到瓶壁就折返回来，误打误撞，成功飞出了瓶口。

这个故事让我们看问题有了另一个视角：不是所有的显性、光亮的地方才是出口，而黑暗的、混沌的、潜在的地方或许别有洞天。

## 故事二：一个关于老鼠夹的故事

说一户人家的主人在粮仓里安了一个老鼠夹。很快，老鼠发现了主人放的老鼠夹。

它赶紧去跟鸡讲："听说主人在粮仓里面安了老鼠夹，你可要注意啦。"鸡觉得很滑稽，"这跟我有啥联系？"确实也没啥关系。

它又去跟猪讲这件事，猪感觉非常可笑，"我基本上不离开猪圈一步，安不安老鼠夹跟我没有关系。"

最后，老鼠只得去告诉牛，牛觉得这件事不可思议，"老鼠夹是夹你的啊，跟我什么关系。即便我碰到老鼠夹，它哪能夹得住我？"

有没有联系？我们都认为没有联系。

有一天，粮仓里面的老鼠夹夹住了一条蛇，这家的女主人到粮仓里面去取东西，蛇把女主人的手咬了。蛇有毒，女主人被及时送往医院抢救，保住了性命。

女主人住院恢复身体，需要营养，男主人回家就把鸡给杀了。女主人顺利出院，很多亲朋好友来看望和慰问，男主人要招待大家，就把猪给杀了。送走客人后一家人开始盘算，住院开销一大笔，为了填补亏空只好把牛卖到了屠宰场。

看似没有联系的事物因偶然之事变得"有联系"了，这是"潜在联系"的释放。**万事万物不是没有联系，只是它们在我们熟知的联系之外**。所以，我们开启潜在就是想让大家能够感知到、看得到并利用到这些"潜在"联系。

## 故事三：跨界打劫

世纪佳缘、百合网、陌陌，想必大家应该都很熟悉，但最近听说这样的相亲平台即将面临生存危机，因为他们会被一家企业跨界“打劫”，这个企业是谁呢？

这个跨界的“恶魔”就是滴滴。大家肯定会疑惑，一个是出行平台，一个是婚恋网站，八竿子打不着呀？为什么说毁灭世纪佳缘、百合网、陌陌等相亲平台的将是出行平台滴滴？事情还要从 2016 年 10 月 8 号部分地区政府出台的网约车意见稿说起。

到底这个网约车意见稿是如何一步步成就滴滴跨界“打劫”的呢？

第一步，按意见稿规定，只有拥有北京、上海户籍的才可以开网约车，所以能够开网约车的司机，要么是土著，要么是新贵，北京户口多值钱呀，黑市上一个户口开价 40 多万。

第二步，按规定光有北京、上海户籍还不行，还得有京牌或者沪牌的车，上海的车牌已经拍卖好多年了，一个至少 8 万，成为史上最贵铁皮，所以能够在上海买车，也必须要有钱，北京摇号的中签率千分之一，要有北京牌照，不仅得有钱，还得有运气。

第三步，按照意见稿规定汽车规格必须满足各项硬指标，简单讲就是车要高档。

第四步，按照规定司机要能够安全驾驶，身体健康，无犯罪记录，等等，简单说就得是身体健康的守法良民。

综合以上几点，政府意见稿中要成为北京或者上海的网约车司机，必须有本地户口、有车、有钱、运气好、人好。如果恰好又是单身，看到这里，你想到了什么？没错，广大未婚女青年，你们有福了，政府已经非常委婉地帮你们筛选了一批优质对象，网约车司机，黄金单身汉呀！还用得着那些婚恋网站吗？

有了意见稿的保驾护航，妈妈再也不用担心我的婚姻了，坐在家里叫滴滴就可以了，还能够全家上车考核。没时间解释了，赶紧上车！

政府这一剂猛药下来，这些婚恋网站是不是被滴滴搞垮？这个脑洞大开的推断由大家去品味。如果真正实施，滴滴公司、滴滴司机以及出行的大众都会受到不小的影响。满足所有条件的司机比例不到2.5%，滴滴公司的共享经济、平台模式何以支撑？如此少的滴滴司机数量如何满足大众出行的便捷性？再者，对于滴滴司机，如此政策，本来不求大富大贵，为何连当个司机都没有机会？

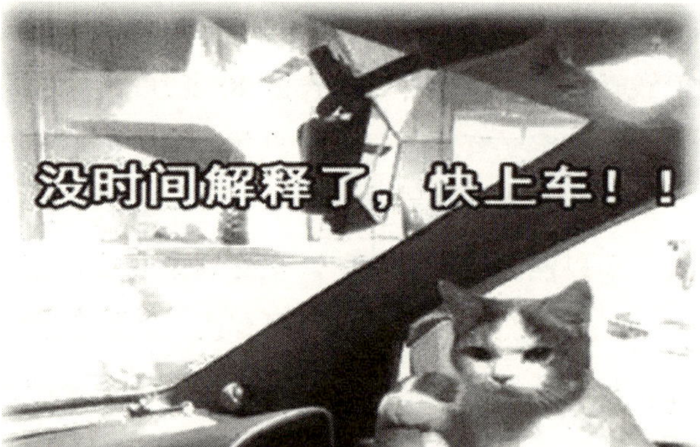


有人说政府这样的行为是为了缓解大城市交通拥堵、人群太过密集等问题。是的，这些都是大城市存在的问题，但是这些问题是滴滴诞生之后才造成的吗？这些问题在抑制了滴滴规模之后就能够得到解决吗？管理问题永远都没有如此粗暴简单，相反是盘根错节的。在大城市现象背后我们是不是应该思考整个城市化进程、阶级固化、城市规划等更加深层次的问题。**如果管理者只停留在显性存在的现象之中，并不去抽丝剥茧思考现象背后真正潜伏的原因，将永远无法解决真正的问题。**

## ※ 价 值 潜 在

你听说过麦当劳吗？

对 80、90 后来说，小时候能够吃上麦当劳、肯德基是一个多么诱人的奖励。有这样一幅场景：在中国某个热闹的商业圈，一对母子用完餐正从麦当劳的门店里出来，母亲牵着六七岁的儿子，儿子抱着“全家桶”的盒子，心满意足地擦着小嘴儿，眼睛还不停望向盒子里没有吃完的汉堡。母亲半爱怜半心疼地对儿子说道：“也不知道这个麦当劳有什么好吃的，一个面包加点肉就要卖二十多块钱，还有那个可乐和薯条，成本最多一两块钱，在店里竟然卖七八块！麦当劳真是暴利呀！”天真烂漫的儿子当然不知道成本、价格、利益这些名词为何物，但能够来麦当劳吃个汉堡、鸡腿已经是一件非常心满意足的事情了。

听到这位母亲的抱怨，跟在这对母子后面的一个男子摇了摇头，转头向他同行的同事说道：“你认为麦当劳挣钱的方式就是通过这个食品和佐餐配套吗？这仅仅是他挣小钱的地方。”

这个男子三十来岁的样子，西装笔挺，脸上透露出俊朗睿智的光芒，看似一位公司的中层领导。他一边走一边跟同事解释着麦当劳是如何挣大钱的。他解释道麦当劳是通过供应链增值的方式，通过积极深入参与供应链的改造，使整个价值链上的整体收益大幅度增加，从而获得最大、最多的部分。

看着同事一脸诧异，这位男子更加满足，以为自己已经窥见了常人所不能洞见的商业模式。可作为全球大型跨国连锁餐厅，拥有三万多分店遍布全球六大洲 119 个国家的麦当劳，难道仅仅是依靠这两点就造就了传奇？让我们从麦当劳的发展中去一探究竟。

1940 年，理查德・麦当劳与莫里斯・麦当劳兄弟在美国加利福尼亚州的圣贝纳迪诺创建了“Dick and Mac McDonald”餐厅，那时他们并没有想过麦当劳会成为今天这样一个大型跨国公司，他们最大的梦想是多卖汉堡包，最多是多开分店，然后再多卖汉堡包。

由于餐厅引入“快速度服务系统”原则，填补了市场上快餐的空白，他们的产品越来越受欢迎，从而公司规模也越来越大。随着公司规模变大，采购量也随之变得巨大，在整个供应链上的话语权也得到提高，麦当劳公司开始逐渐加入供应链的改造中，例如通过技术共享让某些农产品的产量提高，降低农产品单价等，从而占据了供应链的绝对优势，也为他们带来了源源不断的利润。

就餐人数越来越多，麦当劳的人流聚集效益越来越强，在一个国家的城市准备选址开店，麦当劳都会挑选该城市的核心商圈，因为有了他们的入住，此处的人流迅速增加，从而带动周围整个商业圈的商业氛围。

就在此时，富有远见和洞察力的麦当劳管理层发现了麦当劳聚集人气的潜在价值，他们以低廉的价格买入土地或者房屋，在经过两三年的企业经营后，周边商业环境逐步完善，土地也随之增值，麦当劳就会将店面出租给各加盟店，获取租金费用，同时享受着土地增值带来的巨额收益。

殊不知，跨国餐饮企业麦当劳竟然是“史上最牛的房地产公司”，麦当劳收入的 1/3 来自直营店，其余来自加盟店，其中，房地产收入占这部分收入的 90%。**可见，我们所了解的商业模式很可能只是冰山一角，而那具有更大价值的部分往往是我们看不见的，而这些潜在的价值才是造就高维度竞争力的关键。**

## ※ 模 式 难 懂

互联网时代的到来，我们似乎越来越看不懂现在的商业模式。

为什么我们免费使用百度搜索，这家公司还可以有如此高的收入？为什么不拥有一辆出租车的 UBER（优步）成了最大出行平台，不拥有一个房间的 Airbnb（爱彼迎）成了最大的酒店平台？为什么我们完全不熟悉的网红、主播收入可以轻松上亿？

面对这个熟悉又陌生的世界，面对不断变化的经营环境，我们都隐隐感觉到商业模式已经不再是金钱和产品之间的一次性交易，它更像一张网，黏附住一个又一个的用户。企业该如何制定自己的商业模式才能够不被环境所淘汰，才能够不断升级到高维度竞争力，才能够牢牢把握住用户，从而创造源源不断的价值呢？

如何去挖掘潜在的价值，打造潜在商业模式以捕获更多价值？这正是本书想要探讨的问题，运用“母体”，开发更高维度价值空间，打造动态、丰富的价值捕获方式，孵化多元、持续的“子模式”。**我们发现，相较于显性的商业模式而言，潜在价值空间就是我们探究的更高维度。**

# ※ 维 度 突 破

科幻小说《三体》精彩呈现了地球文明对战三体文明，为我们揭开了处于不同维度下的文明，在搏击时刻倚靠自身高维度优势所赢得的胜利，抑或天然低维度所带来的必然失败。在我们现实商业模式中，也存在着高维度的商业模式轻松击败看似坚不可摧的低维度模式的现象。

正如三体里面描述的末日战役，人类经过两百多年的技术发展，制造出了最高速度能达到光速的15%、进行星际航行的战舰，同时这些战舰每一艘都配备了高能激光束武器、核导弹、电磁动能弹等先进的武器，每一艘都具备在15分钟内完全摧毁一个行星表面的能力。

拥有两千艘星际战舰组成的舰队这样的强大战力，人类欣喜地认为可以高枕无忧，甚至不少人在期待着三体文明的不战而降。但在末日战役中，这样一支无敌舰队却被三体文明发射的一只探测器“水滴”在短短30分钟内摧毁，造成人类所有太空军事力量的覆灭和上百万人的死亡。

“水滴”是由宇宙中最坚固的材料构成，最坚固的合金在它的面前就像一张薄纸。加上它的极高的智能与速度，几乎成为人们心中的死神。但就是这样看似无懈可击的水滴，在袭击逃出太阳系的残留战舰“蓝色空间号”时却被舰上人们在四维空间中成功地摧毁。三维空间里无坚不摧的水滴，在四维空间里却十分脆弱，这正说明了低维度物体在高维度前本身就象征着脆弱。

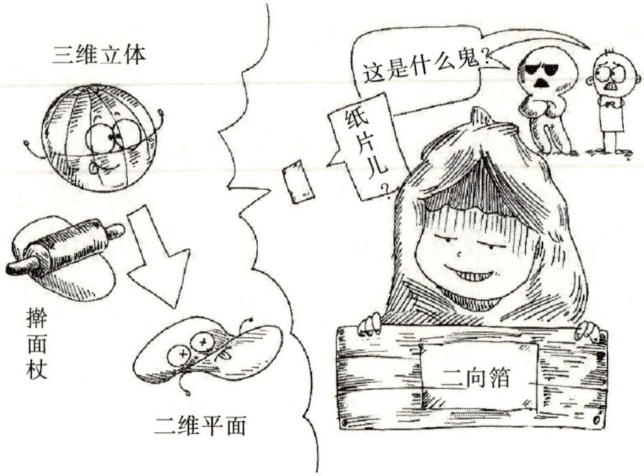


为什么高维度如此轻易地摧毁了看似坚不可摧的低维度事物？因为在高维度中，能够清晰地看清低维度结构，把握其核心。低维度中任何封闭体的内部都能够从高维度清晰看到，所有的遮挡和封闭都不存在，一切都暴露在外，所谓知己知彼百战不殆，这样高维度战胜低维度可谓易如反掌。

在传统公司还在挣扎于卖产品这一低维度时，小米、乐视他们已经凭借用户所形成的一个特定场域，用以黏附更多潜在价值的释放。这就是他们所发现的商业模式的新维度。借此维度，他们可以清晰地看见传统公司内核：那些被视为组织“骨头”的渠道，被视为“心脏”的产品溢价。结合公司的用户所形成的特殊场域维度，小米、乐视降维强势进入手机、电视等传统制造业并取得巨大胜利也就水到渠成。

现实的商业模式中，还存在着许许多多“高维度”或者“低维度”的企业。在 2006 年之前，国内高达 10 亿的个人级安全软件市场份额几乎被瑞星、金山和江民三大杀毒巨头垄断。当凭借收费软件坐拥如此巨大的杀毒市场，三个公司还在思考如何优化产品质量以换取更大竞争优势的同时，奇虎 360 推出第一款永久免费软件——360 安全卫士，而 360 正是凭借“免费”这一较之竞争者多一维度的模式，迅速占领了国内安全软件市场，使原本 90% 处于裸奔状态的个人电脑得到免费的安全服务，彻底改变了原有的竞争格局。

企业的商业模式就是探索在当前背景下，能够相较于竞争者更高维度的优势。例如在大草原上，一般动物只能以灌木、草等植物为食，而长颈鹿则可以凭借身高优势以树上的叶子为食，身高就是长颈鹿的高维度；公司凭借规模效应降低成本，凭借低价占领市场，价格就是公司的高维度。当前火热的中国互联网巨头——阿里巴巴、腾讯、百度，他们占据了互联网大半个江山，那他们是凭借什么成就了公司的高维度？**在复杂的商业环境中，造就高维度商业模式的不仅仅是一个两个显性的要素，更是显性现象背后所沉淀的潜在模式。**

小贴士

“潜在模式”表述的提出是基于对互联网下企业运行模式的观察，并不是从当前某一种已有的理论中衍生出来的。“潜在模式”是区别于显性模式、传统市场模式甚至传统价值链的新模式，带有传统市场思维(投入与成本、看重产品物质本身等)，遵循着传统由生产到销售最后盈利这样价值链的模式都不是潜模式。互联网时代企业：①关注人群，建立联系，形成流量；②商业模式不固定，在过程中不断涌现价值；③盈利点来自其背后隐藏的变化。

同时，之所以用“潜在”，我们借鉴了冰山模型，看得见的只是冰山一角，而看不见潜藏价值。在互联网时代下，企业价值来源于潜在的不断涌现，企业之间具体运作方式差异大，具有强创新性和不可模仿性。

# 第二部分：拥 抱 潜 在

竞争对手的不确定性、竞争手段的不确定性、竞争时间的不确定性，让所有置身于商业竞争中的企业都充满了恐惧。

# ※　一次不确定体验之后

提起游乐场，不知道你第一时间会有哪些联想，是充满浪漫色彩的旋转木马还是令人尖叫的跳楼机、大摆锤、过山车？我[1)]对游乐场那些高空项目充满了恐惧：我害怕从几十米高的地方完全失重掉下来的压迫感，也害怕360度无死角的高空旋转的眩晕感。

但是有一次恰逢游乐场举办万圣节主题活动，我被同伴强拉着去所谓的主题鬼屋体验了一把之后，忽然对高空项目无所畏惧了，这到底是为什么呢？

让我带着你再次回到那次难忘的鬼屋之旅。在鬼屋体验中有一个破旧的医院，大门半掩着，房间里面有忽明忽暗的灯光，时不时传来窸窣的阴森的叫声，房间里面挂满了沾血的白色的窗帘，你对白色窗帘里面是什么一无所知，但是必须往前走。

1）此节由杨静完成。

此时还时不时会听到其他游客惊魂失色的惨叫声，你战战兢兢地掀开一个窗帘，发现什么都没有，你松了一口气，但是接下来面对的依然是四面白色窗帘，依然一无所知。

当你面临选择，小心翼翼掀开一个窗帘之后，看到一个病床上躺着一个披头散发的人。你吓得不轻，但定睛一看，原来只是一个玩偶。此时房间里面充满了白色的烟雾，使原本幽暗的房间更增添了恐怖的压迫感。

你不知道接下来会看到什么，也不知道这段旅程什么时候才可以结束。为了赶快走出这个阴森的房间，你不得不继续向前走。

在你做了选择之后，你颤抖的手准备去掀开窗帘，感到对面似乎有一双手也在掀窗帘，你吓到大叫，对面也叫出声来，惊魂未定的你定眼一看，原来吓到你的只是一名普通的游客。

整个万圣节之旅体验下来，虽然一次鬼都没看到，但我真的吓得瘫软在地上，当我再看到过山车的时候，竟然欣然接受了。因为游乐场的活动再刺激惊险，所有要经历的都是提前可以看到的，是有预判的，是确定的。

在这次万圣节之旅中，你面对的是完完全全的不确定性，不知道每一个窗帘后面是什么，不知道是不是有鬼，他什么时候出来，他要以什么方式吓唬你。因为不确定性，正是未知，你会想象，会恐惧，会被自己的想象吓到。

这也正是现代商业环境的可怕之处，互联网、大数据等新技术带来了**“去模式化”**效应，显著降低了各行各业的进入门槛，这导致“跨界打劫”越来越普遍。竞争对手的不确定性、竞争手段的不确定性、竞争时间的不确定性，让所有置身于商业竞争中的企业都充满了恐惧。

## ※ 处于不确定性环境中

不确定性是企业和个人在未来都将面临的主旋律。于个人而言，随着人工智能的日益成熟，互联网的普遍应用，人们自身也处于巨大的不确定性中。

**如果你是博学的老师**，随着网络时代的不断发展，未来你工作的地方或许不再是三尺讲台，而是在家里对着显示屏幕。你或许要告别黑板，不需要再苦练粉笔字，不断重新学习新的科技方式——在线课堂、讨论组，这些新兴的方式将颠覆你传统的教学模式。

**如果你是一名出色的服装设计师**，随着人工智能的到来，功能强大的算法机器人可能改变你传统的设计流程。在 2016 年 *VOGUE*

杂志 11 周年庆典上，李宇春的礼服相当别致，因为它是设计师张卉山在机器人 Watson 的帮助下设计出来的中国第一套“认知礼服”。Watson 通过对海量图像、视频、文章、社交数据的分析，从 30 万张照片中高效推荐出了 3000 张供设计参考。由此可见，没有持续不变的工作方式，你未来可能会学习如何与机器相处与协作。

**如果你是一名勤勤恳恳的白领**，社会化分工由于网络技术的便捷性变得更加细致，网络协作组织越来越普遍。你或许已经没有了固定的所属单位，不需要朝九晚五、打卡上班的方式。未来每个人都成为 U 盘型的个人，面对充分协作、快速变化的环境，凭借核心能力，成为某一领域的专家，可以快速地参与到不同类型的组织结构中，贡献自己的才华。

**如果你是一名普通的出租车司机**，随着 UBER、滴滴的兴起，共享经济模式打乱了原本招手即停的传统出租车模式，你不得不学着用相应的软件在滴滴上接受出租车约车服务，或者直接转为私家车司机以最大化自己的收入；随着无人驾驶的成熟，出租车司机这个职业可能都将被取代。

一切都在发生着改变，人所占据的职业有可能被取代，有的职业可能会被重构，有着高度不确定性的外部环境会让一成不变的个人在社会中格格不入；同样的，也会使一成不变的企业寸步难行。

## ※ 威胁：消灭 vs 无关

没有任何一家企业可以通过维持原有的竞争优势，守着原有的“一亩三分地”潇洒度日。手机巨头诺基亚轰然倒下，而名不见经传的小米却在手机市场一片红海的时候杀出重围，缔造了小米帝国。

小米借助手机的火爆将产品迅速扩展，先是自然地拓展到路由器、充电宝、手环等 3C 产品，后来又开始进军电风扇、体重秤、插线板等生活小家电。这些产品品类的不断扩充，是小米依靠其背后的顺为基金不断对传统产业进行投资、并购、孵化和爆品打造的结果。

2016年4月份液晶电视销售统计

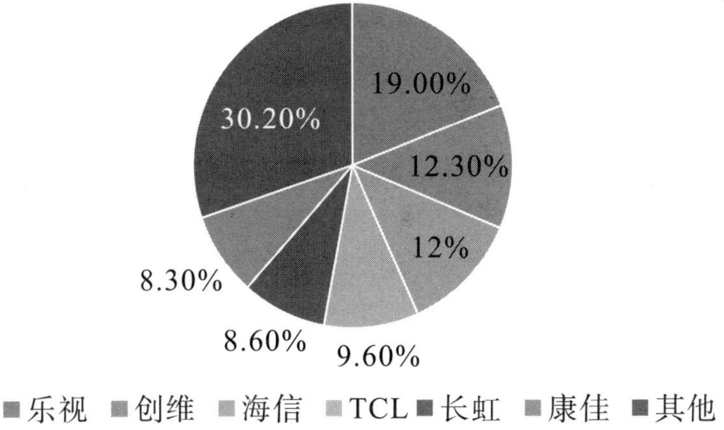


过去三年，小米发布的产品有几十种，绝大部分取得了非常好的成绩。如小米手环，2014 年 7 月份发布以来，一直是中国第一，全球第二，到目前已经销售了 3000 万支；又如小米空气净化机，2016 年的销量突破了 200 万台，以 30%的市场份额遥遥领先，排在中国空气净化器的第一位。

互联网时代与工业时代的最大区别在于，社会关系被重构，资源被重新配置，原有产业的“护城河”不再固若金汤，企业价值网络被重新定义。“我消灭你，与你无关”。

根据 L.G.托马斯和理查德•达韦尼的研究结论，产业领先者的更替很快，所谓的竞争优势也比以往消失得更快。竞争更加残酷，在如此动荡的商业环境中你甚至不知道你的竞争对手是谁，不知道他们有何种产品、服务，不知道他们会以何种形式击溃你，就像你在鬼屋里面永远不知道下一步掀开窗帘出现在你面前的是什么。**不是因为竞争对手强大而畏惧，而是因为对竞争对手一无所知才畏惧。**企业充满了对不确定性的惊惶和困惑，在互联网时代他们似乎成了惊弓之鸟，生怕哪一天醒来自己的地盘就被人攫取，但对于要如何应对依然困惑不已。传统的通信商自有领地也受到了未知对手的打击，而这个未知对手，则是我们最常用的社交软件——微信。

## 不确定的对手：通信商与微信

传统的三大通信商移动、联通、电信，即使看似移动在用户数量、基础设施、财务指标上都优于其他两个公司，但是三家公司三足鼎立，各自死盯着另外两家对手，开发新业务、发行新优惠以期保持相对优势，相持几年，竟谁也奈何不了谁。

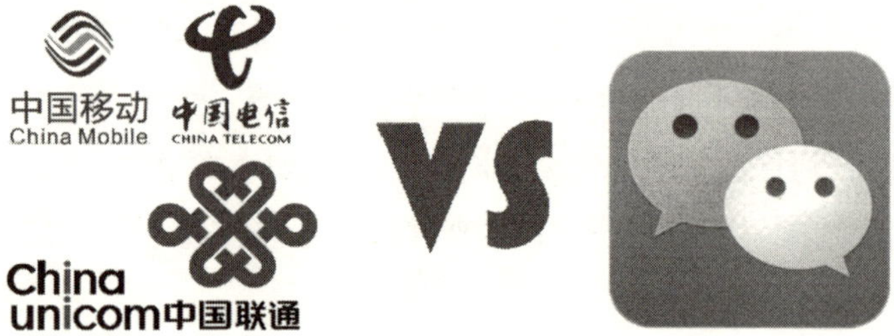


但是，腾讯公司的微信一问世，便迅速侵蚀了通信领域的大半份额，凭借免费发送文字信息、语音信息以及支持网络免费通话和视频，微信成为一款老少皆宜的社交软件。而三大通信商只能面面相觑，望着这个不知道从哪里冒出来的庞然大物，感叹自己短信、彩信、通话

各大通信板块的收入陡然下跌。三大通信商怎么也不会想到一个做社交软件的公司竟然会来抢夺自己的市场，并且抢得如此彻底。

## 不确定的时间：三体文明和地球文明

刘慈欣先生写的科幻小说《三体》中对三体文明的描写和地球文明的描写，最大的区别在于对未来的假设。在熟悉的地球上，我们知道清晨太阳总会升起，夜幕来临时太阳总会落下；春天过了是夏天，夏天过了是秋天，秋天过了是冬天，冬天过了又是春天；我们甚至可以精确预测未来的天气。这个世界是有规律可循的，即这个世界存在连续性假设。

在“三体”世界中，今天的太阳落下，它要何时才能升起？1 天，1 个月，还是 1 年？你没有办法预测，每一天都可能成为世界末日。四季也没有更替，也许一场寒冬就持续上百年。这个世界的假设都是非连续性假设。

现在互联网下的商业现象就是处于这样一个“非连续性假设”的世界，也许一家企业一亏就亏个十年八年，也许一家巨头说倒就倒，正如比尔·盖茨说过：“我们微软永远离破产只有 18 个月”。

现代商业：**消灭你与你无关！**

> **威胁：所有我们面临的不确定性恰恰是公司经营的常态。高度的不确定性彻底阻断了企业想固步自封以保持已有竞争优势的奢望，固定单一的商业模式也必然无法满足不断变化的外部世界。**

# ※ 趋势：分散 vs 分享

## 结婚三大件

还记得 20 世纪 70 年代末期，结婚需要购齐手表、自行车、缝纫机“三大件”，手表要“上海”牌，自行车要“飞鸽”牌，缝纫机要“蜜蜂”牌。20 世纪 80 年代“三大件”变成了冰箱、彩电、洗衣机，20 世纪 90 年代“三大件”变成了空调、电脑、录像机。

不同时代的结婚“三大件”

对于当时的“上海”牌手表企业，他们要做的仅仅是扩大生产，以满足消费者明确的消费需求。可现在谈及结婚的物件，没有人可以再概括出普遍认同的“三大件”（当然房子总是我们这代人绕不去的坎儿）。喜欢旅游的小夫妻聘礼可能是一个浪漫的蜜月之旅，文艺小夫妻的聘礼可能是两个人一起往来的书信文字，喜欢游戏的小夫妻聘礼可能是某个热门游戏中炙手可热的皮肤或者道具。在物质相对富足之后，人们的消费需求产生了极大的变化，长尾效应中的“尾”越来越显著。

## “葛优躺”

想必你还记得前段时间网络上的热图——“葛优躺”。葛大爷在《我爱我家》里面的一个剧照，竟然在电视剧播放后许久，忽然火了。借助网络传播的力量，与“葛优躺”遥相呼应的表情包更是刷爆了微信、微博。让人没有想到的是，“葛优躺”同款T恤竟火速出现在万能的淘宝店里，配套的还有同款抱枕，这些平时看来相当“乡村风”的服装，借助热门话题，竟然销售量居高不下，同时还在以“葛优躺”为原型丰富产品的类别。韩国热门电视剧《奶酪陷阱》中朴海镇使用的纸雕书，同样让小众的纸雕书产品火了一把。

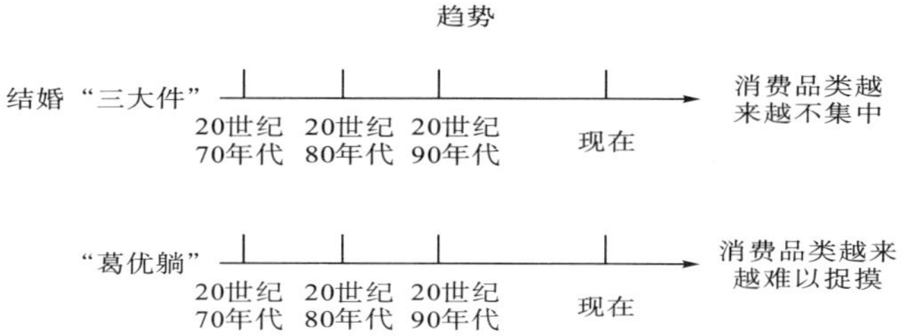


趋势一：消费者需求类型越来越分散，消费品类越来越难以捉摸。

## 国人对进口产品的“抢购”与“讨伐”

你对前几年中国人到日本抢购马桶、电饭锅等产品一定有所耳闻。当时大家形成的一种消费观就是外国货总比国货质量好，使日货、韩货一时之间就成了“香饽饽”。不仅是在大件家居产品上，就连日常吃的零食，大家也觉得外国的健康、有品质保障。2017年初新闻大肆报道日本核污染问题，民众的消费需求就发生了很大的变化。在朋友圈随处可见对日本相关食品的担忧、呼吁，之前销售可观的产品一时之间出现了大量滞销的情况。

**卡乐比麦片曝光 日本人气麦片竟来自核污染区**

来源：中国网

韩国的化妆品、电子设备等在中国有很成熟的销售市场，民众对韩国产品也有较高的信赖。自从“萨德”事件发生，部分中国消费者马上改变了消费偏好，选择非韩国商家的产品。

乐天玛特在中国的店铺因为“萨德”事件受到重创，90%的店铺(74家)仍处于停业状态。昔日人潮拥挤的大型超市如今几乎无人问津。

你的朋友圈里面是不是也存在一些微商，每次刷状态都会看到铺天盖地的广告？前几年非常火的朋友圈卖面膜事件，让完全不知名的面膜品牌通过朋友圈的宣传，在短暂时间内实现了销量的猛增。

相较于传统工业时代，消费者的消费影响因素已经从原来简单基于产品价格、质量、获得难易程度等扩展到多个维度，增加的维度更多的是消费者对产品的情感价值，例如舆论、喜爱的明星代言、热门事件等。

互联网这一工具使消费者获取商品信息的渠道大大增加，例如论坛、微博、QQ、微信等，这些渠道都不太受到卖方的控制。消费者更容易受到这些信息评价的影响，某个负面的评价可能会极大影响消费者的购买意愿，或者某一个话题的火热又会促使消费者的大量跟风购买，互联网高效的传播特征放大了需求的波动，可能转眼之间，需求已经变化了好几次。

**趋势二：消费者需求影响因素越来越多，消费变化越来越频繁。**

### 买衣服的“代沟”

不同年代有不同年代的消费习惯，同样是买衣服，互联网“原住民”90后与他们的父母就可能存在比较大的区别。

我妈妈买衣服，会选择一个服装城，一家家挑选，最后看到一件合适的就付钱走人。而我买衣服是关注一个网络红人分享的街拍照片后，找到了她的淘宝店，搜出那件衣服，询问了一些尺寸问题之后网上下单购买。货到之后第一时间在产品评价栏贴上买家秀并详细写了对这身衣服的评价，因此获得了该淘宝店的 20 元优惠券。此后我经常关注这个网络红人，在她的直播中还看中几件产品并且都收入囊中。

妈妈买衣服更多的精力花在了产品的短暂性挑选上，而我购买衣服更多的精力花在了日常关注和持续分享上。妈妈的购买行为对应了工业时代的金字塔结构，由服装生产商、分销商、经销商到消费者，层层分明，但是消费者与消费者之间是完全孤立的，消费者与经销商之间也不过是短暂的联系，在金钱和产品完成交换的瞬间，消费者与经销商之间也就脱离了关系。

互联网时代更像是拓扑结构。所有的消费参与者都融入其中，并彼此产生联系。这一结构可以使每一个人都形成以自己为起点的闭合回路，传递信息，展示自我。我愿意分享买家秀，愿意写评价，是相信我的意见可以被很多人看到，并影响其他消费者的购买意愿。我的意见分享就已经形成一个以我自己为起点的闭合回路，而回路中的其他人则是关注我所分享的信息的人(金字塔和拓扑结构如下图所示)。

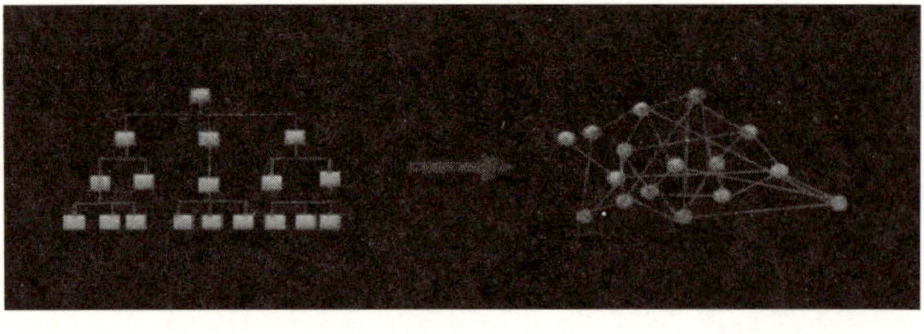

## 看视频 or 看弹幕？看新闻 or 看评论？

当你用手机上的视频软件看视频的时候，看的真的只有视频内容吗？你是不是把很多的关注放到了弹幕内容上，或者你本来就是一个爱吐槽爱发表看法的用户呢？从 B 站(bilibili 弹幕视频分享网站)兴起，现在蔓延到整个视频市场，弹幕，这一设计极大地调动了用户在观看时的参与感和互动感。

当你打开网易新闻的时候，除了留意新闻内容，是不是还要看看其他用户的留言呢？现在网易新闻上普通新闻的留言已经有上千条。

当你打开网易云音乐的时候，除了听喜欢的音乐，你是不是也会点开用户的评论呢？2017 年 3 月网易在杭州举办了一场特殊的活动，将网易云音乐上点赞数很高的音乐评论贴满了地铁线。听歌不仅仅是为了旋律，更多的是为了情绪的宣泄和找到情感的共鸣，而写评论、看评论就匹配了这一需求，自主地分享和用户之间的互动，为情绪找到了一个出口，让用户与用户、用户与平台有了更多的连接、互动。

很多人非常疑惑像大众点评、维基百科等网络平台是如何运作的，这些平台没有给消费者报酬，但是消费者却非常积极地贡献自己的经历、见识。我们一般认为网络的出现使得现实生活中人与人的关系被削弱，可事实是由于网络使得人们之间的联系更加紧密，并且更加重视个人的存在感。

我们经常听到的一句话就是“刷存在感”，反映在实际的行为中就是人们十分关注朋友圈、QQ 空间、微博动态等，也非常热衷于在这类平台上发布自己的动态，关注别人的点赞、评论。

**人越来越重视自身的存在性，渴望建立越来越多的联系。**而网络给予了我们极大的帮助，由于网络的扩散效率、连接普及使得彼此间的关系由原有的相对孤立或者金字塔型的层级结构变成了网络拓扑结构。这一结构可以使每一个人都形成以自己为起点的闭合回路，传递信息，展示自我。身处这一网络结构中，个人的积极性被极大地激发，从而愿意更加深度地融入和奉献于网络。传统的工业时代是将消费时所获得的价值视为个人层面的东西，与他人无关；互联网时代是人人互联，每个人都拥有影响别人的能力。

**趋势三：消费者在网络结构中社会化特征越来越明显，分享诉求越来越旺盛。**

消费者需求的多样性和需求变化频繁，导致企业想依靠单个产品承载价值的想法显得捉襟见肘，可能公司花费了财力物力推出一个新的产品，还没问世几天消费者需求已经发生变化，期待以此产品承接的价值就消失了。

消费者社会化结构、分享诉求则导致单次产品的销售交互无法发掘消费者由于分享所连续涌现的价值。网络关系使得每一个消费者都积极激发自身的价值。由于消费者的需求变化频繁，所以释放的价值也以各种形态存在。

未来商业思维的基础是网络和网络中的社会群体。所谓网络，实质就是可以承载复杂连接与关系的价值空间形式。我们无法把握每个个体快速变化的需求，那我们是不是可以把握每个相对确定的个体呢？把握个体甚至把握网络，这可以结构化一种不确定性的变化，也就是说传统以产品为纽带满足消费者某一特定需求的商业模式，无法适应消费者变化的趋势，这也说明新的商业模式要建立在把握个体甚至群体的基础上。

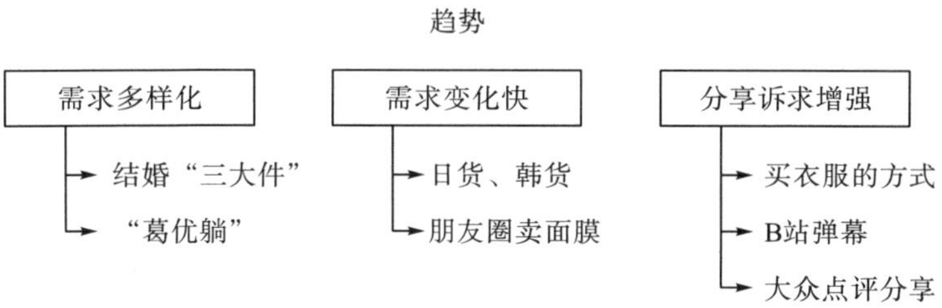


# ※　变化：价值 vs 网络

## 地铁上的免费报纸

乘坐地铁是大多数工作者的出行方式。你在乘坐地铁的时候有没有收到过免费的报纸？他们每天向乘客投放大量的免费报纸，你会不会担心这家不收钱的报社如何维持日常的运营？

如果你有过这样的担心，那么在看到报纸内容时可能会豁然开朗，报纸中除了报道近两天的国际国内新闻以外，还有很多版面涉及房产宣传、医院宣传。用户领取报纸不需要付钱，是因为广告主已经为了你支付了费用。现在每个个体或者组织之间都存在着联系，只是很多联系都具有潜在性质，它们暂时还不能被我们所挖掘。我们的传统思维是顾客和商家存在联系，企业和政府存在联系，但是随着现在互联网的兴起，拓扑结构越来越多，才会出现现在我们所见到的报社、个人和企业之间的较为复杂的联系。这种复杂连接方式的出现，就代表着社会有越来越多的我们看不懂但是更有价值的连接出现。

## 挑战传统银行的支付宝

前几年我们在不同的银行办卡，跨行转账还要收取手续费。随后我们发现了一个好的转账渠道——支付宝。我妈妈每次通过支付宝给我转账之后，都会感慨道：“你说支付宝没有像银行一样转账收手续费，余额宝还有那么高的利率，那支付宝不得亏死吗？”是呀，支付宝既不开源，也不节流，它简直颠覆了我们对一个支付软件的认识。

其实在我们看不见的背后，支付宝联结了普通商户、用户、投资机构等，通过繁复的网络关系运营着它巨大的资金沉淀。同样的案例还有类似于百度等免费搜索引擎，他们提供免费的搜索服务，但是通过收集用户的数据进行二次开发，或者基于网络流量售卖广告，这都是他们的盈利方式。

可以看到现有的商业模式都基于价值网络，这一价值交换的网络中除了原有的顾客和产品服务供应者以外，还增加了广告商、商业伙伴、联盟企业等，由于价值网络的存在，不再需要两者之间进行价值交换，而是参与的多方共同传递价值。这就应了互联网时代经典的一句话：**“羊毛出在狗身上，猪买单”**。

这导致了价值的创造与价值实现相分离，顾客价值创造与企业价值实现不再具有高度的一致性。价值网络中加入不同的合作伙伴，遵循不同的价值传递路径，就会迭代出丰富的商业模式。

A ——→ B

（过去）

传统的商业模式可创新性局限在于它必须找到A与B两者可以进行价值交换的诉求。而当前的模式则大为不同：

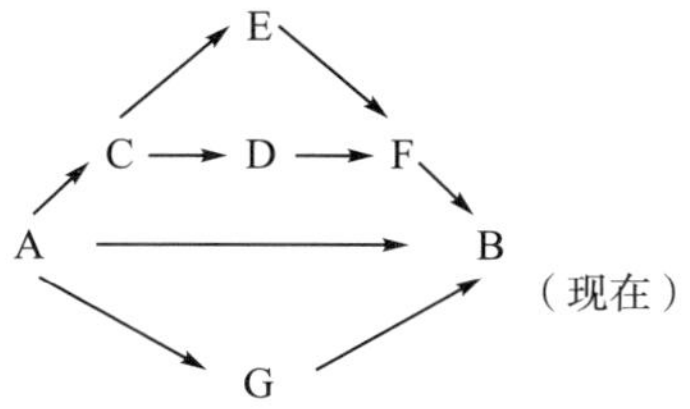


当前网络结构中，更多人参与商业模式的构建，我们可以通过不同的“路径”从A到B，而不同道路的选择就有不同商业主体的参与，也为商业模式提供更多创新整合的机会。

**变化一：价值创造与价值实现相分离，价值交换网络中参与者更加丰富。**

## 计算24的数字游戏

现在给你四个数字，3、3、7、7，将这四个数字运用加减乘除最后得到24。这是我们非常熟悉的计算24的游戏，那这道题要怎么解呢？

最开始我怎么也算不出来，在我抓耳挠腮苦苦思考的时候，朋友的一句话点醒了我：可以是分数啊。

我之前确实只在整数范围内拼拼凑凑，但是始终没有得到想要的结果。当我的视角从整数范围扩大到分数范围时，立马想出了答案：$(3+3/7)\times 7$。这个事例启发了我，如果思考的价值空间得以扩展，那么就可以给商业模式以及价值发掘带来更多可能性。

一般的思维逻辑就是不断优化现有的产品参数。拿我们最熟悉的手机来说，之前手机巨头诺基亚就一味地强调手机质量。比如抗摔性，坊间传闻用诺基亚砸核桃都可以；或者是不断优化手机充电续航功能，这些产品的优化都是在比较单一的价值空间去做升级，而非在更加立体的价值空间去做思考。

### 手机市场的弄潮儿

在手机市场上做到了在立体空间思考的企业有两家，一个是苹果公司，一个是小米公司。

苹果公司对手机的颠覆是丰富手机的属性，改变传统仅视手机为打电话、接电话的通信工具的功能，让手机集合了拍照、摄像、上网、收发邮件、购物、听音乐、看电影等多种功能。苹果手机在原有的手机通信价值上增加了娱乐、工作维度的价值，通过丰富产品价值达到产品的增值。而苹果公司随后开发的在线音乐平台iTunes又从服务的维度扩展了价值。

用同样的视角分析小米公司，其通过定价接近成本价的小米手机成功打入智能手机红海市场，凝聚了这样一群重视产品质量同时关注价格的米粉，在小米社区有超高的互动频率，使用户与公司紧紧相连。而在这一用户基础上，小米公司相继推出小米手环、小米体重秤、小米电饭锅、小米插座，还有独立品牌米家系列。小米的模式也是突破了手机单单作为一个产品的限制，将价值维度拓展至社交维度，在社区生态中不断迭代公司产品。

从上述两个例子可以看出，现有的价值思维已经从单一产品的价值思维转向网络价值思维，产品功能并非单一而往往具有外部性效应，对某些参与者无用的产品，对其他参与者可能极富价值，尤其是信息、知识等虚拟性产品组合，在互联网经济中日趋展现出价值性和重要性。这预示着现代商业整体性思维的一个基本支撑就是商业思维的空间立体性。我们需要在更大的价值空间确立企业的商业空间与维度。

## “钱、资本、财富”的区别

现代商业思维需要在多种商业价值空间之间转换思维。这里有一个简单的例子，通过区别“钱”“资本”“财富”这三个概念来理解价值的空间立体性。简单讲，“钱”主要是一个货币的概念，其流动性最好，可直接用于交换，同时又是市场交换的结果，是具有最普遍接收性的价值载体。“资本”也是活的价值，但它是能够生产价值的价值。“财富”既包括流动性的，也包括不流动的价值，财富代表了更大范围的价值空间。

同样的逻辑，商业中的价值概念应该更具立体性，也可以分为显性价值和潜在价值，显性价值是很容易被发现和捕获的，例如售卖手机的售价与成本的价差。潜在价值则是不能够直接实现盈利的价值，但具有潜在开发价值，例如通过售卖手机所能够凝聚的用户群体，这是一个潜在的价值，企业可以在与用户建立连接后持续开发用户价值，这也同样印证了现在的经济交易已经不再是原来的通过产品交换的一锤子买卖，而是通过开发以用户连接产生的源源不断的潜在价值。

| |
|---|
| **变化二：价值空间的立体性发掘出显性价值以外的潜在价值。** |

### 王俊凯“海陆空”生日庆典

你对“跟着我左手右手一个慢动作”这首歌曲是不是很熟悉？其演唱者就是在中国非常火的一个组合——TFBOYS。作为当红“小鲜肉”，他们的“粉丝”巨多，而“粉丝”团体所蕴含的价值以及价值捕获的方式也是非常丰富。

从 TFBOYS 队长王俊凯的生日说起，2015 年王俊凯的生日，“粉丝”送了他一个吉尼斯世界纪录——转发王俊凯 2014 年 9 月 21 日生日当天的一条微博信息，截至 2015 年 6 月 19 日中午 12:00，该条微博共产生 42,776,438 条转发，为吉尼斯世界纪录转发最多的一条微博。

到了 2016 年王俊凯 17 岁生日的时候，粉丝生日应援更是突破以往的形式，重庆地铁车身广告、11 块美国时代广场 LED 大屏广告、独立直升机环城飞行、豪华邮轮终身 VIP、水立方主题灯光展示、在冰岛、韩国等海外媒体投放，实现了海陆空多维度宣传。

除了高调的宣传以外，“粉丝”更是以王俊凯的名义参与到各种类型的公益活动中。

他热爱音乐，“粉丝”捐出一间音乐教室给特殊教育学校的孩子。王俊凯的猫粮社和王俊凯蓝兔站联合向湖北省宜都市特殊教育学校捐出一间“王俊凯音乐教室”，价值数万元，让存在智力和听说障碍的小朋友们在更好的环境中感受音乐的美好和力量，感受世界的博大和丰富。

他是学生，“粉丝”就为贫困地区小学捐赠阅览室。王俊凯后援会官博联合重庆出版集团开启铠甲公益行动，“一元换购三行情书电子刊”一万书刊捐赠重庆当地学校。

他是全国绿植领养大使，“粉丝”就承包百亩生态园，为腾格里沙漠锁边捐树。王俊凯凯泽站和钻石站一起响应“腾格里沙漠锁边行动”，为祖国荒漠化带去一片生机。该行动预计捐赠 500 棵树，最终达成 2178 棵，价值数万元。

他是联合国环境署“为生命呐喊”倡导人，“粉丝”便向动物基地捐赠物资，保护动物。王俊凯泡泡站以王俊凯粉丝名义向中国小动物保护协会——流浪动物基地捐赠猫粮、猫砂、零食等物资，以爱为主题，宣扬尊重生命。

“粉丝”支持偶像已经不再拘泥于多买“爱豆”(英文 idol 的音译)唱片以拉动销量，多参加“爱豆”演唱会来为“爱豆”创收。从种树到捐书，从冰岛到美国，用各种不同的价值捕获方式显示对偶像的热爱。

王俊凯每年的生日，“粉丝”都会庆祝，可每一年的庆祝方式都不一样，我们也可以看到即便是同一个事情，随着时间的改变，价值的捕获方式也会具有与之匹配的动态性。倘若哪一天王俊凯当了重庆的旅游大使，说不定他的生日应援就是“粉丝”从全国各地汇聚在重庆，选择热门景点，进行宣传应援。应援方式可以理解为价值捕获、实现的方式，由于连接的存在，单纯产品价值实现方式可以更加多元，这也为商业模式创新提供了很好的契机。

### 价值实现的不同表现形式

在商业情境中也是一样的：用户为你的产品发了一个朋友圈说明产品的性能优良，这是用户为公司产生的价值；用户参与了公司产品改造的话题，这也是用户为公司产生的价值；哪怕是用户对公司的一次愤怒的投诉也是为公司创造价值。因为价值呈现方式存在多样性，决定了价值捕获的方式存在多样性。价值捕获的方式也不再拘泥于消费者购买了公司的产品，使用了公司的服务。企业可能是构建一个活跃的社区去捕获价值，也可能是开发新产品去捕获价值。

价值的多样性还可以从显性价值和隐性价值角度去分析。价值是有层次性的，有的价值容易被激发显示出来，例如产品的使用价值，有的价值是具有潜在性的，比如公司的品牌效应等隐性的价值。价值的多层次性同样需要价值承接方式的多样性和动态性，随时改变自己的价值承接模式。

**变化三：价值的立体性使捕获方式具备多样性和动态性。**

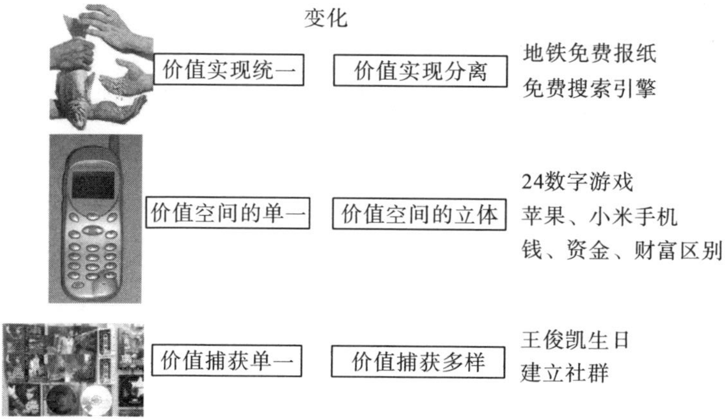


## ※ 应对：人为 vs 自然

设计的本质，是将潜在的可能性直接直观地呈现在人们眼前，指明未来的具体道路；或是简洁明快地描绘出众人心中共有的意愿。

——原研哉《设计中的设计》

长期以来，我们的商业模式处在“人为设计”的设计阶段，这样的设计在商业预见性上具有显著优势。然而伴随着互联网的发展，商业的不确定性越来越凸显，原来人们对商业模式的设计受到了前所未有的挑战，公司原来所做的战略设计受到了环境的巨大冲击，我们开始探寻在这个时代，我们所需要的商业设计应该是怎样的。

“人为设计”是西方“证明”逻辑的产物，文艺复兴之后影响深远的是学者们对世界所做出的假设，并将假设发展成了世界文化，引领并指导着世界发展方向，维持着世界的秩序。今天，互联网的出现使原本复杂的世界赤裸裸地展现在人们的面前，人们开始探求新的突破，这个时候进入了“自然设计”的阶段，人们开始在思想中寻求良药，“证明”逻辑不能在时间与空间上给予人们充分的准备，我们已经越来越快，快到了追求“自然”，快到了“时间静止”，这是一种自然选择。如果要去验证这种选择，你将错过机会，没有聪明人愿意这样做。

“人为设计”重视预见、归因，“自然设计”重视认知、修正，二者在根源上都是认识世界。不同的是前者是在“假设”的基础上进行认识世界，后者是在“想象”的基础上进行认识世界。二者最大的不同在于效率，人为设计系统强调人工控制而较忽视系统的自适应性，自然设计通过遵循系统的自适应性来提升效率，并通过修正的方式来辅助以达到最优效果。

## 如何从“人为设计”走向“自然设计”呢？

### 1. 在潜在的过程中自然设计

我们讨论对人生的理解，有人说：人生需要修炼。修炼是一个渐进的过程，并不以结果为导向，这种渐进即为“潜”。你并不知道今天的行为对你的未来会产生怎样的影响，及什么程度的影响，但它却真实有意义。

在这个修炼的过程中，我们需要智慧，来自自然的智慧。做私募的朋友曾告诉我：如果你从事投资管理，那么一定要敬畏市场。那我们作为社会人又需要敬畏什么呢？社会、自然、宇宙。人类是渺小的，我们是茫茫宇宙中的沧海一粟。我们要学会敬畏自然，敬畏天地，最后才能够发展成为一个完整的人。

人超越其他动物最重要的是学习和改造世界的能力，人类的现代文明来源于这样的结果。我们的学习来自哪里？不是书籍，而是自然。我们向变色龙学习如何进行迷彩服的设计，向蚂蚁学习如何进行建筑设计，向鸟类学习如何进行飞行器的设计，正所谓“自然天成”。

自然是一直存在的，社会却是被发明的。“道一”是一直存在的，受限于时代的认知水平，因此决定了我们的现实行为。互联网的出现极大地提高了我们的效率，快到我们无法应对，出现了原来“人为设计”无法解决的问题，这些问题大大地超出了“人为设计”的过程，这个过程如何解决呢？自然设计，无疑这是最好的设计模式。

### 2. 在顺势而为中自然设计

著名设计师刘方磊在《开讲啦》中以“汉唐飞扬：北京雁栖湖国际会议中心”为例，讲解了“汉唐飞扬”会议中心设计的全部经历。刘方磊先生利用自然环境设计出了“汉唐飞扬”，最初先生的设计在尊重当地地形地貌、中国文化的基础上，利用一张 A4 纸折叠成九宫格，但这个过程中遇到了一个问题：屋檐的创新设计。先生通过翻阅大量的国内外建筑文献，最终形成两种设计表达，一种是从商周大屋来的俯地之势，充满对大地的尊重；一种是用汉唐宫阙的仰天之式，充满对苍天的向往，对天地的尊重，对自然的敬意，对生态的神往，对生活的热爱。最后先生通过对雁栖湖核心岛实地的观察，在感悟自然中寻找到了最终的设计方案——开阔、深远、包容、多元的设计精神的提炼，最终在国际招标中获得胜利。

“汉唐飞扬”的设计案例说明了自然设计的力量，展示了自然的魅力。那么什么是自然设计呢？以心为始，从心出发，自然天成。回到我们商业设计，我们是否可以在这个过程中汲取智慧呢？

在银川贺兰县调研时我们被告知涨洪水了，熟知地理的人可能会知道贺兰县那个地方是不容易发洪水的，那为什么会出现这种现象呢？这引起了我们的兴趣，后来发现最初很细微的水流在流动的过程中顺势而为引入了其他力量，使得这股力量越来越大。最初这股水流并不是洪流，而是在运动的过程中产生了这样的结果，这就是潜模式的应对，顺势而为，自然设计。

### 3. 在不断交互中沉淀价值

我们在从事互联网行业研究的过程中发现：最重要的不是关系的建立，而是基于关系的深层交互，交互沉淀价值，交互涌现价值。我们常常讲价值挖掘的课题，价值的挖掘不是看似简单或复杂的探寻，核心在于是否有对象与你发生交互，并且是不断交互，最终产生了创新价值。

在互联网时代，人与人之间建立关系的方式已经从原来的“六度空间”走向了“二度空间”。“六度空间”原理告诉我们要找到一个人，不超过 6 个人就一定可以与一个人建立关系，随着互联网即时通信的出现，打破了物理空间的限制，现在我们可以直接联系到希望联系的对象，并建立关系。但遇到的难题是什么呢？交互。如现在你的微信好友可能有 1000 人以上，但仔细想想你与多少人建立了交互关系呢？实际上不超过两位数。建立联系容易，建立交互并不容易。

商业逻辑的建立源于我们的认知，在传统商业时代我们的商业逻辑是生产商假设市场需要什么，我们就生产什么。在现代商业时代我们的商业逻辑是市场需要什么，我们再生产什么。未来，我们的商业逻辑是在厂商与顾客不断交互的过程中发现潜在的需求，我们实时满足顾客的需求，今天已经有人在这样做。这就是潜模式，潜在的商业模式，不定义是它的定义。

潜模式是一种前沿的商业思想，我们当下的商业创新者与实践者需要学习这种思想以应对充满高度不确定性的环境。

### 4. 在流动过程中创造价值

潜模式最大的奥秘在于利用其流动性创造价值。运动产生价值，夸张点说没有运动就没有世界。时间和空间两个维度帮助我们描述这个世界，而运动才是这个世界的活力之源，有了运动才有变化，有了变化才有成长，有了成长才有可能。

互联网缩短了信息从“不对称”走向“对称”的距离。如人们越来越不喜欢往银行存钱，开始尝试着各种渠道为增强其资金的流动性，利用流动性获得更高的回报。如越来越多的青年人从稳定的体制中走出来创业，增强了社会的流动性，在流动中拓展自己的潜在可能，而社会需要这样的流动性。如果资源不存在流动，就不会存在潜模式，而事实上流动是存在的，唯一的差别在于流动的效率。

今天我们的商业运作主要采用两种方式：一是创新，二是杠杆。无论是创新还是杠杆都与流动性息息相关，无论是阿里的创新模式，还是万达的杠杆模式，所谓阳光底下无新鲜事，潜模式的探索也绕不开效率问题，我们找到的答案是“自然设计”。原来的环境下人为设计的确是高效的，人们可以控制相对应的维度，在当下的环境中我们发现人为设计面临最大的问题是失控，我们需要控制的维度超出了我们存在的维度。

为了不失去控制怎么办呢？顺势而为，在“势”中修正自己。而这正是与原有逻辑不同的地方，我们不再假设，而是选择参与、经历和体验，在过程中不断修正，得以控制。

## 小节

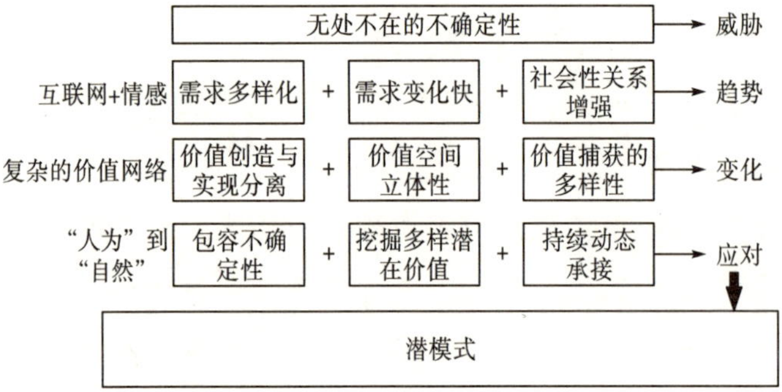

- → 高度不确定性的外部环境**威胁**到现有相对固化的商业模式；
- → 网络社群形成，消费者充分激活导致消费者话语权增强，需求复杂多变的**趋势**；
- → 价值创造与实现相分离和价值潜在空间的**变化**；
- → 需要潜模式的动态**应对**。

# 第三部分：探 究 潜 在

作为互联网背景下新的商业模式涌现形态，与传统商业的显性模式相比，潜模式将揭开更为丰富的内涵。

## ※ 不可预见

什么是“潜模式”？狭义的定义是：潜在的商业模式。广义的定义是：潜模式的核心在“潜”，潜在未发现，却拥有无限想象和实践的可能。这个东西是什么呢？这需要我们自己去探索、去发现，然后再告诉其他人你发现了“新大陆”。

在企业发展历程中，逐渐积累了一些“连接”关系，而企业对这些“连接”关系的充分挖掘，往往能够衍生出一个新的业务以及与之相匹配的新的商业模式，这样的商业模式可被称为“潜模式”。也就是说，潜模式是企业用来挖掘其发展历程中积淀下来的潜在价值的一种全新商业模式。

前文中提到过麦当劳的案例，麦当劳的商业模式是怎样的呢？大家都知道麦当劳是一家卖汉堡的餐饮企业，实际上它却是一家“房地产”企业！

我们都没有意识到麦当劳实际上不仅是一家汉堡连锁店，当我们拨开它的“表皮”，才发现它的“内核”——房地产。说到这里大家是不是对潜模式有了较清晰的认识呢？

麦当劳是已经涌现出来的或者已有轮廓的潜模式，而正如潜模式的名字所言，大量的潜模式是未知的。那有没有还处于不确定性状态的潜模式呢？有，一定有！

举一些例子来说明。如网约车市场，UBER 的估值已经超过 500 亿美金，而它现有补贴式的商业模式完全是亏损的，那么那些投资者到底看中了什么呢？其实就是我们所说的潜模式。

潜模式不是说等待用户习惯产品之后，再收取高价。因为坐车收费是一个很显性的商业模式，千百年来都是如此。

那么它可能存在什么样的潜模式呢？2016 年国庆节期间北京、上海市政府出台了网约车相关政策，如网络出租车驾驶证、本地户籍、2.0 排量，这意味着要人品好、车好、户口好。那么再联想一下，是不是 UBER、滴滴可以跨界进入婚恋市场了呢？

当然，以上说法纯属假设，但也确实说明了网约车软件潜模式的丰富性。假设在你与司机交互和连接的过程中，发生了信息流、资金流，这个过程能承载很多潜在的价值。比如网约车经常处于一种闲置的状态，他们在城市和郊区之间穿梭，是不是可以和现有的供应链、物流相结合呢？

比如在消费的过程中，其实与司机之间是一种潜在的社交过程，网约车市场有没有可能承载社交的功能呢？那具体可以有什么样的潜模式涌现，这里可以留给大家思考……

看了 UBER 的例子，不知你是否对潜模式的理解有了一定的轮廓？潜模式的定义往大了说，可能需要读完整本上 10 万字的书才能完全理解。所以，潜模式到底复杂不复杂，这取决于对潜模式的认知程度。

潜模式不是一种固定的、确定的商业模式，它是伴随着企业演变的过程，自然而然便会出现的一种模式，潜模式是完全未知的。

**潜模式最大的特征是不可预见性**。每个企业都被不同的社群用户赋予了不同的基因，不同的基因决定了每个企业各自不同的发展方向。不同的社群基因进行选择性表达，才会通过潜模式形成一个相对稳定的商业模式。商业模式的迭代过程实际上就是潜模式不断涌现与消失的过程，这是一个量变与质变不断更替的过程，有了潜在价值不断积累的量变，就会产生潜模式涌现的质变，然后社群用户在新质上继续迭代演变，产生新的潜在价值，反过来又会激发出新的量变，再形成潜模式涌现的质变，从而达到一个循环的动态过程。潜模式就是这样一个动态过程，它具备潜在性、涌现性和迭代性这三大特性。

# ※ 潜 在 三 性

下面结合一些比较难以理解的商业现象来诠释潜模式的一些基本性质。

## ✧ 潜在性

我们所熟知的连锁酒店，每成立一家分店，都是在复制原有的商业模式，对原有模式进行大规模的复制推广，即通过选址、人力资源管理、运作管理、营销管理等一系列明确的步骤，来完成商业模式的复制过程。这样的商业模式是直接的、显性的，一开始就能够看出来。

潜在性是企业在发展过程中未来商业形态的一种潜在力量，它就像是冰山之下蕴含着的更大的冰层，是企业多年发展中累积的活力，可能在未来浮出水面。

### 进一步开发互联网外卖

2013 年的一天，我回到家中时天色已晚，想用手机叫一份外卖。打开手机搜索我最爱的那家“炖蹄花”，买单的时候我惊呆了，平时去店里吃需要 20 多元，现在手机点单加上外送费、包装费总共才 6 元。

于是我注意到互联网界已悄然开启了一场别开生面的“外卖大战”。从“饿了么”到“美团”，从“口碑”到“百度外卖”等，这些新成立的外卖公司纷纷涌入这片蓝海市场，疯狂地烧钱与补贴，以至用它们的手机 App 下单比在实体店消费还便宜！

这些企业不盈利吗？不倒闭吗？细思极恐。

我看不出它们有任何的盈利模式，顶多就是一些广告费、宣传费，但依旧不能支撑企业的日常运作。

但是随着时间的延长，6 元、10 元、15 元……价格一点点地上涨，补贴一点点减少，外卖 app 也越来越少，最后我们被自然而然地笼络在这几个平台里边，成为它们生态的一员，我们都成为“被操纵”的群体。

不知不觉中，以美团为首的外卖市场已经黏附了一大群用户。2017 年 3 月 19 日晚，美团外卖宣布，平台日完成订单量超过 1000 万，成为全球第一家千万级日单量外卖平台；紧接着 6 月 5 日，数据已突破 1200 万！

美团外卖的数据表示：几乎每 10 个中国人中就有 3 个是美团外卖用户。这些数量庞大、交易频繁的用户为这些外卖平台提供了巨大的潜在价值，只是在等待被挖掘和引爆。

现在外卖市场的领先者美团外卖通过向商家抽成的方式，已经可以维持正常的运作，但是谁能知道在一开始就会产生这样的结果呢？这些结果是隐性的、潜在的，由这些活跃的用户所承载，价值的源头在于和这些用户建立了丰富、频繁的用户连接。互联网外卖市场所建立的丰富连接关系为我们提供了海量的潜在价值，等待着被开发。即便现在，看似有稳定商业模式的美团外卖，谁说就没有其他新业态呢？

## 雏形初显的共享单车

除了互联网外卖，最近我还享受了一波互联网红利——共享单车。

社会对共享单车有着众多的吐槽：占用车道、私自上锁、被盗、坏车多……不可否认现在的共享单车确实存在这样那样的问题，更为严重的是它们几乎都是靠烧钱勉强度日，难以真正盈利。

不过有人这样计算：以 ofo 为例，每辆车大概对应 7～8 个人，每人 100 元的押金，那么沉淀在 ofo 里面的资金将以数百亿计，是典型的“苏宁模式”。这样的看法是没错的，披着单车外壳的金融企业，这也是一种商业模式的雏形。

ofo 的商业模式绝不会止步于此。ofo 和苏宁不一样，ofo 是一家互联网企业，它直接连接了用户，能够获取用户最鲜活的出行足迹，捕捉用户的动向，察觉最新的市场气息，并挖掘这些用户带来的潜在价值。与之比较，苏宁更像一家传统的经销商，没有更多融入互联网的“基因”，没有享受到互联网带来的“连接红利”。

包括 ofo 和摩拜在内的这些共享单车企业，它们已经具备初步的商业原型，正在孕育着一个个潜模式之下的新业态。很快，你会发现它们所涌现的商业模式已经超乎你的想象。

## 等待“羽化”的“面聊”

“面聊”是电子科技大学开发的一款针对校园师生学习与社交的专属移动互联网终端应用平台，包括班级通讯，班级公告和课程评价等功能，也可以发帖交流，或者通过登陆签到等方式获得校园 Wi-Fi 使用权。面聊于 2013 年推出，其实同时期也有成千上万款类似的软件相继呈现，但是无一例外的是，它们几乎都没有任何清晰的商业模式。

但目前面聊在不断完善界面，改善功能，并且慢慢地聚合了一批需要 Wi-Fi 的用户，承载了一定的潜在价值。与最初相比它出现了不少新的商业模式：与驾校合作，与水果超市合作以及投放广告等。虽然截至目前，面聊还是一款比较鸡肋的软件，但不妨碍它还会继续承载更多的商业模式，就像是一只等待羽化的蝴蝶。

## 保持安静的潜在性

传统行业的思考更多的聚焦于产品的创新，强调速度，而互联网行业似乎还得思考商业模式的创新，这是一个漫长的过程。

比如 Google，1999 年大家还在为它没有一个可盈利的商业模式而忧心忡忡。Facebook 上市了仍然没有一个牢不可破的商业模式。但是，现在怎么样了？Google 和 Facebook 现在都不再为产生收入而发愁。

2000 年，当 Google 已受到广泛欢迎但是没有获得任何营收时，人们依照传统的观念认为它们的商业模式非常不确定，随后 Google 依靠关键字广告模式取得了成功。Google 的成功归结于在两方面做了重大创新：其一在于核心搜索引擎，它通过高效、迅速地匹配信息与人，黏附了一大群用户；其二则是其关键字广告的商业模式，在另一端又和广告商形成了互动和连接的关系。Google 很快将其应用到自己的商业模式中，这不仅让它获得了大量的盈利，更为用户和广告商提供了一个比传统广告模式更好的用户体验。

我们再来看看 Facebook，它如今通过网络社交已经黏附了全球超过 16 亿用户，成为全球第二大的在线广告公司。通过这些现象我们看到，能不能在开始就拥有明晰的商业模式在互联网背景下似乎已经没有那么重要，新的商业模式根植于企业丰富的连接关系之中，形成了一种潜在的商业力量，这种力量从潜在层面过渡到显性层面是一个漫长的等待过程。

我们从互联网外卖、共享单车、面聊等案例可以得出潜模式的一大特点——潜在性，这是潜模式区别于传统商业模式的第一大特点。

**潜在性：传统的商业模式往往在企业创立之初就有了一个清晰的结构与逻辑，企业所走的每一步都是按照这个框架与逻辑来的，目的性很强；而潜模式很不一样，它是一种潜在的商业模式，即企业成立之初是不能够按照某个很具体、很清晰的框架去构建的，它在企业的发展历程中是一种潜伏的状态。**

### ✧ 涌现性

“涌现性”，是潜模式区别于传统商业模式的第二大特点。

## 涌现性·内涵

在复杂性理论当中，涌现是用以描述众多简单子系统通过聚集和相互作用而产生的高度复杂现象。不过其实涌现并没有那么玄乎，我们想象一下公园里常见的喷泉，泉水从泉眼里不断涌现而出的景象就是涌现性；或者想象一下火山喷发的场景，火山岩浆不断地喷涌而出，也是一种涌现的现象。下面我们来讲讲涌现性。

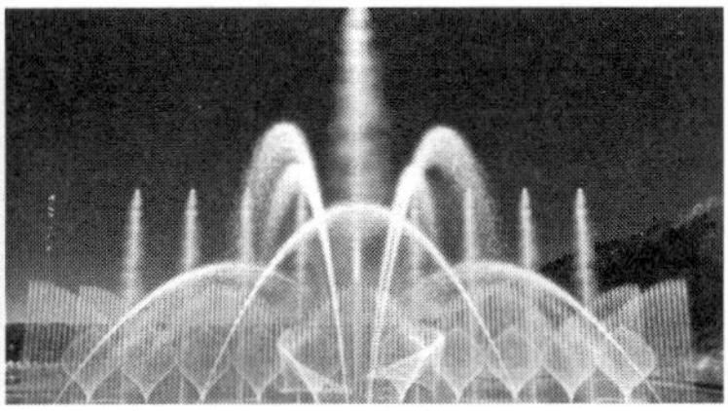

## 陌陌：柳暗花明又一村

2014年，陌陌上市以后，我一直关注着这家企业，但是其业绩平平，一直也没有什么亮点。然而2016财年的年报一出来，陌陌引起了我的深度关注。

2014 年陌陌上市后，虽然其营收增幅不大，出现了倒退的趋势，甚至在 2015 年第四季度增速下滑至 5%的冰点，然而从 2016 年第一季度起，其收入和利润开始出现了惊人大逆转的局面，2016 年第四季度，营收同比增长率达到令人咂舌的 524%，为 2.461 亿美元，利润也呈现了爆发式的增长趋势。

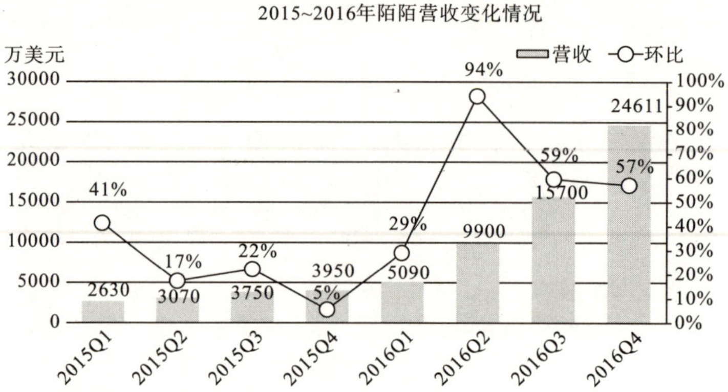


数据来源：陌陌公布的 2016 年第四季度及 2016 年全年未经审计的财务业绩。

注：Q 为季度。

此时我才恍然大悟——潜模式。

2016 年的互联网领域，什么最火呢？互联网直播。2016 年涌现出了许多直播平台，如斗鱼、熊猫等，其用户增长率高得惊人，但很多人对“直播”的盈利模式仍持有一种怀疑的态度。当多数人都在怀疑直播是否盈利时，陌陌已经作为先行者在这条道路走通了，而且数据亮眼。（人们发现陌陌的利润增长的主要来源就是直播业务）。

这意味着什么？陌陌涌现出了一个潜模式到该潜模式得以固化，并稳定成一个可以盈利的商业模式。

下面我们来看看陌陌“潜模式”的涌现过程。

今天看来大部分互联网企业，主要的盈利模式是广告、营销等常态方式，如谷歌、阿里巴巴、360、新浪、微博等。在腾讯大流量的黑洞冲击下，同为社交平台的陌陌生存空间非常受限，在经历了增值服务、营销、本地生活、游戏等新业态的探索之后，依然没有找到能够支撑其业绩增长重任的业务，在2015年第三季度，陌陌整体上还是亏损的。

但“奇迹”发生了，2016年以YY、陌陌为代表的互联网企业，涌现出了直播的“新模式”，即平台、公会、主播三方利益分配，平台依靠打赏抽成获利。陌陌的平台抽成占50%，这相对之前的平台几乎独占利益，是更为合理和可持续的发展方式。

互联网领域一直强调“马太效应”，在互联网巨头的碾压下寸草不生，但在短视频、直播方面，微信这样一个巨型连接器却几乎拱手让出给陌陌、映客、快手之类的公司，为他们成为巨头提供了机会，这是为什么呢？我们用潜模式来解读，答案是：他们的“连接”基因不同。

直播行业是典型的陌生人互动模式，这种模式与陌陌的潜在基因完全契合。陌陌成立之初旨在建立陌生人社交市场，正是基于这样的“初心”，它承载了“陌生社交”的基因，这种基因绝非以熟人社交为主的微信所能拥有的。你瞧瞧，陌陌这招，腾讯、阿里巴巴、百度，一个也模仿不了。

陌陌原来也有一些盈利模式，如广告、营销、增值服务等。但它的商业模式并不是一成不变。直播行业的兴起，它能够迅速将其抓住并固化为自己的商业模式，从而保持又一轮新的增长。因此，潜模式不能被模仿，不能被复制，它天生具有良好的防御机制。

陌陌这一成功的商业模式诞生时间并不久，很可能在未来会形成与广告、游戏并肩的主流盈利模式。有人预测，随着 AR(增强现实)、VR(虚拟现实)的兴起，直播行业很有可能会出现新一轮的爆发，陌陌也可能会有“新模式”涌现出来。潜模式的“涌现”，就是对企业自身潜在商业模式的一种挖掘过程。

### 亚马逊：在“红海”中发现“蓝海”

除了陌陌以外，亚马逊的商业模式演化也有其类似的特点。

作为一家世界 500 强公司，亚马逊已经成为目前网上商品种类最为丰富的网络零售商和全球第二大的互联网公司，但是亚马逊开始却只是一家网络书店。

“互联网+图书零售”出身的亚马逊，开始就集聚了一大批图书阅读者，读者们已经习惯于从它的平台上购买图书，并且把它当作一家专业的、卓越的图书销售企业。这样，亚马逊的血液里面流淌着阅读者们的“基因”。

然而好景不长，网络图书销售这片“蓝海市场”很快变成了一片猩红的“血海”。面对这样的窘境，亚马逊选择了从红海中分离出“电子书”这个潜在的蓝海业务。

通过出售 Kindle 电子书阅读器，把消费者的阅读对象从纸质图书变成了电子书。虽然销售 Kindle 电子阅读器相比于销售纸质书是一个全新的业务体系，但是它们的受众却几乎是一样的，Kindle 业务很好地继承了亚马逊的“阅读基因”，将亚马逊过去积累了十多年的潜在资源释放了出来。

亚马逊有什么潜在的资源呢？

Kindle 里面有大量的优质免费阅读书籍可以吸引消费者进入，这些都是亚马逊过去积累的图书资源。它还用过去积累的大数据为用户进行定制化信息服务，降低产品价格，最终强势垄断了美国的电子书市场。在 2007 年，亚马逊 Kindle 业务推出之后不到五年时间，其营收就占据了亚马逊总营收的 10%左右。亚马逊涌现出这样一个全新的商业模式，并且这种商业模式很难被模仿，因为其他企业既没有阅读用户的积累，也没有十几年大数据的沉淀。

亚马逊除了 Kindle 以外，还通过云计算、云服务等业务赚钱，这些商业模式的成功都依赖于亚马逊社群用户的积累和沉淀，离开了这些“鲜活”的社群用户，亚马逊也不可能涌现出这些潜在的商业模式。

## 世纪佳缘

世纪佳缘是将传统的婚恋市场移栽到互联网中的先驱代表。婚恋市场一直以来属于传统行业，在这种传统的桎梏当中，我们很多人的婚恋观都多多少少受到“传统”的抑制，很多想法被压抑着无法释放。你不敢上前去问一位美女或帅哥的微信号，不可能有机会一次面对数位单身男女，典型的情况都是一对一的互动。

但是世纪佳缘利用互联网改变了传统婚恋模式中一对一的“连接”关系。“一对一”红娘服务便是其中一种，它本质是一种 O2O（online to offline），是庞大的用户群体堆积之下的潜模式涌现过程。

世纪佳缘自 2013 年起开始实施 O2O 战略，利用其线上庞大的单身人士数据库，大力拓展线下“一对一”红娘服务，为用户提供个性化的“婚介”服务。截至 2015 年底，世纪佳缘线下红娘“一对一”实体店已经达到近 100 家，覆盖全国 70 多个大中城市。

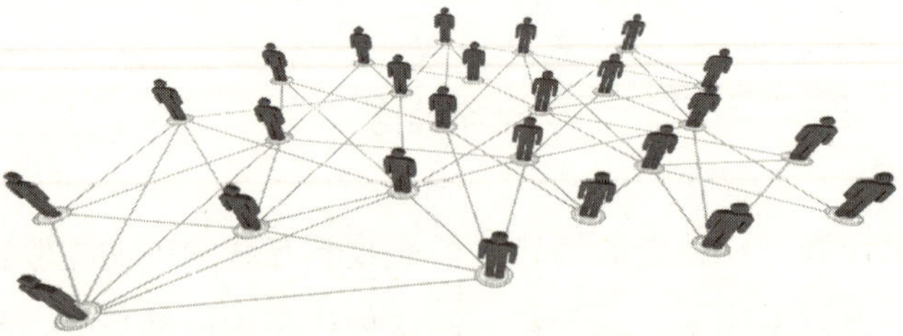

世纪佳缘的“一对一”红娘服务，便是丰富的网络化结构之下涌现的典型。单身男女之间原来的一对一“连接”关系被互联网大大改变，成为一个网络化的结构，男女之间的那种微妙关系迅速改变，每个单身男女都可以在世纪佳缘网站中一次性“遇见”成百上千的单身异性，既是一个孤立的个体，同时又是整个网络的一个节点。

当每一个单身青年深处这样一个“不一样”的网络关系当中时，他们对于爱情的追寻会变得完全不同。每个人都敢于追求，大胆地表达自己的爱意，这在传统的婚恋关系之中难以想象。正是这种连接关系的变化，使得单身青年们释放出了以往被抑制的活力，促进了世纪佳缘的成功。

**涌现性：潜模式的涌现性，简单说就是众多复杂主体（通常指社群用户）通过“连接”产生交互，从而使整个系统（通常指企业）产生新的东西，是一种 1 加 1 大于 2 的概念，类似于一种化学反应，两种物质进行反应后产生了一种新的物质。**

## 涌现性·原因

在互联网背景下，潜模式之所以可以涌现出新的价值，还得从人与人之间的**结构变化**说起。

在现代资本主义社会中，特别是传统的大工业经济时代，企业组织结构一般呈现出一种金字塔式的科层制结构，这是德国社会学家马克斯·韦伯提出的社会组织内部职位分成、权利分等、分层设科、各司其职的组织结构和管理方式。它把整个社会变成一架非人格化的庞大机器，使一切社会行动建立在“功能-效率”关系上，以保障社会组织最大限度地获取经济利益。它能充分发挥这种组织结构的优点即严密、稳定，但其缺点为缓慢、压抑。

在现代社会中，组织管理的官僚制已经渗透到每一个社会生活领域中，体现了社会生活的理性化。韦伯认为这是现代社会不可避免的“命运”。一方面使人们逐渐淡化对价值理想和意识形态的追求，专注追求功能与效率；另一方面无情地剥夺了人的个性自由，使现代社会深深地卷入了以手段支配目的和取代目的的过程。

这样的结构下，人与人之间的交流受到了严重束缚，信息传递缓慢，每个人的想法不能得到迅速释放，每个人的价值都或多或少的受到抑制。但随着互联网时代的到来，随着企业组织的不断扁平化，互联网的“连接”属性改变了这一结构，这一点非常重要。

互联网背景下，人与人之间(不论是“企业人”还是“社会人”)不再被束缚于金字塔式的科层结构，而是呈现出一个相互联通的网络化结构，这种结构虽然不稳定，效率低，但是在这种结构下，每个人都是活跃的，没有受到压抑，每个人都能在交互中产生巨大的价值，每个人都会释放出在传统“金字塔”下面被抑制的价值，这就直接导致了涌现的产生。

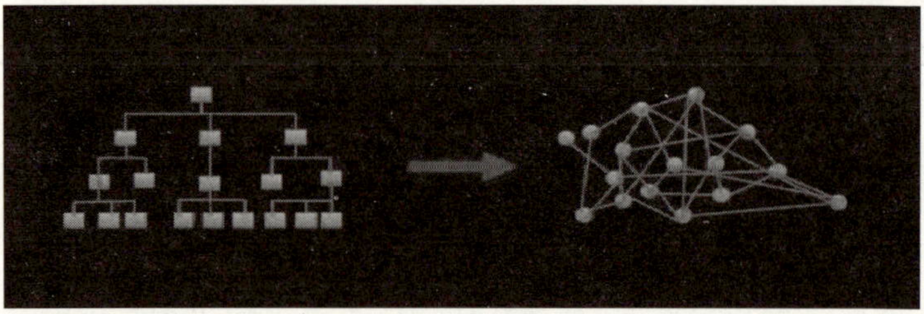

结构变化：互联网引入我们普通人的生活，极大地改变了人与人之间的关系。以往我们只能通过广播、收音机、电视等来了解周围的世界，是被动的选择接受，但现在我们通过微博、微信、Facebook 等渠道来探索周围，是主动的寻求。每一个人都可能在互联网的汪洋中成为一个中心点，成为一个传播的节点，每个人的价值都被放大。当我们的潜在价值得到引爆后，涌现就产生了。

## ✧ 迭代性

迭代性，是潜模式区别于传统商业模式的第三大特点。这是潜模式最高阶的一大特点，表现在潜模式一层一层“吸收-释放”以循环式往上积累。

### 迭代性·内涵

说到迭代性，可以想象一下珊瑚礁的形成过程：珊瑚虫死掉后，其尸体一点一点地固化下来，尸体越积越多，就慢慢长成一块块珊瑚礁，每一个死掉的珊瑚虫都是下一块珊瑚礁形成的基础。也可以想象一下溶洞里面一根根硕大的钟乳石，其形成也是由渗透下来的水滴里包含的矿物质一点点累积起来的。像叠罗汉一样，有一种“前人栽树，后人乘凉”的意味。

传统的商业模式自成形之日起，几乎一成不变，也很难改变，这样很难经受住长时间的实践考验。相机胶卷巨头柯达以及手机巨头诺基亚的迅速陨落，很大程度上是因为其固有商业模式的固化性，所谓“大象难以转身”，就是这个道理。

但潜模式却不同，其迭代性决定了潜模式不会一成不变，每一个保留下来的潜模式都会是下一个潜模式的基础，成为“模式之模式”，循环式地、一层层往上垒，始终处于动态变化之中。

由于“迭代性”是潜模式的一个高阶特点，所以往往只有一些商业巨头才表现得异常明显。

## 从主干生根发芽的BAT

以我们耳熟能详的“BAT”（百度、阿里、腾讯）为例，它们的潜模式之间并不是孤立的，其中一些潜模式会像一棵树的主干一样，撑起其他潜模式，而新的潜模式也会像树叶一般对树干进行“反哺”，相互促进。新的潜模式会在以往的潜模式基础上继续演变和迭代，进而形成一个潜模式的“生态系统”。

腾讯以微信和QQ为主干，地图、游戏、O2O等业务也在有条不紊地发展为一个潜模式群；百度也以其搜索引擎为主干，衍生出地图业务、O2O业务、订票业务等。这些商业模式的迭代是让这些公司处于不败之地的重要法宝，如果企业的商业模式是静态的，就难以适应这个“非连续性假设”的商业社会。

## 躁动不安的支付宝

潜模式的迭代性是“模式之模式”，简单来说，它就像母鸡下蛋一样，由母模式不断孵化出新的子模式。

支付宝作为阿里的一款炙手可热的互联网支付软件，为阿里带来了巨大的流量与财富。虽然在2016年，免费了12年的支付宝突然宣布要收费了，但它仍一直按部就班地扮演着一款支付软件的角色。

然而在互联网的背景下，没有任何“商业边界”可言，“跨界打劫”的现象层出不穷，这正是互联网商业环境的特性之一。微信抢走了三大电信运营商的市场份额，360赶走了传统的杀毒软件，连网易也开始卖起猪来。支付宝自然也不甘于现状，对其他行业跃跃欲试，想走社交的路子。

2016年11月27日，支付宝推出社交圈子功能，“校园日记”“白领日记”等几个圈子仅允许女性用户发布内容，男性用户的芝麻信用积分超过750才能参与互动评论。

果然立竿见影，不到48个小时，“校园日记”涌入了1100多万人，“白领日记”也有将近1000万人看过……可是支付宝似乎用力过猛，虽然赚足了眼球，可这样的模式却遭到网友吐槽“没有节操”，连人民日报也发文“痛批”“支付宝”“没有底线”。不久后，支付宝关闭了该功能，一切又似乎归于平静。

支付宝本想通过其支付属性以及黏附的上亿用户发展出自己的社交生态链，想法是对的，也有足够多社群用户的连接作为支撑，却因为方法问题导致了失败。可以看出，支付宝是想在原有社群和模式的基础之上再孵化出一个社交的属性与模式出来，这就是支付宝潜模式的依次迭代。

虽然“圈子”是失败了，但是支付宝的“芝麻信用”却引起了众人的关注。“芝麻信用”是支付宝利用阿里生态系统中每个用户的历史数据，通过一系列算法计算出来的每个用户的信用评分。

这个评分有什么用呢？在构建起这个体系之后，它就相当于为每一个用户个性化地描绘了一幅“用户画像”，分数越高，表示你越有信用。分数高的用户可以享有VIP通道、更高额的“花呗”金额甚至骑共享单车都不用交押金等诸多福利。

不过这些还不是最重要的。信用在什么方面用得最多呢？答案是金融业，如果它做得好，肯定能够与传统的金融业形成合作关系，比如典型的保险业，这将是芝麻信用的用武地之一。

我们可以看到，迭代的过程是一个反复的、不断尝试的动态过程，它是建立在原有模式基础上的新模式的涌现。“涌现性”强调的是新模式的诞生，而“迭代性”则更强调新旧模式之间的连续性。

**迭代性：企业的商业模式并非一成不变，而是一个动态更迭的过程，每一个商业模式都是下一个新业态的基础，并由此不断向前迭代。**

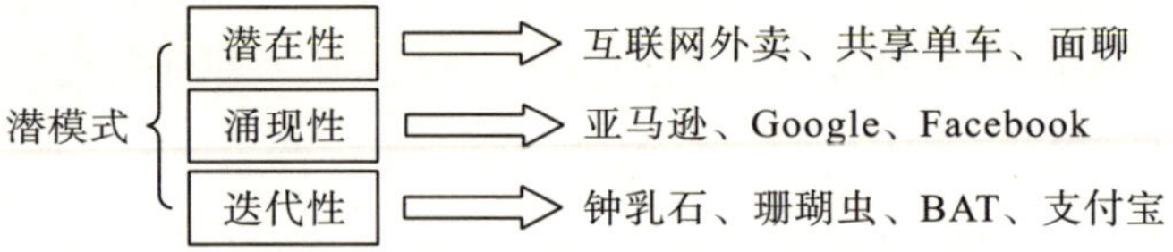


## ※ 火 山 模 型

潜模式究竟是怎样的一种模式呢？我们先谈谈什么是“模式”。

这里的“模式”是指商业模式。那么什么是商业模式呢？这是一个很大的概念，我们只能从不同的角度去切入。

比如说我们最常见的商业模式，类似于小餐馆，首先得设计菜品，布置饭桌；然后要雇佣人员去买各种蔬菜瓜果和肉类；再之后得有厨师负责做菜，服务员负责送菜；最后顾客消费完了结账。这样一个过程就完成了一次商业模式的循环。当然这样的描述或许过于简略，在完整的企业价值链中还有很多如营销、财务等环节没有考虑进去。

总体而言，这样的商业模式大致是通过采购、生产、制造、销售等方式来实现商业模式的循环，我们可以借用波特的价值链来进行描述。

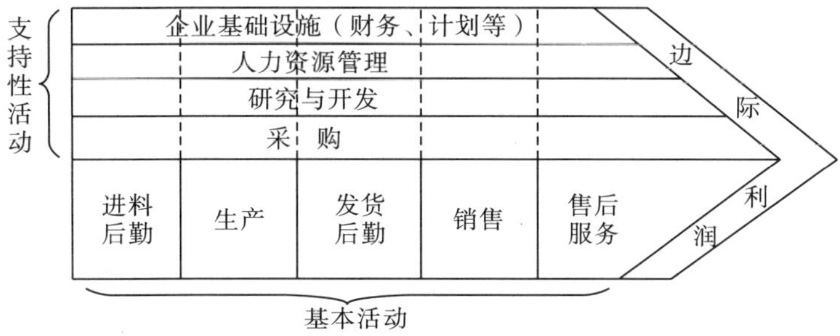


这种商业模式是原始、固定的，从商业诞生的那一刻起，就存在这种商业模式。当然，这种商业模式也不是我们要介绍的潜模式，但是先理解它有助于理解潜模式。

## 潜模式：有别于传统商业模式

传统的商业模式为了迎合人们的需求，主动去追寻价值，这些价值都是显性的，比如用美食来满足食客，用化妆品来满足女性对美的追求等。当你走进一个繁华的商圈，会看到形形色色的商品等待着被购买。

现在商店里商品琳琅满目，这已经不是那个物资匮乏的年代。整个商业形态在变化，变得越来越“动态”。以前我们对一款产品的需求几乎是连续的，不会说变就变，但如今发生了改变。

曾经的手机巨头诺基亚随着移动互联网的到来说倒就倒。乔布斯认为：用户自己都不知道自己需要什么，我们需要做的是创造新的需求，而不是去迎合需求。

罗振宇也表达过类似的观点：消费者需要的是如“严父”一般的爱——简单、粗暴，你直接告诉消费者他需要什么就好，不要搞得那么花哨。我需要一套西服，你不要再问我尺寸是多少，扣子要什么颜色，直接给我就是了。

显性的价值在互联网背景下，几乎被挖掘一空：电子商务等让长尾的末端在不断延伸，越来越多的小众需求被填补，你曾经看不到的书，买不到的食品，见不到的时装，统统被挖掘出来。

潜模式与传统的商业模式不同，它攫取的不是这些显性价值，而是潜在价值。

相对于互联网背景下的潜模式，我们传统意义上通过产品承载的价值是一种显性的价值，显而易见的价值，这些价值就如同矗立在大地上的巍峨火山，谁都看得见，谁都可以去攫取。

餐饮企业的产品——食物，就是一种很显性的价值承载体，我们每个人都可以去攫取这样的显性价值，大不了自己去做一顿饭，这是一种固化的价值，通过产品去承载。

然而在互联网时代，商业原型发生了巨大变化，价值形态也发生了天翻地覆的变化。即使是那些潜在的需求，也在通过“长尾”被不断满足，但是互联网背景下依旧存在许多潜在价值，这些潜在价值藏匿于火山底部，需要我们去激活。

这些潜在价值究竟是什么呢？应该如何去发现，如何去攫取呢？下面将从理论上系统地阐述潜模式的运作机理——“火山模型”。

## 火山是怎样的？

火山是一种常见的地质现象。在火山之下100～150千米处，有一个“液态区”，可以把这些炽热的“液态区”看作是互联网背景下的一种潜在价值。

区内存在着高温、高压下含气体挥发成分的熔融状硅酸盐物质即岩浆，岩浆是我们所要攫取的潜在价值。这些潜在价值是潜模式“潜在性”的根基，它们一旦从地壳薄弱的地段冲出，便形成了一种价值的释放，涌现出一种新的商业模式，这便是我们提到的“涌现性”。

当灼热的岩浆与外界相接触、冷却、固化后，有的消失在大气层当中，有的则形成了火山表面，固化为一种显性的商业模式，成为企业发展历程中的一个重要组成部分。随着这样不断喷发，不断迭代，最终火山会越变越大，一层一层地往上积淀，企业的积淀会在互联网的作用下快速释放而出，形成企业的一个动态变化的“价值火山”，这就是“迭代性”。

基于火山这些特点，我们将潜模式用“火山模型”去描述，如下图所示。

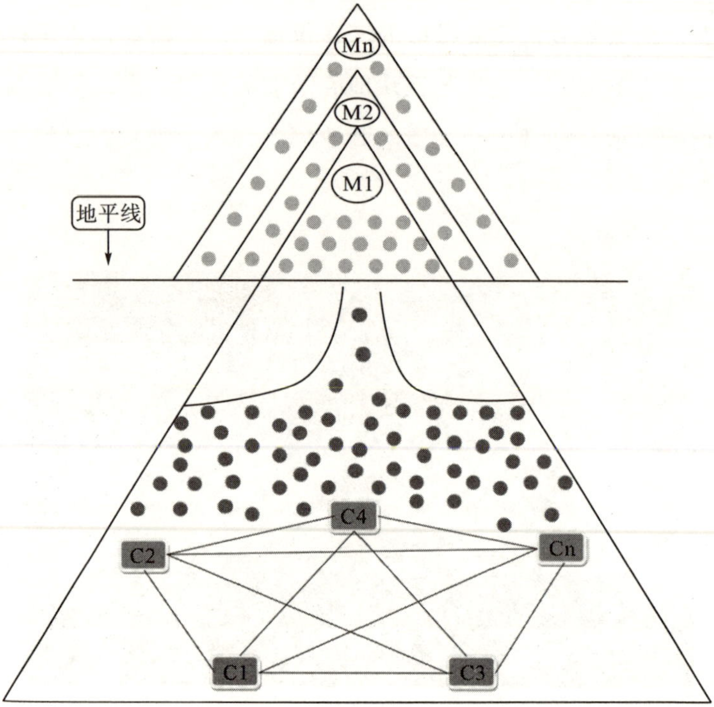
Mn
M2
M1
地平线
C4
C2
Cn
C1
C3

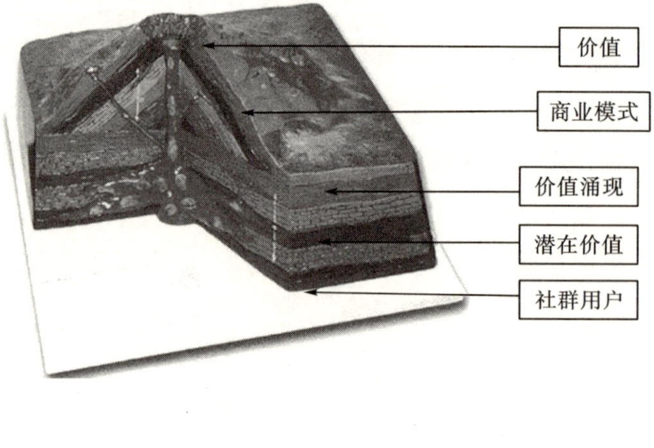
价值
商业模式
价值涌现
潜在价值
社群用户

# ※ 五部曲

你到现在脑子感觉还是“一团糨糊”也没有关系，**潜模式是一个潜在的、涌现的、迭代的过程**，潜模式的运作机理可以用我们的“火山模型”来刻画。

下面会将潜模式三个抽象的特点融入“火山模型”的“五部曲”当中，只要你在生活或者电视当中对火山有所了解，就肯定能读懂“火山模型”，领略潜模式的作用机理。

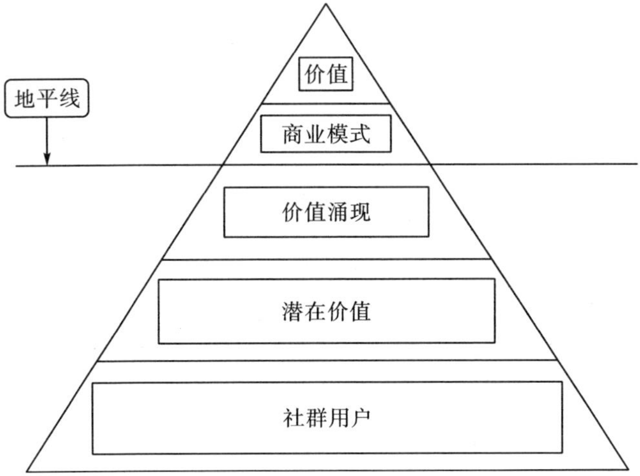


## ① 社群用户——连接关系

火山模型五部曲中，第一部是潜模式的根基——“连接”，指基于互联网背景下的社群用户之间的连接。

连接是潜模式的基础，其存在的基数大且最为活跃。如第一章所述，互联网的“连接”属性，彻底改变了以往金字塔式的群体结构，人与人之间形成了一个网络状结构，社会关系变得更加混沌、无序。在这样的结构下，每个人都异常活跃，没有受到任何限制(或者说受到的限制越来越小)，有什么想法可以快速释放，因而会有大量的新质涌现。

值得注意的是：**尽管在网络化结构下的社群是活跃的，蕴含大量的潜在价值，但其潜在价值却是混沌的、分散的，没有任何方向，企业很难抓住。**

## 爱奇艺的社群用户

拥有广泛社群用户的企业有很多，如爱奇艺依靠补贴的方式收购了大量版权以及独播权，在短短几年内成为国内视频第一大网站，拥有海量用户群。

有很多人不看好爱奇艺，认为爱奇艺这种为了流量而烧钱的做法已经过时，因为即使拥有广大的社群用户，却无法变现产生收益，这也是爱奇艺很头疼的问题。这些社群用户就像灼热的岩浆，沸腾着，不知道什么时候会爆发，什么时候又会冷却——尽管它们蕴含着巨大的潜在价值。

## 知乎的社群用户

知识分享型 App 知乎，通过自己的平台，将分享知识的大量专业人士集中起来，在它的平台上施展拳脚，分享专业知识，知乎的这种基因很快得到释放，网络化的分享机制让每个人成为一个中心点，每个人都能最好地释放自己的价值，从而形成了知乎的价值所在，让知乎拥有了潜模式的根基。同样的道理也适用于摩拜、滴滴、UBER 等企业，尽管这些企业尚未实现盈利，但凭借其连接关系，却仍有数亿美元的估值。

**社群用户的作用：企业在潜模式的最开始，要做的往往就是通过某种手段来实现自身与社群用户的连接，让“连接”承载价值，让社群用户数量最大化，而不是通过某种具体产品或服务来承载价值。**

## 社群用户与“连接基因”

社群用户有一个特点——“连接”基因。由于社群用户属性的千差万别，不同的企业所黏附的社群完全不同。在互联网赢者通吃的环境下，不可能存在两个企业的社群用户完全一样的情况，这直接决定了每个企业基因的不同，以及每个企业独特的演变过程，这是一个不可复制的过程。

同样经营电商的阿里巴巴和京东商城，它们的业务和社群用户都很类似，但是它们经营电商的商业模式却大相径庭，有着各自不可复制的基因。

人和老鼠有 90%以上的基因是相似的，但哪怕一点的不同，都决定着人和老鼠不同的进化方向。

譬如以陌生人社交见长的陌陌能够把直播做得很好，但是以熟人社交见长的微信、QQ 就很难做好直播业务，因为直播业务是典型的陌生人社交业务——你不会希望你的同学、老师、同事、亲人等看你直播，你也不会去看你的朋友、同事、老师等直播。

再比如以电商、支付为核心的阿里巴巴，就很难去做社交，尽管阿里巴巴推出过“来往”“钉钉”“淘江湖”等各式各样的社交软件和平台，但是因为阿里巴巴的社群基因包含着交易、金钱等性质，很难向社交转变，它的社交一直做得不温不火。旗下众多社交平台也就只有“钉钉”做得还可以，因为它为中小企业而生，帮助中小企业通过系统化的解决方案(微应用)，提升中小企业沟通和协同效率，它的成功来源于阿里巴巴的基因——金钱与信息。

**社群基因的不同，造就了不同的潜在价值，不同的企业道路，企业的商业模式不可模仿、无法复制。**

社群用户的连接关系带来了极大好处。这个世界变得越来越动态，连续性假设越来越少，于是互联网下的商业需要去抓住这种不确定与不连续，以不变应万变。以不变应万变要求我们抓住不变的东西——连接关系。无论这个商业世界有多么千变万化，每个企业的连接基因是无法改变的，也就是潜模式的根基不会变化。抓住了社群用户，就抓住了连接关系。

总的说来，社群用户是企业“价值火山”的根基，网络化的结构赋予了每个人新的东西，让每个人都能参与进来，迅速释放自己的潜在价值。不过这些价值是混沌的，无规则的，难以捕获。同时不同的社群用户也赋予了企业不同的基因，企业所有潜模式的演变过程都是建立在“社群基因”之上，具有无法复制的特性。

**社群用户是企业“价值火山”的根基，抓住了社群用户，就抓住了连接关系，这是潜模式的关键第一步。**

## ② 潜在价值

“价值火山”的第二部是潜在价值。

前面提到社群用户之间是一种网络化的连接关系，这种连接关系能够承载潜在价值；或者说，潜在价值是基于互联网背景下的社群用户而产生的。

### 什么是潜在价值？

潜在价值是相对于显性价值而言的，显性价值是购买商品或服务付出的对价，消费者在购买商品或服务时已经心知肚明，企业在生产过程中也已精打细算，了然于胸。买一个苹果，它的价值就是可以满足食欲以及对维生素的需求等，这是显性的。而潜在价值是蕴含在商品或服务中的内在价值。

回到最为传统的餐饮企业，它们是怎样传递价值的？靠菜品。它们卖的就是产品本身，通过产品去承载价值，这是一种最为普遍的价值承载方式，承载的是一种显性的价值，因为我们都看得见，能够实实在在地体会到。

那你再想象一下这样一幅场景：你去餐厅吃了一顿美味，但是吃完后发现菜并不新鲜，让你拉肚子了，那么毫无疑问这道菜还蕴含着一定的潜在负向价值；而如果你吃完后觉得神清气爽，那么它还蕴含着一定的潜在正向价值。不论是潜在正向价值还是潜在负向价值，都是潜在的，是经常被我们所忽略的价值。

## “连接”能够承载潜在价值

在互联网的背景下，有很多价值是为我们所忽略的，但却可以通过连接来承载。

我健身的时候经常会用到一款叫作 Keep 的健身软件，它会给你一系列动作，做完以后会有几十秒的休息时间，这时会出现一个休息时间倒计时，上面有一段激励的格言。

这几十秒的休息时间拥有太多的潜在价值。我们休息的时候是最放松、最惬意的，注意力也很集中。对于时间宝贵的人而言，这几十秒的停顿都可以阅读几篇新闻，欣赏一段音乐，或者看个小视频。

我健身的时候就在想，这上面的名言能换成最新的商业新闻吗？这样能利用好很多零碎的时间。我甚至又想，这里不仅可以出现新闻、时事，还可以展示针对每个人兴趣的内容，可以帮助每个人个性化地节约零碎时间，这样的潜在价值其实很可观。

## 为什么“连接”能够承载价值？

“连接”之所以能够承载价值，其根本在于连接是稀缺的。

当你打开智能手机，点进 App Store 或者应用商城，各式各样的 App 数不胜数，你会选择哪款呢？每个人的手机里也不过几十款 App，大量的 App 是被我们忽略的。当你面对那么多的“连接”，会无从选择，因而“连接”能够承载价值，尤其是潜在价值。

譬如你用 UBER 叫了一辆车，司机将你送到目的地，你再通过手机支付价款，那么你们各自实现了自己的价值，这样的价值是显性的。

但是你有没有想过，在你和司机的交互过程中，有无数的可能性，它们都能产生价值：等司机的过程中，你有没有可能继续浏览打车的 App，看看司机到哪儿了？或者上车之后你会不会和司机聊天，甚至成为好朋友？当你到达目的地下车之后，需要评价司机的服务，这里面又有没有一些价值？在各种各样的交互里边其实都必然蕴含着潜在价值，因为连接能够承载价值，社群用户的背后，便是巨大的潜在价值。UBER 现在的估值最低也能达到 100 亿美元，你能说“连接”不能承载价值吗？

总结一下，潜在价值基于每个企业的社群用户而产生，不同的社群用户拥有不同的价值“基因”，因而每个企业拥有不同的潜在价值，每个企业挖掘潜在价值的手法也大相径庭。潜在价值是企业“价值火山”内部最活跃的那部分“液态区”，由于社群用户的复杂性，这些潜在价值是混沌的、杂乱的，消费者自己也不一定能理解，企业更难去描述和捕获，这也是很多互联网企业面临的一大难题。

这便是五部曲倒数第二部，潜在价值，它是以最下面的社群用户和网络化结构为基础，由社群用户在互联网的“连接”属性下产生的。由于网络结构的活跃性，每个人释放出的潜在价值是混沌的，杂乱无章的，企业很难去理解这样的价值。我们需要用潜模式来捕获这样的潜在价值。

潜在价值也是潜模式“潜在性”的根源，正因为这种活跃的潜在价值的存在，才让企业在发展历程中潜伏了许多可能的商业模式。

**潜在价值：由火山最底层的社群用户的连接关系而产生，又因为连接“基因”的不同而有所区别。它们是混沌、无序的，等待被发现和挖掘。**

## ③ 价值涌现

“价值火山”的第三部是潜在价值涌现的过程。

潜模式是用来挖掘社群用户那些混沌的潜在价值，并使这些混沌的、无序的潜在价值涌现出来，成为一种显性的、规则的价值，涌现的过程便是“价值火山”第三层的价值涌现。

潜在价值涌现的过程是潜模式的核心。火山底部的岩浆炽热到一定程度便会喷涌而出，潜在价值也一样，如果潜在价值过于活跃，也会涌现出来。

## 爱奇艺的价值涌现

仍以爱奇艺为例，爱奇艺已成为行业老大，拥有数亿用户，可是却一直面临着有人流量无现金流量的尴尬局面。光靠广告这种传统的方式难以为继，爱奇艺一直在寻找出路。

情况在 2016 年出现转机。

在越来越活跃的用户面前，付费会员成了爱奇艺的一个新的价值涌现。比如，《盗墓笔记》只在爱奇艺上播出，放出先导集后，22 小时点击量就破亿，成为有史以来最快破亿的网剧，并且快速成为话题热点，登上百度热点、微博热门话题等。

付费的会员可以一次看完所有剧集，非会员就只能等待每周一播。这个实验让爱奇艺的会员服务火了，后台服务器甚至一度崩溃以至于用户无法付费。之后的《蜀山战记》用了第二种播放模式，VIP 会员可以抢先看第一季的所有内容，之后电视台才开始面向普通观众播放这部电视剧。这两部剧给爱奇艺带来了不少会员。

爱奇艺最开始 4 年只获得了 500 万付费用户。但 2015 年之后一年时间就增长到了 2000 万。爱奇艺顺势而为，2015 年 10 月把 VIP 会员包装成了一个产品，定位“轻奢”，请来了杨洋、杨颖和黄渤做代言，在公交、地铁、电梯里投放了许多广告。更多的资源也向自制内容倾斜，爱奇艺宣布把 2016 年 50%的资源都投入到会员相关的服务中去——这些资源包括购买版权、升级服务和自制内容，采购和制作的会员大剧将超过 40 部。

2016 年，中国视频会员市场继续呈现爆发式增长趋势。2017 年 1 月 17 日，根据艺恩网发布《2016 年中国视频行业付费市场研究报告》的统计数据显示，截至2016年12月，中国视频有效付费用户规模已突破7500万，爱奇艺以40%的市场占有率保持了其在付费市场的领先优势，是截至目前中国最大的视频付费平台。2016年，中国视频付费用户规模同比增速为241%，增速为美国市场的9倍，预计2017年中国视频付费用户将超过1亿。中国视频付费正通过快速成长的用户规模和精品内容、模式创新成为影响全球视频付费市场不可小觑的主要力量。

爱奇艺现在总共有6亿用户，这6亿用户所蕴含的潜在价值也随着付费时代的到来在不断涌现，活跃的“岩浆”总有爆发的一天。

这便是第三部，价值涌现，它是无法复制的过程，是一个动态演变的过程。在涌现出的价值当中，有的得以显性化保留，有的却消失殆尽，但是任其千变万化，根基的社群用户和连接关系是不能随意变动的。

**特权与套餐**

| | 特权 | 黄金套餐(19.8元/月) | 白银套餐(4.99元/月) |
|---|---|---|---|
| 内容特权 | 会员免费片库 | √ | 点播5折优惠 |
| | 好莱坞点播片库(new) | 点播5折起优惠+送券 | 点播5折起优惠 |
| | 送点播券 | √ | |
| | 超级网剧/电视剧 | √ | |
| | 演唱会直播 | √ | |
| | 明星观影团 | √ | |
| | 专属福利 | √ | |
| 功能特权 | 尊贵身份 | √ | √ |
| | 跳过广告 | √ | √ |
| | 下载加速 | √ | √ |
| | 限制上传 | √ | √ |
| | 超清高速 | √ | √ |

**价值涌现：对应潜模式的“涌现性”，是基于活跃的社群用户和潜在价值之上的商业模式显现的过程。商业模式涌现出来以后，在与环境的交互中遵循着“物竞天择，适者生存”的自然规则，有的得以保留，有的消失殆尽。**

## ④ 商业固化

“火山模型”第四部在地表以上的，是得以保留下来的商业模式(是显现、固化的商业模式)。它很好地展现了潜模式的“涌现性”和“迭代性”——企业的潜在价值不断涌现，企业不断用潜模式去抓住这些最活跃、最炙手可热的价值，最后总有一些新模式得以冷却、固化下来，形成企业现有的成熟商业模式。

### 动态的变化过程

商业模式是企业赚钱的逻辑表达，传统的商业模式是一个固定的表达，拥有固化的形态，即价值链模式的价值创造，可以通过大规模复制来赚到更多钱，就像很多连锁酒店或者连锁餐饮业的特许经营一样。

但在火山模型下的商业潜模式，从某个时间点看虽然也是有固定形态的，但是加入时间的维度后，它不是绝对固化，而是相对固化。

相对固化是指在一段时期之内，企业的商业模式不会发生太大变化，但是从一段相对长的时间来看，代表企业商业模式的地表火山在不断更迭、变化。它的更迭伴随着每次的价值涌现：从地下喷涌而出的潜在价值，在地表与环境之间相互作用，为企业的“火山模型”披上了新的外壳，使企业的商业模式释放出新的东西，产生了新的改变。每一次的喷发和涌现，都是企业商业模式的一次迭代过程，形成企业的一种积淀，留在企业的“火山”当中。

靠餐饮服务赚钱的麦当劳，其商业模式长期稳定，和普通的餐饮企业没太大区别，但是随着潜在价值的涌现，麦当劳的商业模式不再仅仅是靠餐饮服务的商业逻辑，其在地产业同样可以施展拳脚，迭代出新的商业模式。

## 积淀越多，越难以巨变

随着企业“地表火山”不断壮大，企业现有显性商业模式愈加庞大。大象难转身，船大难掉头。这样庞大的体积之下，商业模式的逻辑很难有颠覆性的变化，每次的更迭只能产生一些细小的变化。

已经拥有千亿体量和万亿销售额的阿里巴巴，你建议它调整自己的电商模式，或者改变自己的业务，这不太现实，但是阿里的各种微创新层出不穷，延期付款的“花呗”“芝麻信用”等，依然在对阿里庞大的商业模式火山进行着更迭，只是这些更迭对整个企业的格局影响较小，而对于初创企业，如 ofo，它的第一次价值固化必然对整个企业今后的发展格局影响颇大。

互联网背景下的潜在价值就如同“沉睡”在火山底下的高温岩浆，在火山外面丝毫察觉不出原来在这样一座看似平和的“巍巍巨石”下面，还有这样一个异常活跃的“液态区”。这些“液态区”即岩浆，我们把它看作互联网背景下由网络化的连接承载的价值，它是潜在的、动态的；而“液态区”表面的巍峨火山，我们把它看作企业现行的商业模式，它是潜模式的成形过程，它在静态视角下是稳定的，但是加入时间这一维度后，却是动态的、迭代的。

这便是“价值火山”模型的第四部——涌现的商业潜模式，它是企业潜模式产生后，与外界环境相互作用成功保留下来的部分，它是相对固化而不是绝对固化的，它代表着企业的积淀。越是庞大的商业模式，越难以产生颠覆性变革，但这并不影响潜模式的产生和更迭。

**价值固化：每个互联网背景下的企业都被赋予了一种由不同连接关系带来的商业基因，就像进化论所描述的那样，每个企业其实都找不准自己演变的方向。**

**“物竞天择，适者生存”，新的价值不断涌现，与之对应的商业模式不断迭代，但是最终只有“适者”才能固化下来。**

## ⑤ 价值循环

“价值火山”在完成一次潜模式的过程以后，并不会因此而停止，潜模式是一个动态的循环过程。

潜模式最开始总是通过某种方式连接一定数量的社群用户，然后通过这种连接关系来承载巨大的潜在价值。随着不断壮大和活跃，有的潜在价值会释放出来，形成一次价值涌现。在与环境交互之后，适者生存，该固化的固化，该消失的消失。最后，固化的价值以及与之对应的商业模式并不是一成不变的，它们会成为“模式之模式”，不断地孵化出新的子模式，进行动态迭代。

随着潜模式前面四部曲的完成，便迎来第五部——价值循环过程。新的商业模式和商业运作会对潜模式的根基——社群用户进行反哺，因为企业的一系列商业行为是建立在为客户创造价值的基础上，成功的商业模式往往是为顾客创造价值而不是消灭价值。这样连接关系和社群用户会更加丰富，他们蕴含的潜在价值也会更大，进一步促进了潜模式的又一次循环。

## 争先“召唤”的贴吧广告

在传统的观念看来，所有广告几乎都是烦人的：电视一到精彩处就是广告，逛个街能被一堆宣传单困住，一分钟的短视频广告竟然有两分钟……广告似乎是在毁灭价值。但是你听说过大家争着看的广告吗？百度贴吧就推出过这样的广告。

百度贴吧会在主题帖靠前的位置随机投放一些广告，这些广告除了在“发帖人”的位置注明是广告以外，和普通用户的发言记录几乎一模一样。比如 12306 就曾投放过一款由某知名女星代言的手机订票广告，图片中该女星穿着红色长裙，拿着一个智能手机，告诉大家怎样通过手机在 12306 的 App 上订票。

此举一出，便有人发挥出了贴吧的“恶搞文化”，他们会在帖子的前排发布这样一个与主题帖完全不相关的帖子：“喂，请问有人见到我的女朋友了吗？她拿着手机，穿着红色长裙，准备在 12306 上订票，我突然找不到她了，对了，我女朋友长得有点像某女星。”这时候如果运气正好，在该回复下面就会出现该女星代言的广告，这样的恶搞让大家争相模仿，都希望“召唤”出自己的广告。

百度贴吧的这种广告并不是人为“设计”的，而是由用户们自己“设计”的，这样的恶搞模式既为贴吧赚足了广告费和眼球，又让更多的社群用户体验到了贴吧的愉悦，增加了连接的强度和丰富性，该模式促进了新的潜模式循环过程。

**价值循环：随着前面四部的完成，第五部价值循环让潜模式过程又回到了原点，即固化之后的商业模式又进一步促进了社群用户之间的连接关系，潜模式又将再一次循环。**

## ※ 案 例 诠 释

贴吧是百度旗下独立品牌，于2003年底上线，是全球最大的中文社区，截至2015年底，百度贴吧注册数15亿，贴吧总数高达820万，主题总数高达35亿，留言总数高达646亿。百度贴吧13年的发展史，可以说完美地诠释了潜模式的潜在、涌现和迭代过程。

### 以兴趣为纽带的连接关系

贴吧的创意来自百度首席执行官李彦宏：结合搜索引擎建立一个在线的交流平台，让对同一个话题感兴趣的人们聚集在一起，方便地展开交流和互相帮助。贴吧是一种基于关键词的主题交流社区，它与搜索紧密结合，准确把握用户需求，为兴趣而生。

贴吧的使命是让志同道合的人相聚。贴吧的组建依靠搜索关键词，不论是大众话题还是小众话题，都能精准地聚集大批同好网友，展示自我风采，结交知音，搭建别具特色的“兴趣主题”互动平台。其目录涵盖社会、地区、生活、教育、娱乐明星、游戏、体育、企业等方方面面，是全球最大的中文交流平台，为人们提供一个表达和交流思想的自由网络空间，并以此汇集志同道合的网友。

在成立的最初几年里，百度贴吧以兴趣为纽带，利用互联网的“连接”属性，打破了传统的基于面对面的兴趣交流方式，改变了以往兴趣交流的结构，形成了一个个聚合社群用户的贴吧，每个贴吧都是一个网络状的结构化主体，里面的每个用户之间都可以产生互动，每两个点之间都可以形成一个闭合回路，形成价值循环的过程。贴吧与贴吧之间也是网络化的结构，形成“网络之网络”，释放出以往被压抑的潜在价值。

回首贴吧连接关系的演变，我们可以用下图来描述。最开始贴吧的用户很少，人们更多的是获取信息而非沟通，这样用户与用户之间相对孤立；之后随着用户的增多，每个贴吧内聚合了一批社群用户，他们开始在吧内交流，形成贴吧内的网络化结构；最后，连接关系进一步丰富化，贴吧之间的界限也开始逐渐模糊，相关贴吧之间的联系更为紧密，表现为每个用户关注的贴吧数目增多。

百度贴吧连接关系演化图

百度贴吧社群用户数目在不断发展壮大，网络化结构不断丰富化，就像是“沉睡”的火山底下的“液态区”一样，异常活跃，总感觉哪天会喷涌而出，但是没有人知道到底会不会喷涌。如果喷发的话，会是哪天喷发？怎样能喷发？到底应该用什么样的商业模式来实现贴吧的商业价值，没有人知道，只能走一步看一步，这是潜模式潜在性的体现，不可能在一开始就有一个清晰的框架，要做的就是让“连接”丰富化，让网络结构丰富化，陪着社群用户一起玩。

**潜模式最初的形态就是一个由“连接关系”形成的场域，在这个空间内用户体验到的价值随着“连接关系”的丰富化而不断加强，潜模式也正慢慢酝酿着。**

## 贴吧的海量潜在价值

尽管贴吧的商业化过程始终是一个谜，却没有人敢说贴吧没有价值。

在互联网背景下，连接本身也可以承载价值，而贴吧天然就是一个巨大的连接体，是一个网络平台。贴吧有上亿的月活跃用户，每个贴吧内部的用户都是贴吧网络里的一个点，这些点是异常活跃的，他们像是炽热的岩浆，随时都在迸发价值。

互联网之下，有了连接，互联互通，从来就不担心没有价值，因为连接本身就能承载价值。互联网带来了连接承载价值的属性，却也让连接成为一种稀缺资源。智能手机的应用商城或者App Store中各种游戏、社交、办公等类别的软件成千上万，层出不穷。然而再看看手机里已下载的App数目，平均都在几十个左右，那么连接稀缺吗？太稀缺了。

大家都知道连接能够承载价值，也知道要去获取这些价值，纵然有很清晰的思路，然而一切都为时已晚。

所谓潜模式，不是已经知道结果再来计算过程，而是一个从混沌无序的潜在价值变为稳定有序的显现价值的过程，它是不可复制、不可预测的。

百度贴吧很有效地抓住了这一点，最初它也不知道怎么去实现这些价值，引爆“价值火山”。因为商业模式千变万化，潜在价值也是千变万化，混沌无序的，不可能抓住每个价值，实现每个商业模式，只能以不变应万变。百度贴吧抓得住的只有连接本身。

百度贴吧深谙这个道理，它为兴趣而生，抓住用户在互联网中分享兴趣的痛点，只要你感兴趣的关键字、关键词，通通可以形成一个交流平台，兴趣由用户而定，贴吧为用户而生，用户自定义想讨论的话题，而不是由贴吧来决定用户口味。几年时间贴吧迅速聚合大批用户，把那些自主定义交流平台的论坛、社区等全部比了下去。

## 潜在价值的积累——粉丝文化

2005 年，湖南卫视横空出世的“超女”节目异常火爆，百度贴吧的辉煌就始于十多年前席卷全国的《超级女声》。在《超级女声》决赛前夜，其前三名的相关发帖量累计已超 1000 万，也是在那时，百度贴吧成为全球最大的中文站点，其第一次大规模潜在价值的积累就始于此。

“超女”突然间的火爆，带来了大量的“铁杆粉丝”，而此时正处于互联网加速普及的时代，网民们非常乐意在互联网上分享自己对偶像的喜爱之情。此时的百度贴吧就像一座“沉睡”的活火山，外表风平浪静，实则波涛汹涌。百度各个贴吧的用户以及其他网民纷纷加入“超女”等选秀明星的贴吧当中，他们为自己喜爱的明星发帖、投票，甚至把自己偶像的帖子转载到其他各个贴吧里，以寻求其他人的关注与支持。

这是一个不断反复的过程，也直接导致越来越多的关注投入到这些贴吧当中，各个贴吧彼此渗透，共同分享着“超女”带来的文化盛宴，乐此不疲。随后的几年，选秀节目层出不穷，众多选秀明星的贴吧变得火爆异常。

这一时期的百度贴吧，弥漫着一种“粉丝”文化，就好像你不是哪个明星的“粉丝”都不好意思逛贴吧。“粉丝”文化就像一个催化剂，让百度贴吧涌现出了许多新玩法：贴吧之间开始建立密切的关系，相互会在对方的贴吧发一些被称作“外交贴”的帖子，来宣传自己的贴吧或偶像；偶像贴吧不仅仅作为一个基于兴趣的交流场所，更成为了解明星信息与动态的窗口；甚至有的贴吧已经产生了自发的商业化运作，比如抢票、举办接机活动、签售专辑等。

与此同时国内娱乐游戏等产品的发展，无意中使贴吧成为最大赢家，用户们在贴吧里谈论一个共同的话题，贴吧开始慢慢真正聚起了人气，而这些聚集，正如火山的发展史一般，蕴含着巨大的活跃岩浆，将在其发展过程中不断释放。

百度贴吧随即抓住这样的涌现现象，开始了一系列新动作，来扩大这种潜在的价值。

2006 年 5 月 30 号，贴吧周刊正式开刊，大家汇聚一堂积极参与，“十二精品吧”也正式启用。2006 年 6 月 20 日贴吧新首页隆重上线，随后20天，贴吧首页全新改版，内容更加丰富，同年8月贴吧首页又一次进行改版，增加了更多内容，更多贴吧相关的资讯。2007年10月贴吧新增图片库、档案、自定义链接等新功能。2007年12月贴吧视频功能正式上线。这些新功能都很好迎合了这样一种文化，让百度贴吧的潜在价值不断壮大，也让贴吧这座“价值火山”内部蕴含的岩浆越来越活跃，越来越多，即使它们是混沌无序的。

**百度贴吧的潜在价值建立在无数的用户之上，一方面贴吧需要去扩大这种潜在价值，另一方面用户的无序性导致这些潜在价值是混沌的，这时候怎样去挖掘潜在价值成为关键。**

## 价值涌现与价值固化

价值涌现与价值固化是过程与结果的关系，涌现的价值可能固化，也可能消失。为了方便理解，我们将这两个步骤结合到一起进行阐述。

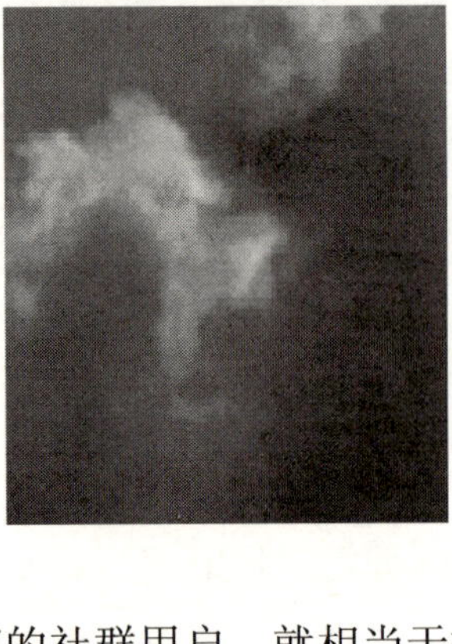

只要抓住了“价值火山”最底部的社群用户，就相当于抓住了

连接，于是就有了这些用户身上的潜在价值，而连接与潜在价值都是潜模式的基础，潜模式建立在连接与潜在价值之上，要用潜模式来实现潜在价值的涌现，让“价值火山”喷涌而出。

## 不断完善的“基础设施”

潜在价值到底会涌现出来什么企业并不能预先设计，然而企业却可以主动扩大潜在价值的活跃性来使之释放，要做的就是完善“基础设施”。

2010 年前后，智能手机开始在社会中普及，逐渐成为继个人电脑之后的又一大互联网入口，移动互联网的时代悄然来临。2013 年 8 月平台化的贴吧官方平台飞跃发展，贴吧官方平台搭建，成为连接企业与“吧友”之间的桥梁；同年 9 月贴吧实现语音发帖功能，让社区更潮流；同年 11 月创新性开启移动互联网群聊时代。贴吧开启社区华彩新篇章，为社区平台带来划时代的飞跃：群聊功能让兴趣相投的“吧友”有一个私密交流空间，同时贴吧 T 豆商城上线，将贴吧用户体验做到极致，贴吧将更加人性化、个性化、多样化，让用户有更绚丽的贴吧，更优质的体验，新功能涵盖独特的 T 秀勋章、个性铭牌、酷炫装扮、趣味发帖、魔法道具、转转秀等，丰富多彩。

百度贴吧这一系列大刀阔斧的改革就是为了潜在价值的涌现迅速而有效，贴吧的生态更加丰富多样，贴吧与贴吧之间更加交融，就好比今日的经济全球化趋势一样势不可挡。

这个时代的贴吧像一个现代化的人类社会，可以通过输入“@+ID 名称”的方式来进行“传呼功能”；可以通过“楼中楼”的方式来实现与他人的“面对面”交流；可以通过私信的方式来实现与他人的“私密”沟通；可以通过吧刊的方式来实现“文化输出”；可以通过移动端贴吧来实现“实时通信”；可以通过群聊的方式来实现“会议讨论”等。百度贴吧此时的“基础设施”已经日趋完善，各用户、各贴吧在这些“基础设施”之上继续演化着。百度贴吧的“疆域”甚至已经脱离了虚拟的互联网世界，突破维度融入现实生活，而这种突破次元的活动便是一种涌现现象，比如线下的粉丝聚会、同城约会、机场接机等，它们都是一种互联网背景下的涌现现象。

## 商业化运作的开始

2014 年是百度贴吧的商业化元年，贴吧的商业化过程始于此。

拥有海量用户群体的百度贴吧，尽管一直被视为“粉丝火山”，拥有巨大的潜在正向价值，但却很少被成功引爆过，此前的很多涌现现象不过是在把这块潜在的“蛋糕”做大，却吃不了。不过，在 2014 年，华为荣耀与贴吧的合作终于打破这一僵局，让百度贴吧开始尝到了甜头。

华为荣耀千元智能手机荣耀 3C 电信版在华为荣耀百度贴吧 5 天预约，获得了惊人的 5095982 人预约。毫无疑问，这是一次典型的潜在价值涌现现象，不仅因为它让百度贴吧发现了新的商业模式，更因为它实现了贴吧的潜在价值。

## 成功的背后

华为荣耀 3C 电信版在百度贴吧的成功案例看似简单，实则有其值得研究之处。

首先，华为荣耀贴吧的用户，也多半是华为的手机用户，或者打算购买华为手机的用户。他们在这里进行交流，这个贴吧平台就成了用户聚集的入口，入口一旦形成，这里就成了这些用户们的连接点，互联网背景下的连接必然产生潜在的价值，而这些价值终将被潜模式所挖掘出来。

其次，用户与用户之间的影响力也在不断扩大。随着贴吧“基础设施”建设力度的加大，华为贴吧的用户群体成为一个高度发达的网络虚拟社群，他们早已在互联网的影响下，发展为一个相互影响，高度相通的群体。用户之间联系越来越紧密，用户之间的“非线性”影响力开始扩大，这为贴吧的价值涌现提供了良好的条件。华为荣耀的这次活动就正如一枚引爆的炸弹，是百度贴吧潜模式涌现的见证者。

## 广　告

百度贴吧是一个基于兴趣的垂直社交平台，每个贴吧都有自己非常明确的受众，这让广告具有了更强的针对性。据数据显示，百度贴吧有 20%的收入来自贴吧投放的广告，这些广告从内容上可以分为以下两种。

第一种是具有普适性的广告，针对性不是很强，更看重的是贴吧巨大的流量入口。

第二种是具有极强的针对性的广告，比如游戏，医疗等，这些广告会投放到相应的贴吧里。从形式上又可以分为两种：第一种是主题型广告，会直接以一个帖子的形式穿插在正在浏览的贴吧主题当中，右上角标上一个小小的“贴吧推广”标志以示区别；第二种是帖子型广告，以普通帖子的形式穿插在相应贴吧的每个主题当中，并且往往出现在每个主题比较靠前的位置，其右上角也有一个“贴吧推广”的标志以示区别。

## 企业平台

2014 年，百度贴吧还推出了“企业平台”。

百度贴吧企业平台战略发布会于 2014 年 7 月 17 日举行，并宣布将通过开放贴吧官方吧，为企业、机构、媒体等合作伙伴搭建粉丝社区，成为品牌与“粉丝”、“粉丝”与“粉丝”深度交互的连接者。

百度贴吧企业平台拥有品牌与“粉丝”连接者的属性，在帮助企业实现品牌单向推广与延伸服务的同时，更能够引发“粉丝”与“粉丝”间的深度交互效应，快速地触及、转化、扩展“粉丝”群体，形成“粉丝”营销多向、深入、高效、自生长的生态闭环。百度贴吧企业平台对于企业在“粉丝”互动、品牌曝光、舆情监控方面有很好的帮助。这是直接在贴吧广告之上的赚钱新方式：企业需要缴纳最低 3 万元的认证费用，首批入驻的企业名单中包括了特斯拉、网易游戏、天猫等品牌，这些企业贴吧带蓝色“V”字，和纯民间运营、不带标记的“兴趣吧”区分开来。

除了上述的一些商业模式以外，百度贴吧还有许多的商业模式得以保留，成为暂时固化的商业模式，还将继续涌现，继续迭代。

> **百度贴吧成功的商业模式，都是经过与外界的相互作用，相互融合后，经得起考验的商业模式，这样的商业模式才能够保留下来，成为“看得见”的火山表面。**

## 难以把控的潜在价值涌现

百度贴吧的潜模式显性化过程也并非那么一帆风顺，由于潜在价值是混沌无序的，它涌现出来以后能否与外界环境相适应还是一个未知数，因此难免有遭遇滑铁卢的时候。

### 贴吧合伙人

绝大多数贴吧都是由用户自己管理，这也正是贴吧成功的一大原因——用户有自主权，可以定义贴吧。而百度于 2015 年推出了首创的“贴吧合伙人”制度，申请成功的企业将可以像运营自家品牌的企业贴吧一样，独占一整个垂直领域的推广渠道。

简单来说，贴吧合伙人一旦看上哪个“粉丝”量大的贴吧，就能花钱在上面打广告：三个普通的置顶帖、一个会员专属自营帖、一个话题帖、精品区、四个首页焦点图、四个右侧图片轮播图、四个右侧视频轮播位、一个右侧公告位、客户端消息推送等都是广告位。百度贴吧的打算是让合伙人提供更为专业的咨询和服务并管理好贴吧，让贴吧更为活跃，但却将用户自行管理的模式改变了。

## “魏泽西事件”

百度贴吧涌现出合伙人制度以后，却没有在此基础上进行进一步迭代和循环，它一方面削弱了用户的自我参与程度，另一方面却没有对贴吧合伙人进行有效的监管与控制，以增强用户的体验感和黏性，过于享受该模式引爆的潜在价值，忽略了潜在价值涌现后与环境的相容性。

在某个疾病类贴吧中，合伙人投放了严重虚假的广告诱骗患者，其中 2015 年底出现的“魏泽西事件”就是一个缩影。西安电子科技大学一名叫魏泽西的学生，因为轻信了该贴吧当中的虚假广告，最终年轻的生命走向了终结。“魏泽西事件”把百度贴吧的这种缺乏监管的“贴吧合伙人”模式推上了舆论的风口浪尖。百度迫于压力，终结了这个商业模式，它在与环境的交互当中没有经受住考验而消失，没有固化为贴吧现有的商业模式。

### 商业化的终止

百度贴吧的潜模式过程方兴未艾，2016 年 7 月 27 日，又发文终结商业化运营，停止贴吧代运营合作，原合同有效期内的代运营贴吧，合同到期之后将关闭贴吧内部商业化运营功能。这意味着为期 2 年的贴吧商业化运营将走向终结。这也可以视作贴吧对潜在价值的挖掘存在问题，它难以把控这种混沌、无序的价值。

## 百度贴吧终结商业化运营<br>业内认为完全恢复仍需时日

2016 年 07 月 27 日　15：42：56　来源：法制晚报

记者昨日从百度获悉，自 7 月 7 日起百度贴吧停止代运营合作，原合同有效期内的代运营贴吧，合同到期后将关闭吧内商业运营功能。这意味着，为期 2 年的贴吧商业化运营走向终结。

那么百度贴吧的商业模式将何去何从呢？

尽管百度贴吧现在暂时终结了其商业化运营，但这不代表百度贴吧的潜模式的终结。相反，这又是一个新的起点，新的涌现和迭代的序幕又将拉开，潜模式的“火山模型”还将不断地“深耕”于这片拥有海量社群用户和潜在价值的“沃土”，百度贴吧的新模式还将继续“喷涌”！

# 第四部分：绽 放 潜 在

在潜模式的模型与视角下可以观察很多商业现象。重新来讲述与再现 16 个故事[1]，会得到不一样的解读与释放。每一个讲述力求从潜模式的不同角度提供给大家新的启发。这是一个潜在的绽放过程。

1）这些故事和案例来自《静静五分钟》，硕士生杨芮、孙世超和熊雯提供了部分案例，由杨芮统一整理。

## ※ 两 个 生 日

想必你经历过学校的校庆盛会，每个大学在建校50周年等具有重大纪念意义的年份时，都会筹办盛大的校庆活动为学校庆祝，甚至会提前一年的时间准备。而另外一个有趣的生日庆典则是“小鲜肉”王俊凯的生日。这位“小鲜肉”可能人们会觉得陌生，但“跟着我左手右手一个慢动作，右手左手慢动作重播，这首歌，给你快乐......”这首歌你是否觉得熟悉呢？唱这首歌的是TFBOYS组合，他们的队长就是王俊凯。

这两类生日庆典有哪些有趣的现象值得分析呢？

先来看看“小鲜肉”王俊凯的生日。2016年9月21日，王俊凯迎来了他的第十七个生日，“粉丝”们为他筹备了巨大的生日庆典，重庆地铁车身广告、11块美国时代广场LED大屏广告、独立直升机环城飞行、豪华邮轮终身VIP、水立方主题灯光展示、冰岛韩国等海外媒体投放，实现了海陆空多维度宣传，花费在千万元级别。

再回想一下大学时期学校的校庆：校园四处张灯结彩，各种周年宣传的图标立在各个角落，校园公路旁的路灯上挂满红色庆典旗帜，为校友们举办了一系列活动。甚至在高速公路或者机场也可能会偶尔出现“校庆欢迎校友回家”的宣传文案。

除了学校的生日会给大家放假以外，这两个生日活动还有一些不同：首先校庆的主办方是校友办。校友办将具体任务从上至下的分配给各部门；而王俊凯生日主办方不是王俊凯的公司，而是各大贴吧、粉丝会组织，这些组织是分散的，却具有很强的自主性和自发性。

再看校庆参与者，作为普通学生，参与度很低，所有校庆活动都是学校做好规划，学生参与执行。如穿上统一发的文化衫，出席一场晚会，或者当一个引路的志愿者。

王俊凯生日“粉丝”参与到了活动的策划、执行、联络、设计等各个环节。大家有没有发现，所谓“粉丝”团队不是一个杂乱无章的组织，而是一个运营良好的无边界自组织。他们全程高度参与，个体之间充分活跃，设计出不同形式、活动范围影响极为广泛的活动。

同时也可以看到两个活动参与者的动机也不同，校庆活动作为传统组织活动，其参与者多是被“强迫”的。学生没有选择，行政部门更加没有选择，这是他们日常工作之外需要承担的另一部分工作。

而王俊凯的生日，所有的粉丝参与动机我个人非常欣赏，因为喜欢王俊凯，所以个体有非常大的能动性参与到活动中去，这种不同的动机直接决定了个人在过程中创造性投入的程度。

**对比** 传统活动筹划VS粉丝活动筹划

| 传统活动 | 粉丝活动 |
| --- | --- |
| 主办方——校友办 | 主办方——各大贴吧、粉丝会（自主、分散） |
| 参与形式——末端参与、简单执行 | 参与形式——全程参与、高度自主活跃 |
| 参与动机——不得不 | 参与动机——我喜欢 |

随着互联网时代的到来，类似“粉丝”活动这种新型的组织

关系会越来越普遍，这是一种趋势。前文已经详细地分析了“火山模型”，那么潜模式的火山模型是否可以给“粉丝”活动一些启示呢？

首先看到的是在火山底部的社群用户，由广泛的“粉丝”组成了社群群体。潜在价值通过“粉丝”的持续活跃度得以释放，“粉丝”们通过 QQ 群、贴吧等形式自发组织开展各类活动，不断更新偶像信息，以保证组织活跃。在这个过程中“粉丝”的应援过程即为“粉丝”的价值涌现过程，“粉丝”的价值在这个过程中不断进行释放，最终形成了广泛的影响力。

在这里先讲讲什么是应援。应援是“粉丝”为自己偶像过生日或者其他活动所产生的行为，一般为群体性活动。其中包含了丰富的应援文化和形式，应援文化如有官方会员服、昵称、“粉丝”名、应援色、应援物等形式，应援形式有大米应援、认领小动物、公交车应援等文化形式。

在“粉丝”应援的过程中价值被挖掘出来得以固化，价值固化主要包括两个方面：一是应援行为的固定，例如在偶像生日等固定节日会举行规律性应援活动；二是应援的形式又是多元的，正如上文提到的公交车应援、大米应援等形式。通常应援形式以积极公益为主，也为了更好地树立自己“爱豆”的光辉形象。

我们看到在“粉丝”为王俊凯庆祝生日活动上，没有所谓的科层结构，没有固定的领导，“粉丝”们只是一群为了共同“爱豆”不懈努力的小伙伴，有钱出钱，有人脉出人脉，有想法出想法，他们的行为佐证了前文提到的为什么要拥抱潜模式的“变化”维度中社会关系的加强的变化趋势，唯一需要的就是将这个积极主动的行为变为一种持续动态的承接，不断地涌现出新的潜模式价值。

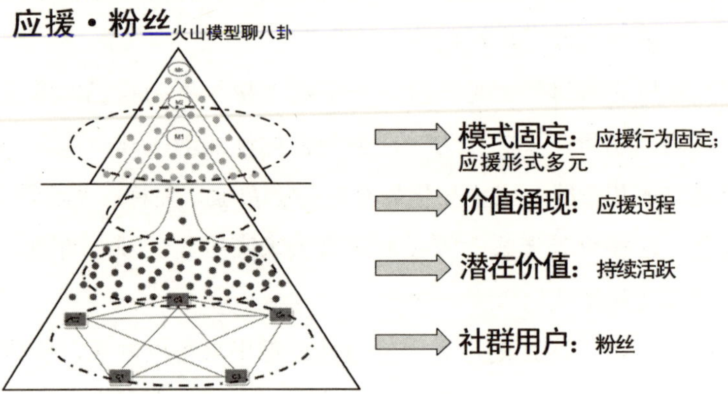


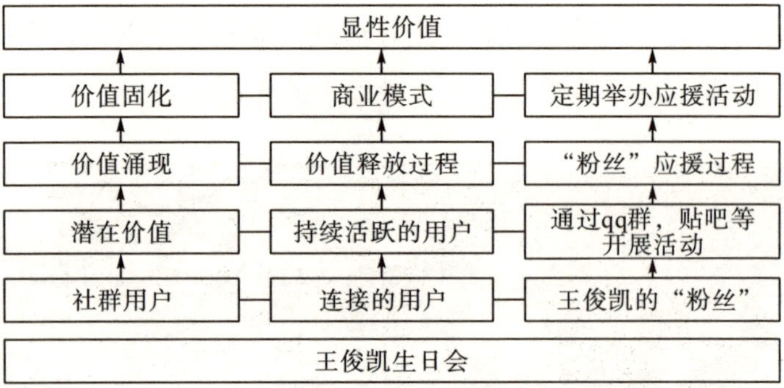

新一代“粉丝”的出手阔绰远不止给王俊凯过生日包地铁这一件事情。“粉丝”们开始主动扮演起明星的经纪人的角色，承包了他们的宣传、形象维护等工作。让我们大胆地猜想一下，“粉丝”群体是否将取代传统等经纪公司，自发地对艺人进行包装、宣传呢?明星是否将不会遥不可及，而不知道在什么时候就和你一起吃饭像朋友一样畅聊人生呢?

**火山模型五部曲告诉我们，组织需要重视个体自由涌现的价值，同时组织也需要有能力捕捉和固化涌现出来的价值，这样才能够形成一个良性循环。**

# ※ 潜出美图

【消费者并不知道自己需要什么，直到我们拿出自己的产品，他们就发现，这是我要的东西——乔布斯】

《诗经·周南·关雎》：关关雎鸠，在河之洲。窈窕淑女，君子好逑。描述了小伙子“在河之洲”由关雎之声而引起对漂亮苗条的姑娘的爱慕之情。新东方创始人俞敏洪曾说，“男人喜欢美女是审美，女人喜欢帅哥是好色”。人对美的追求是一种天性，正所谓“一切欲念皆源起自视觉的诱惑”，心理学家马斯洛曾在《动机与人格》一书中表达了审美是人的一种高级需求的观点。

由于审美需求的存在，美图秀秀、CAMERA360 等各类互联网美图工具应运而生，青年男女可以通过这些简单的工具进行图片的美化。特别是在互联网催生了人类社交需求的背景下，这种深层的审美需求被激发，越来越多的青年男女使用该类应用工具，以期给陌生人留下更好的第一印象，在网络社交中获取优势。

正是这类应用工具的存在，使青年人逐渐意识到进入了“照骗时代”，甚至有媒体称美图催生了“照骗经济”。这是一个全新时代，它充分激发了人们内心对美的追求、渴望和分享，这种人们内心潜在的需求被激发，使美图公司拥有了大量的用户群体。但人们感到疑惑的是它们作为工具应用如何盈利，如何构建商业模式呢？在创业之初，美图公司创始人蔡文胜同样存在着这样的困惑。

2016 年 12 月 15 日，美图公司成功上市，是怎样的业务使美图公司具备了上市的条件呢？为什么它可以成为美图类工具中最先上市的公司呢？这些成了我们要探索的问题。在这个过程中我们发现了与新兴互联网公司成长的根基在用户，互联网公司的用户数量决定了公司的潜在空间，或许正是如此，互联网公司用户数和日活跃用户数成为公司估值中重要的考量因素。

公司拥有的用户不能直接决定其利润，但确定了其潜在性。潜在性决定了一家公司的“母体”大小，“母体”越大它所表现的涌现性越突出，当价值被涌现性显现出来时，一家公司的商业价值将被固化下来，成为能够感知的商业模式(参考火山模型)。

作为互联网应用型工具，长期以来盈利模式单一，几乎完全依靠广告收益，美图公司却选择了进行商业模式创新，开始改变行业内盈利模式单一的现状，开发了智能手机，从软件走向了硬件，结果如何呢？

据美图招股书显示，2013 年、2014 年、2015 年及 2016 年上半年期间美图分别售出智能手机数量为 27917 台、277595 台、387775 台及 289079 台。与之对应的，2013 年智能手机的销售收入达到 5120.3 万，总营收为 8587.7 万；到 2016 年上半年，智能手机收入飞涨到 5.50 亿，总营收也增加到 5.85 亿。从这个结果看，是否可以认为美图在硬件领域的尝试取得了成功呢？

如果说互联网企业思维从软件走向硬件或从硬件走向软件是一种常规思维，那么美图公司进入直播领域、社交电商等领域是否是潜在商业价值的涌现呢？这可能是美图创业过程中尚未想到的，但今天却实实在在的做到了，并且在这些领域创造了从未想到的利润。

那是怎样的逻辑使美图手机在国内激烈的手机市场竞争中获得一席之地呢？又是什么使美图公司率先进入新兴领域，并取得不错的成绩呢？

第一，美图公司建立了一个庞大的用户关系网络。

前文提到了企业价值的实现已经开始逐渐从产品本身分离，特别是在移动互联网时代，企业的核心资源已经不再局限于产品和服务本身，而在于企业与消费者的关系。

美图公司经过 8 年的积累，通过美图秀秀、美颜相机、美拍等应用工具，努力建立和经营自己的用户群，形成了一个庞大的消费者网络，他们成为美图手机潜在的消费者。在美图 T8 手机的发布会上，介绍美图新产品的是 5 位在微博拥有超过 30 万粉丝的“网红”用户。借助“网红”经济发展的成果，美图此次行为迅速吸引了大量新的用户。

同时正是基于这样的关系网络，美图公司具备了“跨界打劫”的基础条件，其根源在于美图公司连接大量的用户群体，而这些用户对美图具有认同感，即使美图公司不再做手机，去从事看似不相关的行业，相信仍有用户跟随，从而造就了它的核心竞争力。

美图公司旗下软件

第二，美图公司将人工智能技术运用到手机。

我们处在一个智慧和机器相遇的时代，信息空间和物理空间更深层次的融合，是企业实现可持续发展的方向，也是企业转型升级必须走的一条道路。2016 年底美图港交所上市时，董事长蔡文胜表明所募集资金的 6.6%主要用于人工智能技术的研发。

不同于其他国产手机，美图手机的人工智能算法更倾向于人脸识别。这项技术基于美图公司前 8 年积累的大量人脸图片。美图公司拥有世界最大的人脸识别库，这种看似一文不值的数据，实则孕育了丰富的潜模式，不断涌现和迭代出新的商业模式。利用好这个数据库，与物质世界传统设备相结合，未来美图人工智能技术的发展潜力不可小觑。

第三，美图互联网基因所表现出来的适应能力。

如果说互联网是解决社会效率的重要工具，那么这种效率更多的是依托了它的适应能力和自我进化能力。这种效率不同于在传统结构中人为的设计过程，作为互联网公司这是一项基本的能力。如美图公司在新兴的短视频、直播、社交电商等领域的尝试，正是这种适应能力的体现。它既有属于自己独特的内核，同时又具备了快速对环境的适应能力，在这个过程中将前所未有的潜在性释放出来。

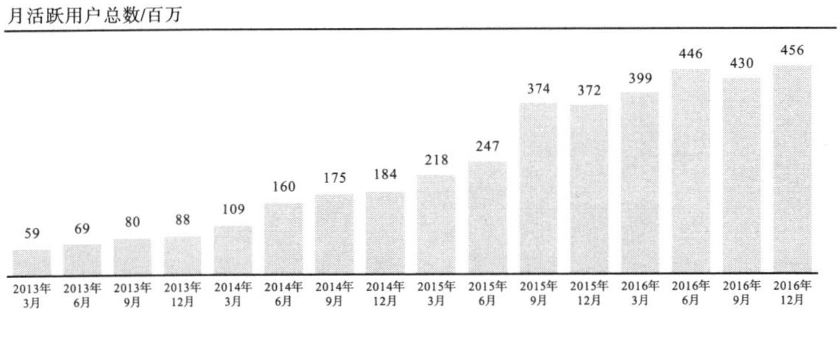


美图应用月活数据情况

“火山模型”描述了互联网时代背景下公司成长的基本逻辑。无论是我们所看到的百度、阿里、腾讯，还是美图、陌陌，这些互联网公司都遵循了这样的逻辑。最大的差别在于他们的根基不同，即他们希望解决的问题不同。如百度希望解决信息问题，阿里希望解决交易问题，腾讯希望解决社交问题，这些都是依托互联网技术，实现对物理空间的突破。

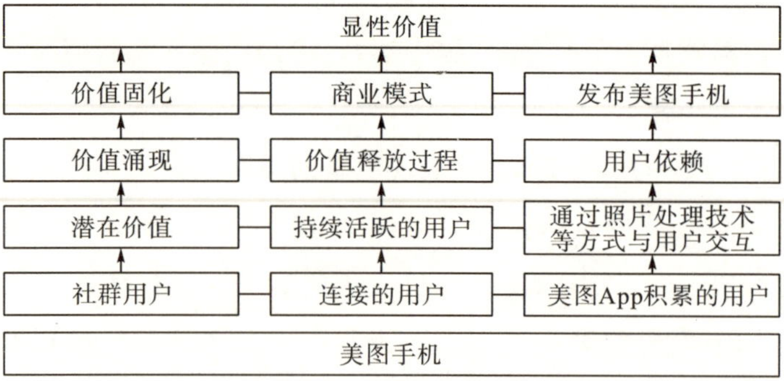


美图的案例告诉我们：潜模式的特质之一是它强调公司对环境的快速适应能力，而这种能力并不是无根之木，无源之水，要源于根基，但又不能限于根基，它必须通过母体挖掘其潜在价值，并在复杂的环境中不断吸收释放，将潜在价值在环境中显现。

**消费者需求多样化以及需求变化快的趋势，让我们不能只是去迎合需求而是要创造和开发需求，找到自己的利基市场。**

# ※ 红包力量

【天空没有留下我的痕迹，但我已飞过——泰戈尔】

现在每个人或多或少都加入了微信群，你是否注意过从“兴趣群”到“广告群”再到“僵尸群”的过程呢？最开始人们因为兴趣、爱好、工作等因素组建的微信群，到了最后静默如同“僵尸”。但有件事儿会使“僵尸群”在瞬间活跃——发红包。

发红包、抢红包会让原本寂静了很久的群忽然热闹起来，当红包热潮之后，微信群又恢复了往日的平静。那到底这一场红包活动有没有对你和这个社群产生影响？真的是一切如旧吗？

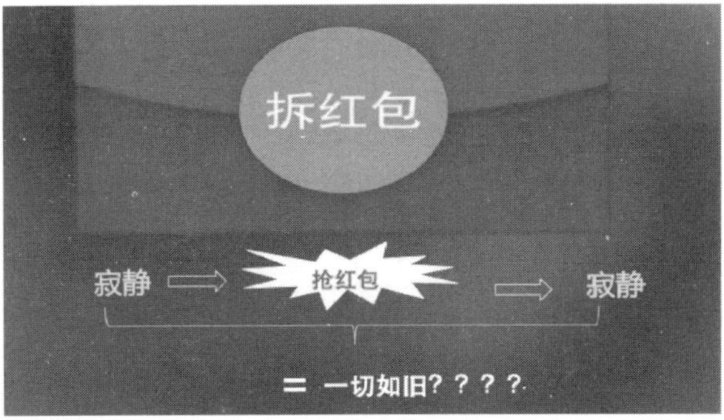


跟大家分享一下我在微信群抢红包的经历。办公室老师为了鼓励和表扬助理们这两三个月的表现，星期一晚上会在群里发红包。当第一个红包发出来的时候，原本寂静的群一下子炸开了锅，有人发“谢谢老板”的表情，有人哭诉完全没有抢到红包。抢红包之余大家还会调侃某位退隐许久的老助理，聊聊日常和八卦，后来助理们相互也开始发红包，到最后就是简单“粗暴”的斗图。直到深夜，喧闹的微信群才又一次安静下来，恢复了原本的沉默。

整个红包活动对于组织和个体而言，除了微信零钱包里差点戳坏手机屏幕才得到的一些零钱，还有什么呢？

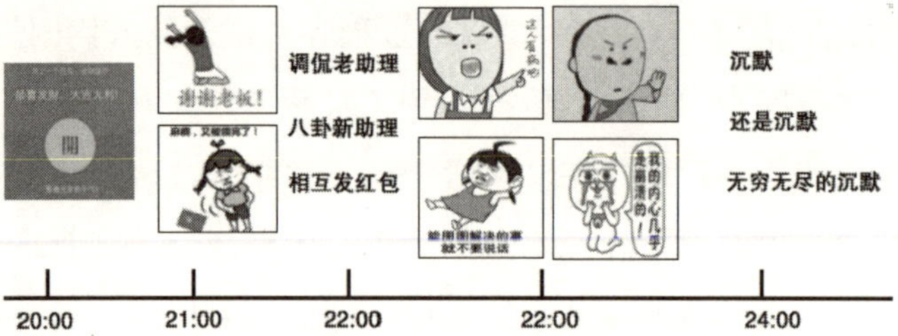


首先，红包活动强化了助理之间的弱连接。

我们办公室的工作类型属于项目制，团队 20 多个助理除了例会外，平时如果不是负责同一个项目，相互之间的连接和交互强度不高。但通过星期一晚上的红包活动，大家都更加自主的表达和释放自己，彼此能够看到工作之外的状态，加深了解，如下图中从虚线的弱连接可能刺激变成了实线的强连接。

其次，它激活了群体中的休眠关系。

图中浅灰色的连接就代表个体与整个组织的休眠关系。办公室助理是流动量比较大的人群，老助理退了就不再参加办公室日常工作，他们与团队的关系可以视为休眠关系，而红包活动也让平时久未露面的老助理又一次加入了团队活跃的讨论中，与团队各个成员进行交互。图中灰色的潜在的休眠关系可能激活为更加显性活跃的关系。

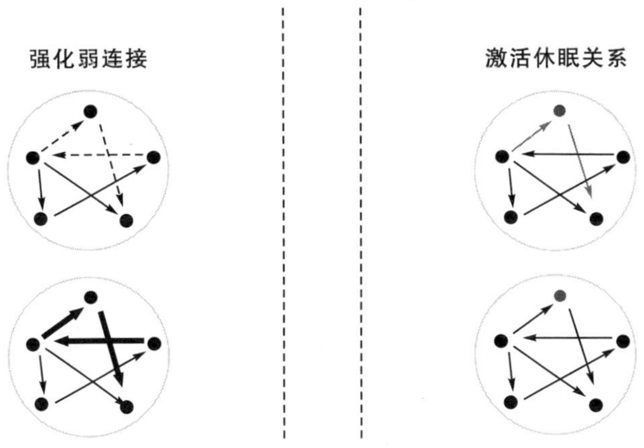


我们可以将红包活动视为火山模型中第三部价值涌现环节的一种形式。价值涌现环节不仅是商业固化不可或缺的前提，更是社群关系经营的有效手段。

它使火山模型下的个体与个体之间、个体与组织之间广泛的休眠关系、潜在连接得到一个集中活跃的刺激，即使关系会再度回归平静，但是这次的涌现和爆发一定会在组织网络关系中产生持续性影响。

泰戈尔曾说："天空没有留下我的痕迹，但我已飞过"。没有留下痕迹是指没有显性的效果，而我们看不见的隐性的影响正在发生。

通过微信群的红包活动我们会发现，关系网络的建立和完善可能缘于它的自发性，但自发性可能是有限的，毕竟这个世界上对某件事长期保持热情的人是稀缺的，这个时候需要一些外部条件对其进行刺激，使正在沉睡的人得以被唤醒，进一步的实现能量释放。

无论是社群还是公司，均是如此。建立人与人之间的关系、公司与客户之间的关系不难，但要使得他们之间建立创造性的空间及释放的价值，依然要借助一些外部的力量。这很好理解，如同恋爱中的男女，确定恋爱关系是不够的，从恋爱走向婚姻需要升级，而这种升级是需要刺激的，如纪念日送她礼物给她惊喜，在这个过程中不断地实现感情升温，直到有一天问她："你愿意嫁给我吗？她说："我愿意"。此时，关系实现了从量变到质变的过程，同时他们的关系结构也从恋爱结构变为婚姻结构。

红包活动是一种刺激关系运动的行为，是一场关于人类行为心理的游戏。无论金额大小，它既满足了人们"爱财"的本性，又满足了其"争强好胜"的心理，在这种环境下人们更容易得到满足。

当微信群发展成为广告群时，不知道你是否注意到这样的现象？最初成员在群内发送广告时还有人搭话，逐渐没有人回应，后来发展成为发广告前发一个红包，然后再发推送的广告，通过红包的形式来活跃群用户。

为什么这样做呢？动态的关系网络更容易产生潜在价值，而静态的关系网络并不能产生价值。如从小学到大学，每个人至少有 100 位同学，但是到今天有多少人时常联系呢？你与多少同学碰撞着思维的火花，分享着商业机会呢？一定是处于动态关系网络中的同学。

回归商业，互联网公司估值时不仅关注公司的注册用户，更为关注的核心指标是日活跃用户数，活跃是动态的，动态才最容易产生潜在价值，也最容易将潜在价值显现出来，最后为公司创造利润。

商业界将活跃、动态称之为"黏性"，静态的关系网络中的黏性为零，但零不代表无，潜模式告诉我们这种黏性是可以激发的，并且拥有着广泛的空间，它们可以通过外部刺激将静态转化为动态。

潜模式的视角告诉我们：商业模式创新过程中自发性与刺激性并存，源于自发，成于刺激，而这种刺激必须要适时适度，不能完全依赖自发，亦不能完全依赖刺激。潜模式视角下的商业模式创新是在公司内核自发性的基础进行的，避免了公司为创新而创新所陷入的困境。

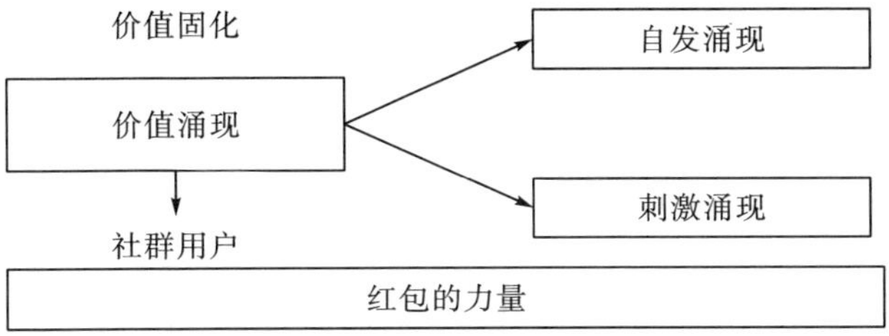


火山模型第三部价值涌现，不仅是价值固化不可或缺的前提，更是社群关系经营有效的手段。

## ※ 连接质量

2016 年国庆节前后上映了两部电影。其中之一是由一部长篇小说改编的，并采用了全真人 CG(电脑图形)。从该导演之前某些电影夺得 20 亿票房就可以一窥其个人以及小说 IP 可以覆盖和连接的人群。该电影除了导演，演员也是超强阵容，票房自然不成问题，这样一来，不论是从话题的 IP 还是从主创的明星效应来看，“高端洋气”的该电影可谓天时地利人和。

再来看看同期另外一部电影《湄公河行动》，该片是根据 2011 年 10 月 5 日中国船员在“金三角遇害事件”改编的警匪片，其导演是林超贤，主要演员是张涵予、彭于晏等。看完《湄公河行动》电影海报图电影后作者被深深地震撼了。片中，缉毒队长高刚一面是枪林弹雨、殊死搏斗的坚毅果敢，一面是看着女儿发来的可爱视频的慈父柔情。毒贩诺卡被打伤还不忘拖着两袋钱的贪婪，毒娃娃玩俄罗斯转盘一枪崩了自己的那个凶狠的眼神和熟练的手势。每一个角色都是如此的鲜活、立体，似乎完全可以透过屏幕窥视到“金三角地区”那个人间地狱，也可以感受到缉毒警察的铁血铮铮。

有人说《湄公河行动》中缉毒犬“啸天”的表现比某些明星演的还好，虽然这是玩笑话，同时也引发了对另一个问题的思考：我们都在强调社群用户和连接的重要性，强调不要卖产品，而要“卖关系”，要建立连接。当看了某些电影的观众吐槽演员表情木讷、毫无剧情时，他们与这些明星的连接还会持续吗？会持续多久？当《湄公河行动》的观众一起讨论紧凑的剧情和缉毒犬“啸天”眼神的细节时，他们又会和这个作品以及主创产生什么连接？这一连接会持续多久？

不妨将这两类电影类比成“卖关系”和“卖产品”，从票房和评分这两个硬指标来看，《湄公河行动》表现优于前类电影，那是不是可以说产品逻辑战胜了关系逻辑？

其实不然，也有很多口碑不好，但是票房很好的电影，例如《XX侠》《XX 风云》等。《XX 侠》虽然取得 10 亿票房但是口碑欠佳；《XX 风云》系列收获 25 亿票房，但有人认为伤害了情怀。

这些都告诉我们，关注到火山模型底部的社群用户，建立连接和营销关系，往往会让我们忽视产品本身的价值。

我们提得太多建立社群、建立连接，不要仅仅关注产品本身。对，不是仅仅关注产品本身，但是产品确是连接关系的载体，皮之不存毛将焉附？

没有小米手机的质量和性价比，谈何小米社群？没有《青花瓷》《七里香》等脍炙人口的金曲，谈何周杰伦“周天王”？火山模型底部持续的活跃的用户连接是不断迭代商业模式的基础，而精美的产品则是连接的基础。

“质量是企业的生存之本”这句话永不过时，只是表现形式更灵活多样了而已。就比如上文提到的电影，每个用户都会对它产生自己的认识，也就是对产品价值的认识。这也让作者想到很多的系列电影，比如《速度与激情》系列、《生化危机》系列等。

除了产品本身价值高之外，作者认为更多的是因为用户对电影的深深的情怀。比如《速度与激情 7》中，因为保罗·沃克的意外，很多人为表示对保罗的缅怀，纷纷去看他出演的最后一部电影，票房一度刷新纪录，达到了 24 亿之多。这就是关注产品价值所带来的影响，再比如有些电影，只去注重营销关系而忽视了产品本身的价值，我想他是不能够像系列电影一样再继续拍摄第二部的。所以，与用户之间的连接不是单纯地注重连接关系就会有的，而是要真正的拿出好的产品，让用户欣然接受的时候，与用户之间的连接自然也就建立起来了。

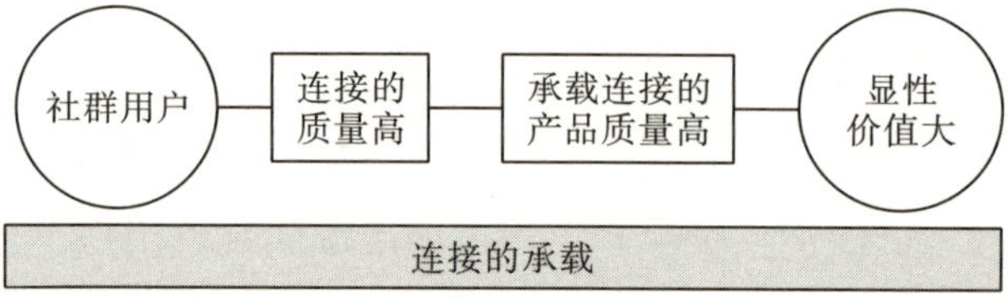


> **在火山模型中可以看出，固化下来的是产品最本质的价值，但是如果产品本身就不存在价值，又何谈固化？不能只关注到建立连接、营销关系，而忽视了产品本身的价值。**

# ※ “网红经济”

你在“双十一”剁过手吗？

在2016年“双十一”电商购物狂欢节的时候，天猫、京东、聚美、唯品会等各大电商平台都在提前为“双十一”预热，无论通过移动端还是网页端打开官网都能感受到浓浓的狂欢氛围。

比如天猫推出的预售模式，只需要提前支付大概十分之一商品价格的订金，就不怕当天抢不到商品，同时也能享受更多的优惠。

除了各大电商平台如火如荼地在为“双十一”抢占市场份额；另一批互联网时代的后起之秀也是八仙过海各显神通，利用各种方式为自己的店铺做推广。

这批后起之秀便是所谓的“网络红人”简称“网红”。他们通过互联网打造自己的知名度和影响力。现在比较出名的“网红”有以搞笑出名的，有以“颜好”“性格好”出名的，有以唱歌好出名的。这些“网红”都有一个共同点——有自己的网店。那么“网红”的网店和普通网店有什么不同呢？答案就一个字——贵！

拿一件白色宽松毛衣举例，某网红网店的价格是普通网店的一倍还多。有人可能会想网红店质量会不会好一些？其实看看店铺的评价，很明显普通网店的评价还优于“网红”的店，可见这其中丰厚的利润。这说明了什么呢？

这样我们就要谈到一个时下很火热的词“粉丝经济”，其收益等于“粉丝”数量乘以信任度。

这些“网红”是如何通过“粉丝经济”获得高收益的呢？

拿某网红来举例，我们可以看到她的微博粉丝数量高达397万，而且她还通过至少每天一更的频率在微博与“粉丝”互动，比如“剧透”即将上新的产品，分享化妆护肤教程，分享生活日常以及进行现在很火的直播。以这些途径来稳固“老粉”、吸引“新粉”。

她到底能有多吸金呢？网上有篇报道的标题是“25岁开保时捷收入千万的网红，是真人生赢家”。

可见“网红”吸金能力的强大。那这其中有没有什么规律是可以被解释的呢？让我们一起来回顾一下火山模型，就能更好的理解“粉丝经济”。

火山模型五部曲中的第一部是社群用户，这一部分是潜模式重点关注的内容，“粉丝经济”中“粉丝”数量越多，意味着在火山底部节点的中心性[1)]越好，连接网络空间越大。信任度高意味着只关注火山底部的连接的数量还不够，还要关注连接的质量，那些一闪而过连接不到位的节点很难带来收益。所以需要让火山底部的网络结构处于活跃的状态，刺激更多的点建立连接，同时使得连接的那根线更粗，整个连接的结构更稳固，从而承载更多的价值。

这就是连接的价值，只要建立起连接，价值会自然而然地涌现出来。处于大数据时代的我们可以想一下，面对如此多的用户，是不是可以借助大数据的方式，对“粉丝”进行筛选和归类，以此来细分“粉丝”的喜好，更好地掌握他们的需求。此时可以认为“网红”就可以依据自己的优势产生更多的价值，比如可以像明星一样去做广告，根据“粉丝”的需求去经营更多的店铺。这时候“网红”就可以进军各大行业，只要“粉丝”认可的、喜欢的，都会有价值涌现。

---

1）连接的中心性：是在网络分析中刻画节点中心性(centrality)的最直接度量指标。一个节点的节点度越大就意味着这个节点的中心性越高，该节点在网络中就越重要。——来自百度百科

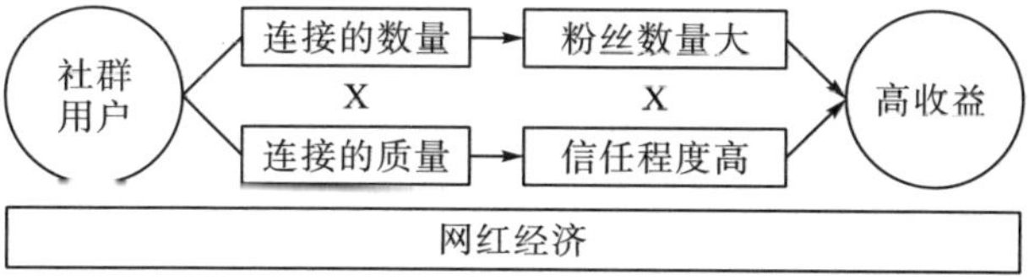


火山模型五部曲中，连接是处于模型最底部的，以此可以看出：拥有多而好的连接，是创造出更多收益的重要基础。

## ※ 餐馆奇遇

趁着周末约上好友在春熙路逛街，逛到晚上饭点的时候，我们来到了挨着王府井商场的春熙坊，里面各种饭馆应有尽有。一家装修精致古朴的餐馆，美食展台陈列着菜品，餐馆大门贴着两张醒目的海报，还有两个站在门口吆喝的服务员，都在宣传他们店的特色美食。我有些心动，但是里面5张桌子空无一人。

当看到一个完全没有顾客的餐馆，你心里会想什么？当然，我条件反射似的迈开步子继续寻找美食。但作为天秤座典型纠结症患者的我，晃了20分钟还没决定吃什么，已经饿得眼冒金星的小伙伴用最简单、追求效率的思路决定去刚才那家没人的餐馆，原因就是没人，上菜快。我们阴差阳错的来到这家餐馆，成为这家餐馆里的第一桌客人。

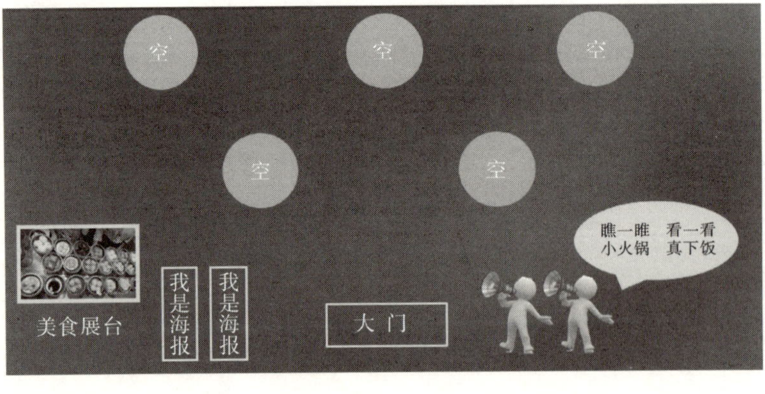

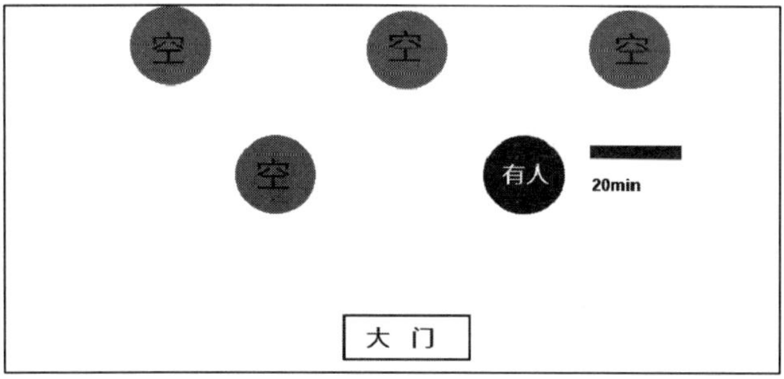


过了快 10 分钟，一位年轻妈妈带着儿子来到店里点餐。

再过了大概 5 分钟，又来了两桌人，

还没等两桌客人坐定，又来了两桌人。

现在 5 张桌子都坐满了，还有一拨客人在等位置。就在我们落座后的 15 分钟里面，餐馆从原来的冷冷清清变得生意红火。

这个结果或许有一些偶然性，但从不断增加的顾客数量来看，我“自恋”的认为，我们作为第一个吃螃蟹的人，对如此火爆的场面有积极的宣传作用。同时也引发了我对如何影响消费者的思考。

一种模式就是通过海报、叫卖等手段，企业自身尝试用点对点的方式，一个一个去影响消费者，我称之为“亲力亲为”。另一种模式是利用用户相互影响，就像让两个顾客坐在餐馆就餐，更可能吸引其他消费者进店消费一样。第一章中提到我们身处的环境有很大的变化，其中，消费者在网络结构中社会化特征越来越明显，被社会人群的行为影响的程度越来越高，这我称之为“借力使力”。

我们发现消费者之间有很强的相互影响力，原因是他们可以通过从众行为来规避信息不确定性所带来风险的可能性，所以他们很依赖和信任其他消费者的行为和评价，这些行为和评价可以对他们的消费行为产生影响。

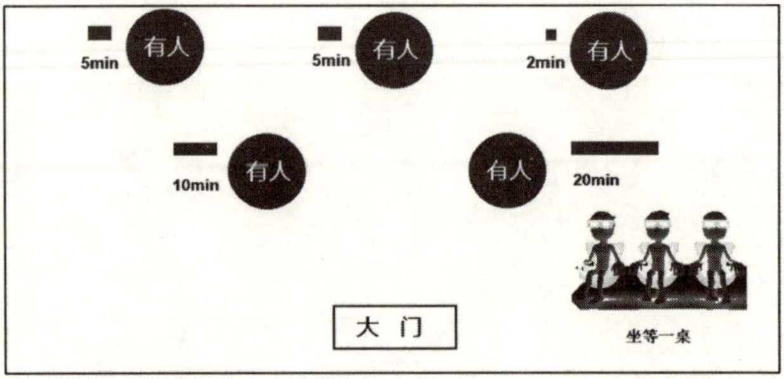


这就解释了为什么就餐人数越多，就能够越快地吸引更多的人进店消费，这种消费者之间的相互影响力甚至超过了企业为此所做的努力。

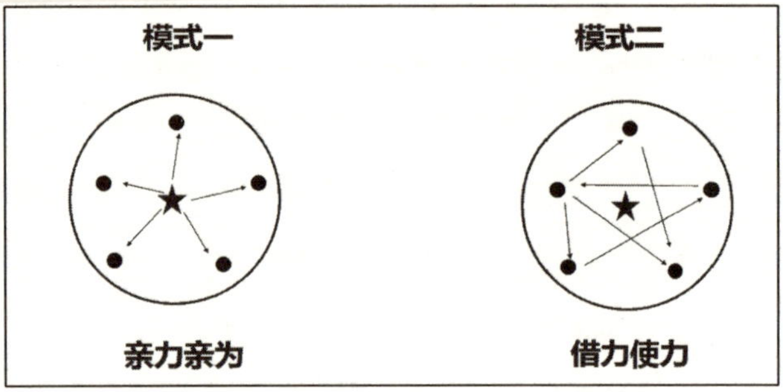


那企业要如何去借力使力，影响更多消费者呢？在广泛互联的网络关系时代，其实这个问题也可以回到我们的潜模式上，只是今天要介绍另一种思路。

这种思路是价值的“金钟罩”。“金钟罩”有一个底儿，就是企业用优良的产品服务聚集用户而打造的平台。“金钟罩”更重要的是那个罩子，能够囊括所有用户所释放的价值。在这个企业“金钟罩”中，管理社群，经营用户，不是点对点的针对每个用户，而是将管理对象变为“金钟罩”里面的场域氛围营造，激活消费者之间的连接和影响力，让消费者能够频繁地、活跃地去影响其他消费者。

正如很多餐馆店铺狭小，顾客排队等待时间长，难道是他们没资金扩大规模吗？或许他们正是利用排队这个消费者行为来炒热"金钟罩"中的场域氛围。

对场域的思考是我们在潜模式视角下管理和激活用户很重要的视角，个体与个体之间变化万千，但是在某一场域下的群体会具有某一相似属性，这样不仅有助于企业管理消费者，同时能够更好地固化涌现的价值。

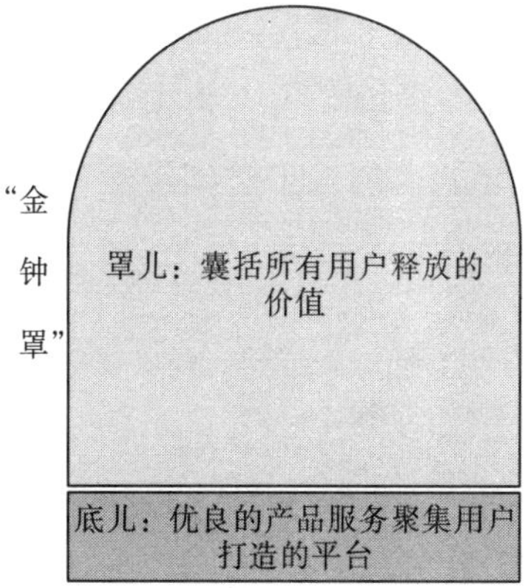


将管理对象变为"金钟罩"里面的场域氛围营造，激活消费者之间的连接和影响力，让消费者能够频繁地活跃地去影响其他消费者。

# ※ 循环火山

在某档知名脱口秀节目中听到一个很有意思的词——“时间战场”。互联网时代是一个信息爆炸的时代，在互联网这个网络空间里每时每刻都承载着难以计数的数据。

然而，老天对我们每个人都是公平的，一天 24 小时，除去工作睡觉吃饭等一些固定作息，我们每天仅仅剩下不到 5 个小时的个人时间，而这个时间还是碎片化的，例如从家到公司，从公司到餐厅的路上。如何让消费者在有限的 5 个小时里，愿意花时间在你的产品上，这是商业发展在这个时代需要思考的问题。

以前通过产品在空间中的占有量来计算市场份额，而现在的市场份额是在空间维度之上加入了时间维度，你占用消费者的时间越多，你的市场份额就越大。

小时候跟着爸妈出门逛街我总会好奇今天吃什么，这时候他们会告诉我：“上次张阿姨去某某餐厅，说味道非常好，我们今天也

去尝尝”。

而现在，我们经常是无计划的出门，因为有了移动互联网，我们不会害怕迷路，只要打开百度地图，里面会有个声音甜甜的姐姐告诉你如何到达目的地。我们不用担心找不到好吃的餐厅，只需要打开大众点评，搜索附近的美食，里面有按照口味、环境、评价等多种指标排序供你选择。我们不再需要花时间提前做功课，去问亲朋好友什么比较好，可能他们的推荐还含有主观意识并不符合我们的需要。现在只需要打开手机 App，就可以通过陌生人对经历的描述来获取我们想要的信息。比如到了一个不熟悉的地方，一群人决定要吃什么或者玩什么的时候，第一反应是打开手机 App，根据上面的排序和分数，去一家可能压根没有听说过的店，无论体验之后是否喜欢，他们已经成了这家店的顾客，为其创造了收益。

我有过这样的经历：正在用餐的时候，服务员过来告诉我，只要拍几张吃饭的照片，写 50 字以上的评论，发在大众点评该店的评论栏里，并且服务口味环境都给五星评价，就可以一人送一份甜点。我听完没有抵触的心理，因为那家店菜的品质确实很好，用餐环境也非常棒，完全值得推荐。我当时就在想，为什么产品这么好的餐厅还需要做这样的推广？这就要回到一开始说的“时间战场”。

现在人们时间有限，因此更希望用最少的时间做出最好的决定。而这种排序评分的方式，可以将相对多的、体验过服务的人群的评价以量化的方式固化下来，这种固化也是价值的固化，是时间价值的固化，以体验过的消费者的时间来减少潜在消费者决策的时间，帮助潜在消费者更快地做出决策，商家从而获取显性的经济收益。

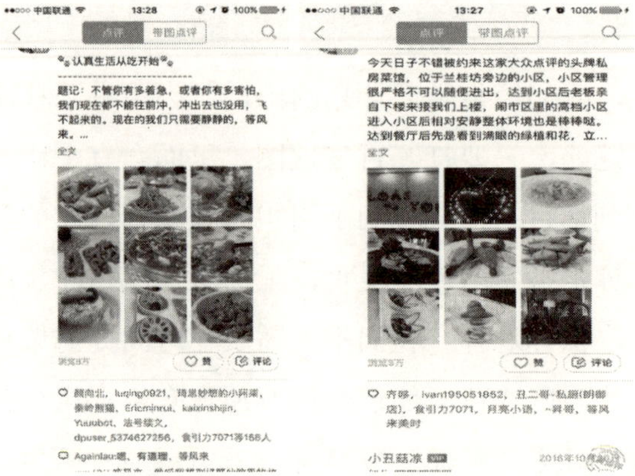


所以，本书的火山模型是一个循环的过程，在这一循环中火山模型第五部的价值固化，在下一循环中成了第一部社群用户网络关系的依托，这种在已有的价值固化之上建立网络关系会更容易、更有效。企业需要思考如何利用已经固化的价值，让它为建立新的网络关系发挥最大的作用。

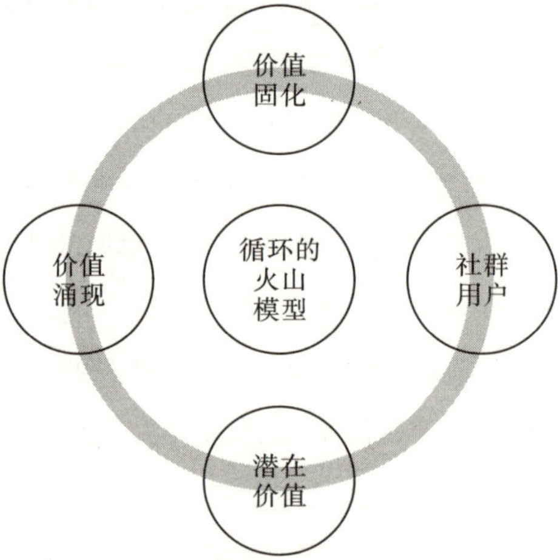


现如今各大商家的竞争变得越发激烈，在未来很可能形成所谓的“阶级固化”，好的商家会越来越好，差的商家会越来越差直到

倒闭。后来者商家难以逾越前者所设的障碍，后来者商家是否可以思考，是否可能将做得好的商家的价值固化部分变为自己发展的基础，并在其基础上不断发展，奋起直追?

> 火山模型是循环的，在这一循环中火山顶部的价值固化，在下一循环中成了网络关系的依托，在已有的价值固化之上建立网络关系会更容易、更有效。

# ※ 青春小酒

6 月是收获的季节，也是毕业季。

当你漫步在校园，栀子花香扑面而来，这也意味着一群好朋友即将各奔东西。毕业在即，离愁别绪，无法言说。此刻它就闪亮登场。

“青春小酒”江小白是 2011 年成立于重庆的一家新生代酒企，相较于成熟的茅台、五粮液等白酒品牌，江小白另辟蹊径，聚焦于小瓶酒市场，用口感清淡的低度白酒迅速在竞争激烈的白酒行业中站稳脚跟。

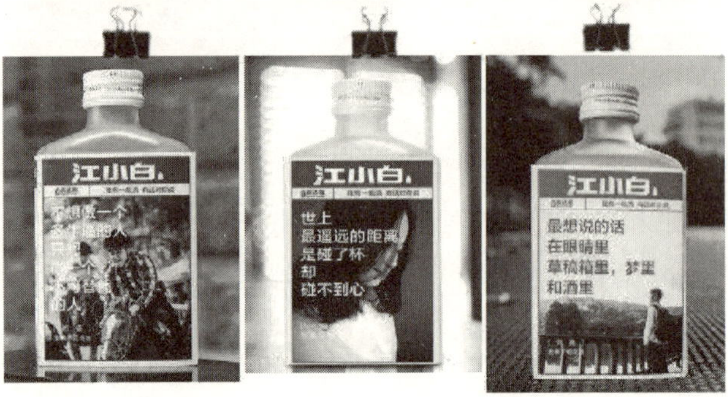

有人说它的成功在于产品的差异化或者出色的营销文案，我想将它的成功归纳为准确把握了消费情境。

试想一个情境，你和班上同学同窗四年，即将各奔东西，约好在你们熟悉的小餐馆聚个餐，回忆回忆大学四年的青春岁月。

在点酒的时候，点瓶五粮液，太贵；点瓶红酒，红酒配烤鱼，气氛有点尴尬；点箱啤酒，似乎又到不了想要的微醺的境界。

这个时候，江小白便成了首选——青春小酒，45 度微醺，适合觥筹交错中回忆青春。人们大部分时间喝酒不是为了醉，而是为了情感的宣泄。江小白就推出了“表达瓶”。瓶身上走心的文案，似乎每一句都说出了喝酒人的心声，迅速拉近了消费者与企业的距离。接下来，江小白发现人们不仅仅会在意瓶身上的文字，在这个情境下自身也会涌现出很多情绪和经典的句子。于是江小白通过社交平台直接去和用户沟通，并建立了特别大的文案库，这些由用户自主生成的文字被挑选后印在瓶身上，并注明是谁谁谁在什么时间，在什么地方写下的。不仅满足了其喝酒时情感宣泄的需求，同时还满足了其分享的诉求。

不停的喝酒，
是为自己找一个
放肆想你的借口。

我是江小白
我们约酒吧！

有时候，我们做错事，
是因为该用脑子的时候却动用了感情。
有时候，我们说错话，
是因为该喝饮料的时候却喝了江小白。
不做错事，不说错话，
青春白走一回。

离愁别绪是酒的一种消费情境，而欢乐是酒的另一种消费情境。江小白通过推出四斤装“拾人饮”产品，来满足消费者团队建设、年会、庆功等情境。大家加完班或者团队拿下了一个大客户准备庆祝一下，吃个宵夜，大家喝着“拾人饮”，再说说打鸡血的话，是不是会觉得比领导干巴巴地说今年关键绩效指标(KPI)是多少来得有动力？

结合火山模型五部曲，整个火山模型就是强调把握用户，如何实现价值涌现的涌现。其实就是把握住消费情境，而在这个情境下的产品或者服务就应运而生。

随着 AR、VR 技术越来越成熟，情境消费将更加深入每个人的日常。

比如我未来去看一套住房，销售小姐从云端下载了我个人的数据，通过技术手段合成了属于我的影像。当我打开所参考的房间，看到“自己”在装修精美的阳台上打理花草；当我走到书房，看到“自己”拿着一本书，靠在喜欢的田园式沙发上惬意地阅读，落地灯的微光轻轻洒在书面；当我走到厨房，看到“自己”和“另一半”在开放式的厨房准备晚餐；当我走到楼上的小阁楼，看到“自己”和“家人”

正坐在我梦寐以求的家庭式小影院的房间看着一部喜剧片，大家都笑得合不拢嘴。参观完这套房间，销售小姐没有做任何解释和推销，我就满意地买下了这套住房。因为它提供了我所期待的幸福的家庭生活场景。

比如我未来开了一家小餐馆，餐馆的装潢分为不同的情境，有温馨家庭情境、随性街边情境、浪漫情侣情境。每个不同的情境都提供除就餐以外的其他产品，所有目光可及的产品都是可以销售的。我会在温馨家庭里面摆上全家福相框；会在随性街边房间里放着复古卡带；会在浪漫情侣房间里摆上永生花装饰品。来我店里的顾客在吃饭之余总是可以淘到几件满意的商品带回去。产品已经不仅仅是单一的产品，而是融入了情境的一种情感的附属。这就是把握情境所能够带来的消费变化。

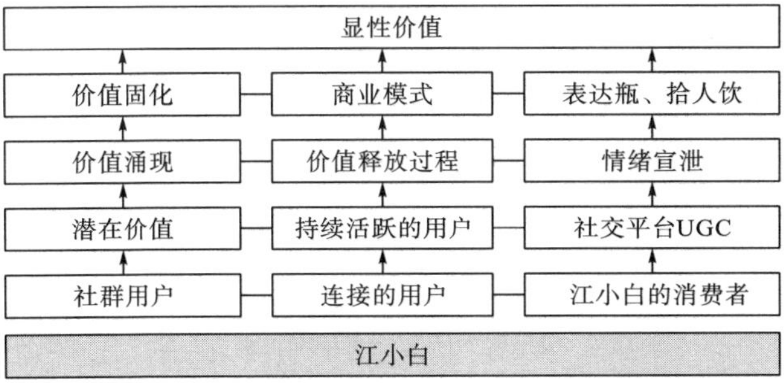


**趋势三告诉我们，消费者的分享诉求越来越旺盛。如何实现价值涌现的涌现，其实就是把握住消费情境，让消费者的诉求得以满足，而在这个情境下的产品或者服务自然应运而生。**

# ※ 潜默改变

忙碌的工作日终于过去，迎来了明亮的周末，想必大家想要的休闲周末状态都是看看电视，打打游戏，唱唱歌曲，或者翻翻书本。只是不知道大家是否留意到生活中的这些日常习惯好像有了潜移默化的改变。

看电视是非常常规的打发时间的休闲活动，但我们似乎已经没有耐心和时间来观看完整的电视节目，而是选择其中某些感兴趣的片段观看，渐渐的视频网站上出现了这样的标题：“人民的名义干货精简版”“六分钟带你看完欢乐颂第一部”“两分钟左右时长的跑男片段”。

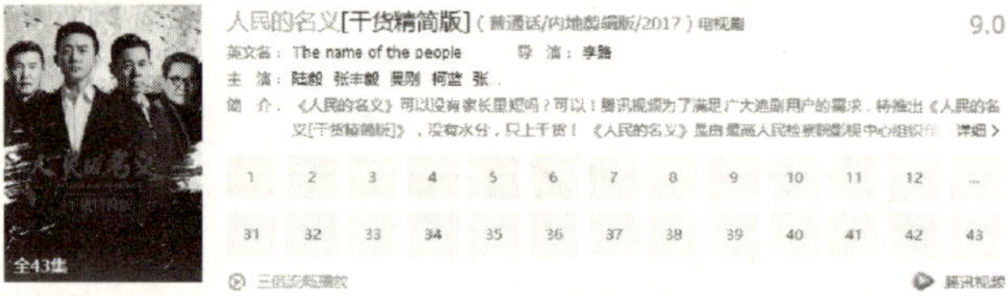

以前玩的游戏《魔兽世界》，需要玩家有一个相对固定的工会组织，二十几个人同时在线三个小时以上打副本，而现在的“lol”

特点是即时组队，每局都是从 0 开始，40 分钟左右结束战斗，而手游王者荣耀的时间更短，一局只有 20 分钟左右。

唱歌方面，我们传统的“唱 k”都是呼朋唤友，到固定的 KTV，买断时间，连唱 4 小时。而现在商场悄然出现的迷你 KTV，两平方米的透明玻璃亭，两个高脚椅，两套耳麦，一台选歌机，消费者可以选择唱 15 分钟，30 分钟甚至只是一首歌，在逛街时可以过把歌瘾。

我们非常熟悉的知识分享栏目《罗辑思维》也发生了很大的变化，以前是每周一期的视频节目，大概 50 分钟左右，而现在的《罗辑思维》变成了每天 10 分钟左右的音频节目。

这些现象都在说明一个趋势：时间碎片化。2017 年跨年演讲——《时间的战场》，在这个战场上获得用户的时间越来越难，而用户时间又呈现出新的特征，即碎片化。大家似乎变得吝啬了，即使对待娱乐也不会像以前连续很长时间的投入。

回到我们非常熟悉的潜模式火山模型五部曲，第四部是价值固化部分，强调价值不断涌现之后，跟环境进行交互，最后适应环境的模式被固化保留下来。例如针对时间碎片化的环境变化，商业模式就要创造出满足碎片化特征的业态，我们需要极大程度的降低用户对产品服务的可获得性成本(包括时间、金钱、精力)。例如之前提到的商场中的迷你 KTV，罗胖的 10 分钟音频。想想《静静五分钟》从去年 9 月份开始提出 5 分钟的限制时间，是不是正好也把握住了时间碎片化趋势呢？

未来的娱乐休闲方式是可以随时暂停和保留的。

比如现在是 5 分钟的课间休息时间，我拿出手机点开上课前没有看完的一条新闻，把最后的结果看完之后还剩下两分钟时间，正好可以玩一下之前暂停的贪食蛇游戏，我快速点开贪食蛇，开始“贪婪”地吃着散落一地的食物，刚刚还比较小的身子已经在两分钟之内充实成一条长长的蛇。只是上课铃声已经响起，我按了一下手机侧面的暂停按钮，将自己的思绪集中在课堂上，这个贪吃的小蛇就等我下次有时间再去喂养。

被创造的事物越来越多，我们花在某一具体事物上的时间越来越少。在适应这种碎片趋势的同时，我们也在不断的创新模式来整合碎片。

时间碎片化导致我们的工作、学习成果也呈现出一定的碎片性特征。社会上已经出现了串联碎片时间的公司和工具，就好比用针线将之前一段时期分散的时间和成果串起来。

又比如，作者在过去的一个月分别写了 4 篇有关《静静五分钟》改版的意见，通过使用一些工具，整合了我的核心观点，删除重复部分的同时，将重复的内容作为重点加以标注。这样可以快速把握最近几次对节目思考的核心想法。

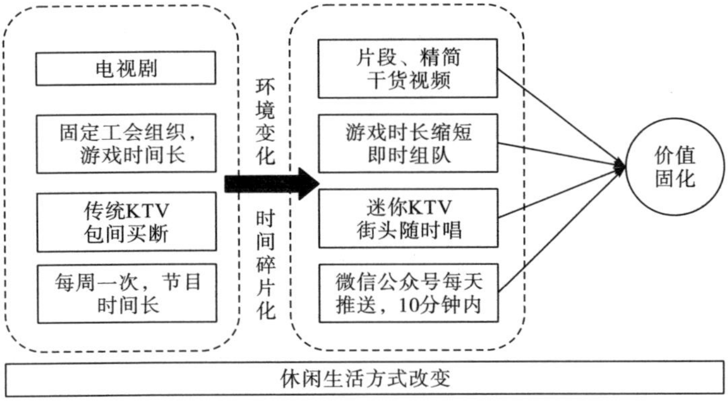


**我们处在环境高度不确定的时代，价值也发生了变化。所以商业模式的价值固化是与环境交互的结果，把握环境变化的趋势，才能够实现价值涌现，并且获得商业模式。**

# ※ 奶茶之王

如果问现在生活里什么变得越来越重要，我想手机将成为最为普遍的答案。

我们去逛街或是看电影时，右手拿着手机，左手拿着奶茶似乎成了标准配置。可以看出手机对于我们是多么重要。但是现在当一对年轻情侣走在街上时，右手可以没有手机，但左手的奶茶还在。这个时候手机可以缺，但是奶茶不可以没有。

近几年，奶茶越来越走进大众的视野，街上小小的奶茶铺随处可见。因为奶茶行业门槛不高，一个几平方米的小房间，一个小小的柜台就可以成为一个奶茶铺。正是因为这种奶茶铺的普及，使得很多人觉得奶茶行业是一个比较低端的行业。

如果一个奶茶店相对比较注重环境，也不过只有几十平方米，几套桌椅。如果奶茶只被看作一个普通的饮品，我们更不可能想象会有人愿意为了一杯奶茶去排长队。但是却有一家奶茶店创造了这样的奇迹，这就是网红奶茶——喜茶。

到底喜茶是如何一步步走到今天的呢？我觉得是以下几个因素共同促成了它今天的高度。

首先是环境。也是我认为的它自身最为关键的因素。

第二是奶茶的口味。它更加符合年轻人的口味。

第三是它比较注重对奶茶的包装。现在“颜值”经济变得越来越重要，可能成为年轻人买不买的关键因素。因为喜茶的创始人就是一个年轻人，所以更懂年轻人的想法，在外包装上也会更加用心。

但是刚刚说到环境是最为关键的因素，环境为前期积累了足够多的人气，才促成喜茶能够达到今天的高度。

首先是喜茶店内时尚的装潢和宽敞的环境，走进去看更像是一家咖啡店。其实在遍地还都是几平方米的小奶茶铺子的时候，喜茶

就已经开始了对时尚和优雅环境的追求，也许那时候喜茶还未意识到对环境的追求会带来今天的效果。

但是也正是通过对人气的积累，喜茶慢慢得到年轻人的认同。后来，当年轻人开始热衷于晒自拍晒美食的时候，喜茶才真正爆发。通过时尚的装潢和对灯光特殊的调节，喜茶店成了继星巴克之后最好的取景圣地，这也是现在很多年轻人所需要的。正是依靠这种积累，才使得喜茶具有今天的热度。

随着喜茶人气的不断积累，谁又能知道它会不会突破奶茶这个领域，扩展至其他行业呢？比如年轻人喜欢的咖啡饮品甚至像小米一样，由手机行业开始积累扩展到充电宝、电视甚至衣服等。或者是不是能够和亚马逊这样的企业实现合作，共同打造一个好的休闲、阅读平台。这些都是未知的，但是随着我们时代不断地发展，越来越多的模式迸发出来，一切都变得不是那么不可思议。

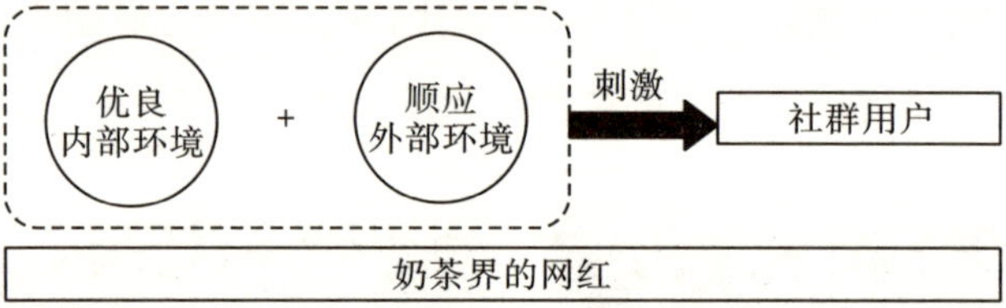


**趋势三告诉我们，消费者的分享诉求越来越旺盛，在这个分享经济时代，顺应外部环境，建立活跃的社群用户群，下个网红就是你。**

# ※ 5G 时 代

4G 想必大家已经耳熟能详了，它基本已经普及。但你有听说过 5G 吗？

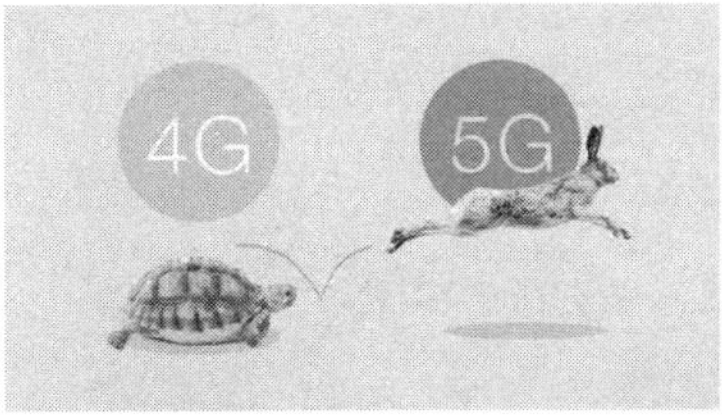

虽然从 1G 到 4G 历经了漫长的过程，但是 5G 其实离我们一点都不遥远。据了解 2020 年 5G 会投入商用，到那时候会是一个“万

物互联的新时代”，不仅仅是人与人相连，还会有人与物相连，物与物相连。

这样一种万物互联的状态会改变我们的各种生活方式。比如到那时，几秒便可下载一部高清电影。5G 时代的来临会让 VR 眼镜的应用更全面，可实现在家身临其境的看演唱会，化身 3D 虚拟形象与家人视频通话等。5G 时代的来临会完全实现无人驾驶。据了解，滴滴又成功融资 50 亿美元应用于无人驾驶，这也让我们猜想无人驾驶的时代是否即将来临。

我们生活的巨大改变会给企业带来巨大的机遇和挑战，就像前几年的互联网热潮中传统企业格局发生了巨大改变一样，5G 浪潮的来临会给当前的互联网企业格局带来不可思议的改变。

以当前大火的互联网旅游来说，目前的格局主要是携程和去哪儿主导，特别是在合并之后，其市场份额又进一步扩大，使得其他小众平台寸步难行。但是，各大平台的商业模式都不尽相同，其用户活跃度和连接紧密度都不尽相同，小众平台独特的商业模式可能会在 5G 浪潮中获取巨大发展潜能，我们一起来分析分析。

携程，类似于一个百货超市，自己进货自己卖。去哪儿，为众多 OTA 提供交易平台，可以说是一种旅游搜索引擎。蚂蜂窝，其切入点在于旅游攻略，致力于打造旅游者们的旅游社区。丸子地球，主要致力于撮合旅游者和当地业余导游。那么他们的主要收入来源是怎么样的呢？携程，从供应商那里获取广告和佣金费。去哪儿网，靠着流量和点击量获利。目前蚂蜂窝还并没有一个较为清晰的收入模式，收入较为复杂，难分主次。丸子地球，通过撮合获取交易佣金费。

由于其特有的商业模式，丸子地球和蚂蜂窝的用户忠诚度相对较高，那么他们需要不断的稳固并扩张现有的用户，加强激化平台上人与人、人与物、物与物之间的连接。

随着5G时代的到来，随着我们旅途中使用的工具被3D全景影像、全智能的语音导游、无人驾驶、轻便VR眼镜等元素所占据时，必定会将蚂蜂窝、丸子地球的用户连接激发出巨大的潜能和价值。如果能及时地抓住这些价值，最终形成属于自己的个性化有竞争力的商业模式，那么便能在5G浪潮中占据一席之地。

5G时代下有无限的可能性，或许未来我们身边会出现一种智能机器导游。在它的陪伴下我们无须操心无须攻略，它懂我们想要的旅行方式，更懂我们想去的地方和想吃的美味，它能做的比当地导游或专业导游更出色，我们只需要尽情地放松和玩耍。

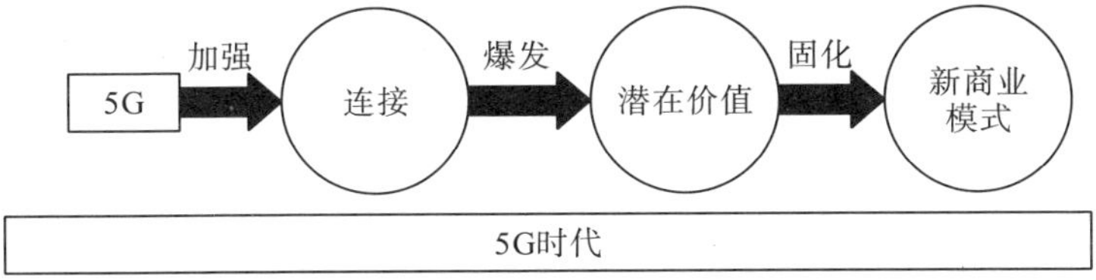


**火山模型五部曲的第一部强调连接的重要性，5G时代即将来临，用户连接必定会激发出巨大的潜能和价值，及时的抓住这些价值，最终形成属于自己的个性化有竞争力的商业模式，便能在5G浪潮中占据一席之地。**

# ※ 众筹潜力

前段时间很火的众筹你们有参与过吗？打开各家购物 App 几乎都有“众筹”一栏。众筹意为大众投资，即集合大众的力量来办一件事，随着互联网的普及，众筹也出现在我们生活中的各个领域。

2016 年初，“凹凸租车”在京东上众筹 2500 万元人民币，上线 3 分钟就超募，最后居然募集近 1 亿元；动画电影《大鱼·海棠》众筹额达到 158 万元，顺利推动了影片的制作发行。不仅如此，众筹甚至曾改变了美国的政治方向，奥巴马在 2008 年的选举中不受财大气粗的大企业喜欢，筹款能力弱于共和党，但其引入众筹却筹集到近 7.45 亿美元，筹款金额甚至超过麦凯恩 1 倍，克服弊端，成功入主白宫。

众筹项目的成功、众筹的魅力催生了各类众筹平台的出现。“点名时间”“淘宝众筹”“京东众筹”等众筹平台陆续上线。众筹平台发展迅速，大多数众筹平台累计筹集资金过亿，平台也获得了丰厚的利润。不仅如此，众筹平台由于其所包含不同种类的项目，具有不同促进众筹项目成功的手段，各平台便有着不同的商业模式。

京东众筹 淘宝众筹 点名时间

JD.COM 京东 hi.taobao.com 一切从这里开始 www.demohour.com

让我们根据前面介绍的内容，从潜模式的角度，用火山模型来看看众筹平台的魅力所在。

首先，众筹本身具有低门槛的特点。这能增加其底层的社群用户，包括发起人和投资人，社群用户的增加才有可能有更多的潜在价值。

其次，众筹项目具有创新性的特点。创新能够提高社群用户的支持度，这意味着社群用户间的互动增加，使得连接更加复杂多样化，那么价值的涌现便有更多的可能性。

低门槛和创新性的特点使得平台不断衍生出新的众筹项目，新项目意味着平台促进其项目成功的手段不同，意味着新的商业模式出现。

以阿里巴巴旗下的“娱乐宝”为例。娱乐宝“出世”的几天之内，包括《小时代 4》《狼图腾》在内的四个投资项目便全部售罄，筹集总金额 7300 万元。我们来分析一下它的成功。

首先，娱乐宝设定的标准是网民出资 100 元即可投资热门影视剧作品，这样的低门槛连接了许多社群用户。

其次，预期年化收益 7%，这样不仅能让用户获得回报，还能让用户的行为在平台上有更多停留，从而获得了更多与用户发生联系的机会。

再者，出资网友还有机会享受剧组探班、明星见面会等娱乐权益。这样的创新性行为使得用户的附着性、活跃性更强。由于这些独特的低门槛和创新行为形成了其独特的商业模式，这不仅促进了众筹项目筹资的成功，还意想不到地推动了影视作品的后期宣传。随着社群用户的增加及活跃，还可能在该平台上催生出更多的新的商业模式和价值。

当下很多众筹平台仅仅将众筹的某些属性发挥了出来，并没有真正激发众筹所有的潜力。比如，京东众筹仅仅发挥了众筹的电商属性，解决了新产品上线后的销售问题，但是对于后续衍生性的服务涉足比较少。

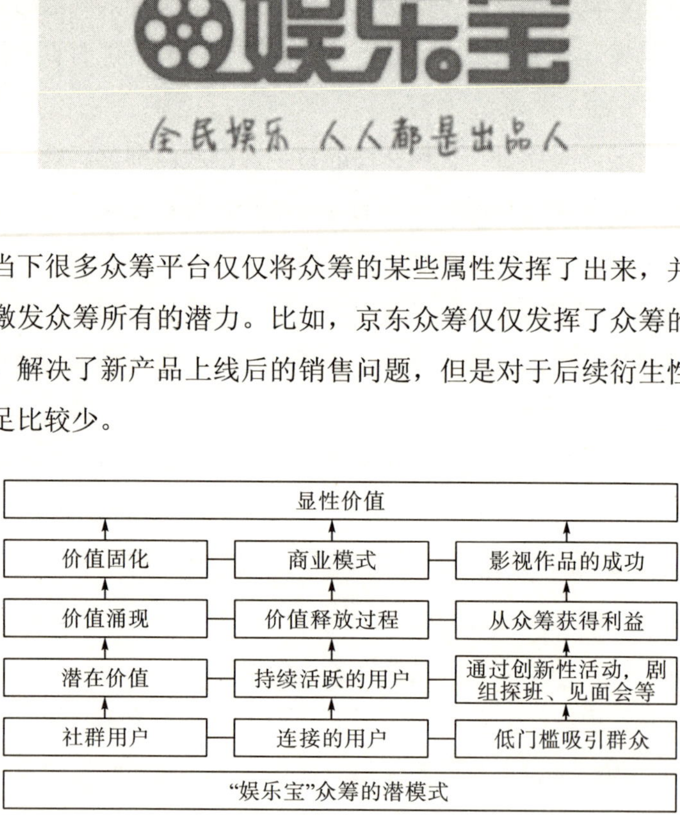


未来的众筹介入应该是更加深层次的，不再仅仅局限于某个或某几个领域当中，最终将会延伸成为一个产业链。比如我们通过某

个众筹平台将某个产品的销量进行众筹之后，还能够通过介入到后续的产品设计、生产、营销等环节当中，通过保证众筹结果来完善众筹的生态链，最后才有可能产生出新的商业模式。

**变化一告诉我们价值创造与价值实现相分离，价值交换网络中参与者更加丰富了。看似与项目盈利毫不相关的低门槛带来的连接，创新性带来的活跃潜在价值，最终促使项目的成功。**

## ※ 《王者荣耀》

不知你是不是也曾经或正在受到《王者荣耀》的“毒害”，一些《王者荣耀》的铁粉将其称为“王者农药”，因为一玩上就会深陷其中不能自拔，像极了中毒的症状。

以前的这类游戏的玩家更多是男性，但是当下大火的手游《王者荣耀》的玩家已经扩展到女性甚至小学生。一群好朋友经常一起半夜“开黑”，玩得不亦乐乎。

据相关数据统计，《王者荣耀》2017 年一季度收入达 60 亿元人民币，超过上市公司 94.22%。《王者荣耀》的火爆带动了从赛事承办、职业战队、主播解说到玩家代练等多环节的商业爆发式突围。从前这类的游戏不是没有，《英雄联盟》《全民超神》《自由之战》这些游戏的模式都很相似，但是从没有一款游戏像《王者荣耀》这样老少皆宜。其火爆的原因可以从三方面来探求，低门槛、社交属性和时间碎片。

首先，《王者荣耀》沿袭了《英雄联盟》的场景和5V5的对战模式等，先圈住了一批核心玩家。然后通过其低难度和精美的画风吸引了大批“小白”、美少女和大叔们，使他们都可以快速上手。2017年3月“妹子玩家”已经达到了40%，作为一款MOBA类手游，“妹子玩家”多了，“汉子”还跑得了吗？

其次，作为开发商的腾讯自然不会忽视微信和QQ的用户黏性，这给《王者荣耀》带来了大量流量和社交的决定性优势，因此《王者荣耀》成为一种丰富的社交形式。不知道大家是否会经常听到“开黑开黑”的呼唤，这种强大的用户黏性，不断地给腾讯带来新的用户，不少人在朋友的带动下“入坑”了。

最后，《王者荣耀》成为一种碎片化娱乐的需求。智能手机的发展使得用户的碎片化时间更多了，可能在坐地铁、等人、课间、旅途中、下班后、睡前都会想着花费10多分钟打一把《王者荣耀》，因为游戏相对于新闻资讯、视频和聊天而言，是一种更加沉浸式的体验，这也是《王者荣耀》的强大之处，正是简化的操作模式和场景使得一局游戏的时间能够不断缩短，让用户能够不断活跃在这个平台上。

现在，《王者荣耀》已经衍生出了游戏直播、赛事直播等商业模式，包括前段时间我在bilibili（视频播放平台）上面看到的《王者荣耀》动漫系列，不在一个时空里的狄仁杰和孙悟空一起出现的感觉很奇妙。甚至最后可能会形成一种IP[1)]电影，或者互联网IP

1) IP就是intellectual property，即知识财产，是一个指称“心智创造”的法律术语，包括音乐、文学和其他艺术作品国、发现与发明以及一切倾注了作者心智的语词、短语、符号和设计等被法律赋予独享权利的“知识财产”。

剧本。

现在洗头店的打折方式也让人惊讶，在游戏中段位越高打折力度越大，这种将洗头和游戏结合在一起的方式还是比较新颖的。有着强大用户黏性和用户活跃度的《王者荣耀》，随着其火山底层的价值在不断释放，不断固化，以后会怎么发展难以预料，或许会有更多新颖的商业模式出现。

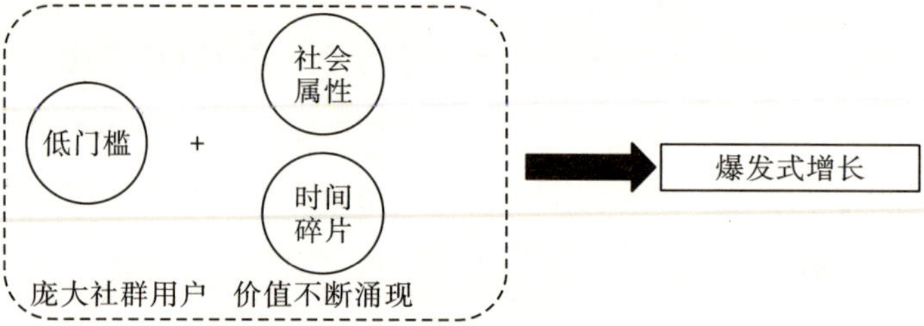


王者荣耀的潜模式

**强大的用户黏性和用户活跃度，使得火山底层的价值在不断释放，不断固化，一次又一次的爆发新的“潜在”商业模式。**

# ※ 认 知 抑 制

我们看人物肖像图，你首先注意到的是哪个部位？如果是眼睛，那恭喜你是一个正常人；但如果是鼻子、牙齿，甚至衣服、头发之类的，那么你要注意了，也许你是天才，或者疯子。

这就是今天要介绍的概念：认知抑制。生活中我们每天都会接触大量的信息，由于对信息的处理能力有限，意味着我们必须忽略大量信息，这就是认知抑制，它能帮助我们简化对整个世界的理解。

认知抑制被非常巧妙地运用到商业当中。下图分别是美团、大众点评、淘宝和糯米的首页，如果不说，可能你都分辨不出。但是你会发现它们都有这样一些共同点：最上面都是搜索页面，接下来就是各种 O2O 的分类，而且最开始的几乎都是美食、电影，接下来是一些活动和热点推荐，最下面设置的几个快捷键也极为类似。

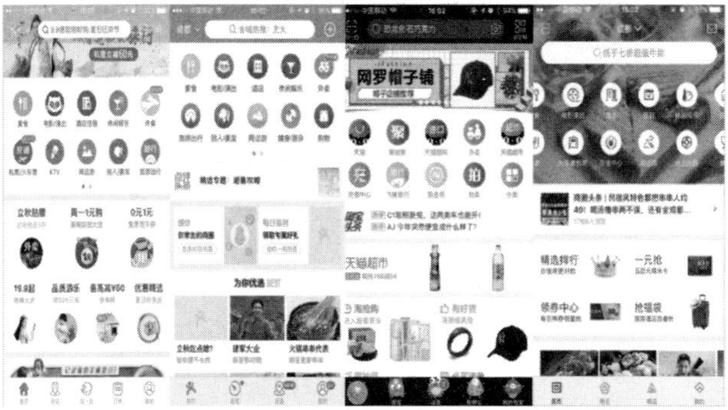


它们为什么都要设计得这么“雷同”呢？这就是运用认知抑制的结果。在出现最初的 O2O 类 App 的设计原型以后，消费者从不会使用到渐渐熟悉各种功能，最后他们会自发地认为最上面一定是搜索功能，中间是分类和活动，最下面是快捷键。如果不能满足这样的设计，消费者会无从下手，只有“say goodbye”。

同样地，所有的播放器，三角形代表播放，正方形代表停止，两根竖线代表暂停，这些都是产品设计师们巧妙运用认知抑制的结果。一方面能为企业节省很多成本，另一方面**认知抑制对于企业也像一种圣条，成为一条难以逾越的鸿沟**。

但是运用认知抑制也是有潜在代价的。**企业在享受着认知抑制带来便利的同时，也会定义自己受到认知抑制的“抑制”，这意味着企业可能缺乏创造力**。譬如搜索窗口都被放在最上面就一定是最符合人类习惯的设计吗？也许最适合的地方应该是中间，但是这种被奉为“金科玉律”的认知抑制却可能阻碍了实际上的“最优解”，没有谁敢去随便触动。

在智能手机普及之前，没有人觉得苹果手机那种无键盘的设计

能够成为主流，传统的设计者都认为实体键盘的触感更符合消费者，因此他们都被认知抑制所“抑制”，节约了成本却阻碍了创新。然而苹果手机却打破了这种认知抑制，将软键盘发扬光大，将这种潜在的需求显性化。

那么我们该怎么破解“认知抑制”呢？潜模式或许能给你答案。企业在运用认知抑制的时候，追求的是一种显性层次的需求，比方说做 O2O 应用软件的话，最上边一定是搜索功能，这种需求是显性的，也是消费者最习惯的。然而问题是习惯的东西不一定是最好的，显性需求不一定是真实的，因为消费者可能并不清楚自己最需要什么，这就需要进一步挖掘。

潜模式挖掘的正是这种潜在的东西，潜模式会在过去的积淀中涌现出新的模式，这种模式有可能就是全新的，没有可以借鉴的现成“认知”，它会激发企业自主创新，实现“认知抑制解除”。

潜模式的每一次涌现都是企业对原有认知的突破，它们四处跨界，打破隔离，似乎在大声向“认知”宣战。比如万达、万科等房地产企业想做的不仅仅是资金密集的建设者，而是“雁过拔毛”的运营商，企图整合家居、装修、物业等各方；作为一家以影视制作投资为主的上市公司，欢瑞世纪却砸了3.25亿承包下某电视台的周播剧，从制片公司摇身一变，成为一个小小的平台企业，它不通过卖剧赚钱，而是通过对整个周播剧场的运作来获益。

这些都是潜模式对企业原有认知的突破，但是有一点值得我们注意，**认知抑制解除绝非天马行空地到处撒网**，天才和疯子都是典型的能够做到认知抑制解除的人，是什么造就了他们的区别呢？答案是智能，天才能够整合各种资源，实现自己的目的，而疯子就只能像一只无头苍蝇乱窜。放在企业身上，就是需要企业有一定的积淀。

最近处在风口浪尖上的乐视，就因为天马行空的到处乱窜，成为人们口中的“疯子”。一家在制造方面没有任何积淀的互联网企业，手机、电视、汽车它一样也不错过，它脱离了潜模式的根基，自然走向式微。

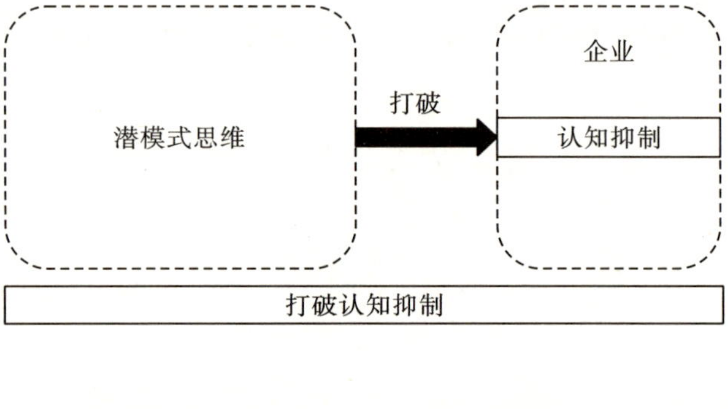


**不仅个体有认知抑制，作为个体和资源集合的企业一样存在认知抑制。认知抑制追求的是显性价值，想要突破认知抑制带给企业的界限，“潜模式”思维是一个很好的工具。**

## ※ 我们是谁

不知道你是否还记得有一套引爆了朋友圈、微博等社交平台的图片，最开始是乙方吐槽甲方的各种神转折段子，以简单的咆哮体文字，配上丑萌可爱的画风，瞬间引发刷屏传播。最后从甲方乙方的基础版，丰富到各种行业版本、各个地域版本、各种生活版本，似乎每个人都可以从中找到自己的影子。

我们不禁要思考，为什么如此简单的图片会引发从个体到行业的全民狂欢？其实不管是行业、区域或是各种生活版本，那几个简单的对话都把握住了该角色最核心的特色。比如公关的例子就是把握住了它随时背锅的职业痛点。这些核心的特色会引发相关者的共鸣，进而刺激大家的积极参与。这个思考的方向，可以对传统企业在互联网背景下的转型有一些启发。

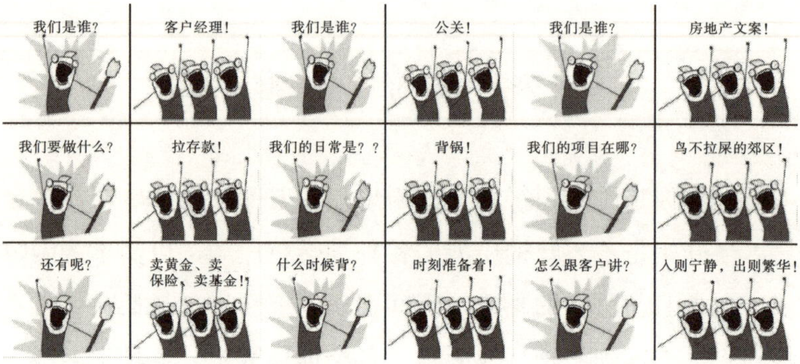


传统企业在互联网时代的转型，不应该只停留在开发App或者开网上商城，最重要的是需要审视自己企业内部，挖掘传统企业最核心的资源，最大的特点，并利用互联网来放大自己的优势或者规避自己的弱点。如果把刚刚欣赏的三幅图及其文案模板比作互联网，传统企业要做的绝对不是把那个怪鱼的卡通形象换成猴子或者兔子，也不是把它粉红色的身子变成绿色、蓝色，企业要思考的是能够引发目标用户共鸣的那几句话，这就需要回归到企业、行业本身，而非仅仅停留在互联网手段层面。

之前分析过江小白，作为传统的白酒企业，它不是自建商城或者在网上卖白酒，而是深入挖掘了自身小瓶酒的市场特性，穿透了喝酒的情境特征，并利用互联网便捷的传播效应，让表达瓶上的文案引爆各大社交平台，最终放大了它作为青春小酒的特点，同时也弥补了它与五粮液、茅台等传统白酒的正面竞争的劣势。互联网只是手段，关键还是在于企业核心内部。

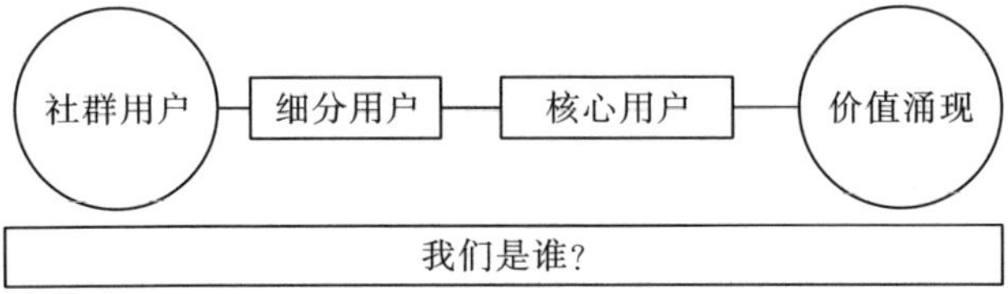


**火山模型五部曲最初是连接社群用户，想要撬动社群最重要的是细分用户，找到最核心的用户，才能够把握情境，实现价值的涌现。**

# ※ 未来畅想

## 怎样从更高的维度思考潜模式

我们现在讲到的潜模式案例，不论是小米、BAT还是京东，都有这样一个特点：大都集中于互联网这一块，利用互联网的连接属性打造潜模式。正如前面的章节所说，因为互联网时代的到来，将传统工业经济时代的人与人之间的连接关系彻底打破，从一种有序、固定的状态，演变为现在的无序、混沌的状态，它将现有的连接关系变得更具动态性和多样性。

互联网确实给几乎所有企业带来巨大的改变，让许许多多的传统巨头一夜之间轰然倒塌，也让许多小企业抓住机会，扶摇直上，瞬间成为行业巨兽。可以说，是这一波互联网的浪潮，造就了一批又一批成功的潜模式。

但是当我们已经沉浸在互联网打造的连接关系之中的时候，你可曾想过是否互联网时代也会像式微的工业经济时代一样，慢慢走向衰退呢？你可曾想过如今的互联网巨头是否也会像传统行业那样，被这样的变化打得落花流水、瞬间崩塌呢？

说到这里，不得不再次提到《三体》。这里面的高维度文明外星人看待人类，就像一个处于3D空间的立体人去看一个处于平面的二维人一样，能够看得一清二楚，因此摧毁起对方来不费吹灰之力，这很像是互联网兴起的时候，互联网企业对传统企业的致命打击。

这样的灭顶之灾在互联网领域中常用一个新词来形容，叫作“降维攻击”，它就是来自《三体》。而互联网里面的“降维攻击”是指高维度商业模式与低维度商业模式的比拼。

互联网领域发展到现在，许多人都有这样一个观点，即连接入口已经关闭，每一个维度都被完全占领，很难再有所突破。处于低维度的互联网公司，最担心的不是同维度竞争者的打击，更多的是来自更高维度的侵蚀甚至被兼并。而处于最高维度的互联网企业，它们几乎不用担心被某个互联网打败，至少在互联网领域，它们的维度已经足够高了，它们最担心的是遭到超越互联网这个维度的降维攻击。

有人说互联网领域最大的变数是小米或者苹果，因为它们掌握了互联网的终端设备，掌握了流量的直接入口，但是这依然没有跳出互联网的维度。

## 变数来自更高维度

美国时间 2016 年 11 月 17 日，国际无线标准化机构 3GPP 的 RAN1（无线物理层）87 次会议在美国拉斯维加斯召开，就 5G 短码方案进行讨论，华为的 Polar 方案从两大竞争对手中胜出，成为 5G 标准的制定者。

4G 使用是特高频段，5G 就得使用超高频甚至更高的频段。5G 的网络传输速率将是 4G 峰值的 100 倍。这意味着，在 5G 时代一部超高清画质的电影 1 秒内就可以下载完成。而且 5G 的功耗将低于 4G，从而带来一系列新的无线产品，比如更多智能家居设备和智能可穿戴设备。

如果说 3G 和 4G 使人与人互联，那么 5G 将使万物互联。由于数字传输效率的大大提升，使万物之间的联系紧密增强。5G 不仅仅是下一代移动技术，还将是一种全新网络，将万事万物以最优的方式连接起来，这种统一的连接架构将会把移动技术的优势扩展到全新行业，并创造全新商业模式。

互联网潜模式的变数就在此，5G 的真正意义在于——为万物互联打下基础。

智能家居以及智能可穿戴设备的普及，将共同打造成一个超越互联网的物联网生态系统。如果说互联网实现了人与人的互联，人与物的互联，那么物联网将实现的是万物互联，它将是一种全新网络，将万事万物以最优的方式连接起来，这种统一的连接架构将会把移动技术的优势扩展到全新行业，并创造全新商业模式。

## 万物互联互通

我们都知道，这个世界上存在多种生态系统。比如自然生态是一种生态系统，人类社会是一种生态系统，工业体系是一种生态系统，信息产业是一种生态系统，资本和金融也是一种生态系统。每种生态系统都有自己的循环结构，生生不息，并不断的趋向平衡。虽然这些生态系统都在向前推进，但是系统与系统之间比较独立。一旦到 5G 时代，这些系统将打破原来的界限，走向共融，共同组建一个更包容的“大生态系统”，也就是万物互联。

未来的物联网世界里，每一件物体都有传感器，利用 5G 实现数据交互，不仅仅是人类社会，整个自然生态的一花、一草、一树木、一山、一石、一瀑布，这一切物体都可以控制、交流、定位，彼此协同工作。

每一件物体都可能被安装上传感器，利用 5G 实现数据交互，人、花草、机器、手机、交通工具、家居用品等都可能会有自己独立的 IP，一切物体都可以控制、交流、定位，彼此协同工作。世界上几乎所有东西都会被连接在一起，超越了空间和时间的限制，这又比互联网高了一个维度。

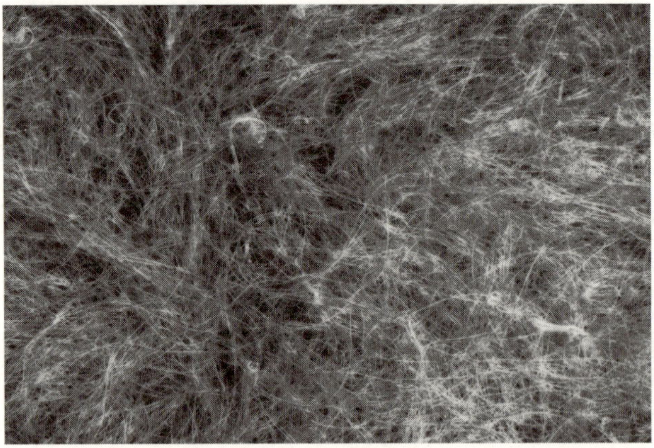

想象一下经常在科幻电影里面出现的场景：早上起来，戴上智能眼镜，就能够自由地收发邮件，再设置一下，热水器就自动调好

水温，厨房感应到后，也自动搭配好早餐，出门穿鞋的时候，智能汽车已经自动停在家门口，开门关门的数据都被记录在防盗门的数据库里边，家里的一切东西都是互联的，每个物体都可以取代互联网背景下的手机或者电脑，成为一个连接的入口。

这对目前的互联网企业是致命的，如果我们用上了 5G 手机，有那么快的网络，就不会每到一个地方再去寻找 WiFi，用户可以无缝、平滑的在任意空间过渡，省去了切换网络、输入密码等烦琐步骤，WiFi 很可能“消亡”，互联网也可能消失。以前的连接入口，比如手机、电脑、平板等都会在物联网的生态系统当中变成最低维度。一切寄生在互联网里的企业可能面临来自更高维度的物联网的攻击，那时候可能又会在物联网领域兴起一番又一番的维度大战。不过，华为已经跑在了前面，华为才是互联网最大的变数，我们其实已经可以预想到物联网时代一轮又一轮的连接争夺战。

物联网的万物互联，其实就是潜模式的精髓所在，你不知道它今后到底要怎样盈利，但是当你反应过来的时候，敌人已经和你不在一个维度了。连接本身也能够承载价值，这就是物联网最

大的价值。

因此我们在这里大胆地做了一个猜想，潜模式的未来，可能不再像现在一样，通过智能手机、电脑等方式来实现连接关系，打造价值火山，它更可能存在于未来那个万物互联时代中的任何一件物品，连接的东西可能也不再局限于人与人，它可以连接人与物，物与物，所有的连接关系都能够承载价值。

在未来，如果你想打造潜模式，最好不要沿着当前潜模式的思路，按照互联网的路数去打造，这样难免使自己处于一个商业的低维度。毕竟在未来，我们对潜模式的认知又会上升一个维度，进入到物联网的维度里面。

**潜模式的未来，应该像它的本质所描述的那样——连接，更为广泛的连接，更为活跃的连接，世间万物相互连接，用连接去承载价值，释放潜在价值，通过对连接的把控去包容商业的不确定性，让潜模式慢慢固化，形成我们现有的，能够真正盈利的商业模式。**

# 结 束 语

## 愿与你们一起对话“潜模式”

“知行合一”。我们探讨平台、潜模式，是否能够把思考的东西反过来映射到自身行为？或者我们的行为本身是否就在诠释与践行潜模式的基本原理或火山模型？

## ※ 团队潜模式

2017 年 1 月 4 日，我以一个分享者的身份进入《静静五分钟》，分享了“团队开发的潜模式”。

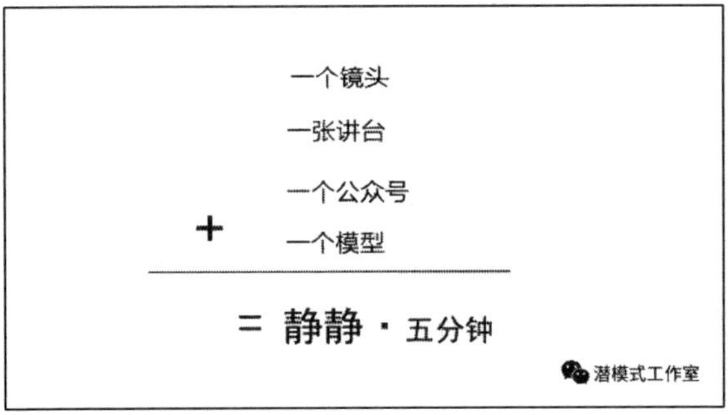


在我的记忆里面，《静静五分钟》已经将近四个月，有 20 期节目，20 多个鲜活的案例。我一直在想《静静五分钟》到底是个什么样的存在呢？

首先是一个镜头(后来是录音)，永远对着一个镜头；其次是一张讲台，站在讲台前；还有一个微信公众号——“潜模式工作室”；然后还有一个模型——火山模型。

那么是不是这些因素加起来就是《静静五分钟》了呢？不是，我们在背后还有一个由 13 个人组成的团队，还有“火山”的底层即大家更多地参与，伴随着大家的参与我们一起在成长。

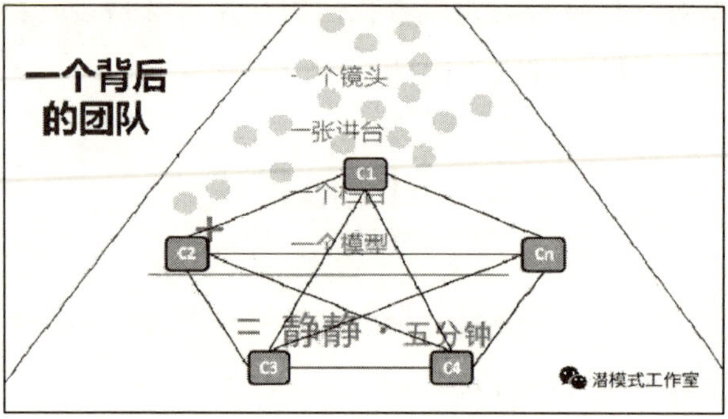


我们经历了什么？我们有总编辑，有导演组，有策划组杨静、聂创、杨芮、孙世超、熊雯，还有嘉宾和演职人员王建刚、薛敏、李蓉、谢瑜、潘琼、陈丽华、张国建……不局限于团队内部，还有许多老师、学生、朋友和企业家组成的外围团队在持续关注潜模式，持续提供有益的反馈。在此，我一并表示最诚挚的感谢。我们团队一直都在成长，一直在涌现、释放价值。

为什么“团队开发”中也有潜模式？我是这样理解的。我们的团队伴随《静静五分钟》这个栏目一起发展，一起成长，从教室、讲台，一直走到学院、学校，得到大家的关注。我总结了以下四个关键词。

首先是**笃信**。为什么做这款节目？我们始终相信，在每个人的深层次都有一个巨大的潜能，这个潜能是可以被释放出来的。就像我们团队可以做成一个栏目，羞涩的青年可以变得很自信，大家都可以得到潜能的释放，潜能释放伴随着《静静五分钟》一直在发生。

第二是**参与**。这里面没有老师或领导，组织与形式都是大家自发形成的，是大家自己的舞台。大家尽情地在此释放活力。

第三是**活跃**。我们团队的成员可以自由的分享自己的观点，每个人都带有自己看问题的视角，都有自己的想法。于是，我们会让连接背后的能力释放，不断地去激活潜在的休眠。

第四个关键词是**侍(si)候**。我们等到了《静静五分钟》的产生，等到了火山模型的涌现，每个人都有自己的独特和精彩。我相信这个平台能够持续做下去，我们都能够发现生活中的绚烂之美！

实际上，我在过程中不断地捕捉、评估与凝练，不断做出一些调整。这其中贯穿的一个基本想法，是能否让每一个人都能在这个舞台上绽放？很多时候，我希望扮演的只是一个“捕手”的角色，“你敢涌现，我就敢接、敢欣赏”。我在做团队新尝试，不断地刺激团队，让团队的力量能够快速形成并发挥巨大的潜力。这个过程中出现了“火山模型”“静静体”“4-3-1-5 结构”……让参与者在一个情景中得到活跃，不断地涌现，我能够抓住并反馈给大家形成一种力量，让每一位参与者能够释放自己到极致。

## ※ 创业潜模式

我在构思与成稿《潜模式》一书的过程中有幸结识了一群年轻创业者，他们有朝气、善广思、纳众长、会于胸，在与他们的交流与碰撞过程中，我逐渐萌生把这本书奉献给这个时代的年轻创业者的想法。

一次次创业梦想与创业激情激励年轻的他们不断前行。但是，当他们把自己呈现给投资人、业界精英和资深专家时，“见光死”的效应出现了。

“如何与众不同？”

“如何通过与众不同来降低市场营销的成本？”

“你们打算如何盈利？”

“你们怎么能够实现盈亏平衡？”

“你的核心竞争力到底在哪？”

“你的核心团队呢？”

……

当用这些已有的、固有的法则来衡量的时候，创新的想法在一瞬间就被击垮了。他们和团队开始焦虑不安，团队成员开始失去信心。更可怕的是，当意向投资人询问他们是否可以进行天使轮投资时，他们被迫承认：“我们尚未取得重大的商业模式创新，且不知道竞争对手在哪里，这是一件非常危险的事”。

在很长的一段时间内，他们不断拜访行业创业的前辈和投资人，他们经受着十分严重的心理压力、焦虑、失眠。如果站在“潜模式”的视角，那么，我们就可以换一个角度和创业者进行对话：

“你相信你的创业初心吗？”

“对自己最初直觉和体验的坚信，这才是最为宝贵的源头。”

“你们的这个原动力还在吗？”

“在！”

“那好，继续努力，你们有的是无穷的潜力！”

**大量的模式会在创造的过程中不断地涌现出来，年轻的创业者们现在就行动吧！只要这种创造的本源动力还在。**

**潜思践行是当下，涌得寰宇你我间！**

前路，让我们一起努力！

2017 年 8 月于成都

## ※ “潜”积蓄“候”涌现

第一次跟老师讨论“潜模式”概念的时候，我还特意询问了是哪个“潜”，他回答说“潜在”的“潜”，跟显性相对的意思。开始的时候似懂非懂，不过我尝试着用潜模式的视角去解读一些生活中的现象。

以前坐地铁常常有人拿着一部手机请求你加他微信支持他的创业，后来在商圈广场上也可以看见扫二维码加微信就可以获得气球、玩偶等小礼物。我试着分析这样的现象，表面上他们是加了一个一个好友，还付出了时间、金钱的成本，却不见“有利可图”，可是当这个好友数量积累到成千上万，连接潜在的价值就被激发出来了。前段时间看新闻微信的自媒体博主凭借广泛的连接，月收入在300万～500万。这似乎已经颠覆了我们“眼见为实”的信条，潜模式的视角引导我们剖开现象，挖掘商业模式最核心的本质。

中国社会情境下大家对“关系”两字会有很多解读，我很喜欢费孝通老先生在《乡土中国》一书中对中国差序格局的阐述。“中国的格局是像一颗石头丢进水里形成的波纹，以自己为中心，一圈一圈往外扩散，由己及人，越推越远，越来越薄”。我们对事物的喜好也跟我们关系的远近有关。个体与个体中的“连接”自然蕴含了潜在的价值。互联网的到来，将个体与个体之间的连接变得更加广泛，形成了一个巨大的价值蓄水池，要如何开发就给企业家们留下了巨大的想象空间。

除了“连接”关系，潜模式视角还希望为大家传递的是对不确定性不断动态应对的态度。潜模式从具体的某一模式、产品、服务退回到用户本身，实际上就是一种对不确定性的应对。

在这样的应对中有以下两个很重要的因素。

第一个因素是动态性，需要根据用户不同的变化做出及时、动态的反应，这是相较于传统模式很大的差异，潜模式不是设计一个完美的商业模式，而是能够自适应的过程。吴军博士在《硅谷之谜》里提到传统导弹和飞船的原理差异：传统导弹在发射之前要根据设定的目标以及当时的风速等已知参数算出发射的方位和角度。如果能够准确考虑所有因素，导弹的落点应该在目标附近，可在发射的开始并不可能准确预测所有数据。相比较而言，阿波罗飞船的设计中，工程师不再假定事先已经准确无误考虑全部可能性，而是在火箭的实际飞行中不断根据一系列允许有偏差的实际观测数据，在飞船飞行过程中不断自行调整，这保证了即使飞行距离是导弹的1000多倍，但准确性仍高出许多。

第二个因素是要有等候的泰然，对不确定性的应对需要我们能够包容混乱。我们最传统的经营模式是计算投入是多少，收入是多少，收益率是多少。潜模式想要传达的不是这些对企业经营无效论，而是在针对持续的用户经营和模式探索中不能够仅仅以显性指标考量而忽视了潜在价值的开发，以致失去这座潜在价值“蓄水池”。

这个视角不仅仅是对企业经营的总结，也是对个人成长的总结。记得自己在求职前期有段非常迷茫的时期，我对老师说“我不知道未来怎么办，不知道何去何从”，老师回答我：“你这不是迷茫，是你的未来充满了无数的可能性，你已有了积淀，只需要等待一个展现的契机。”

本书不是高深的商业著作，更多的是希望通过呈现生活中很多现象，与大家一同去剖开现象背后存在的共性特征，去发现生活中的潜在面，发现自己所蕴含的潜在面，或许会给自己带来别有洞天的惊喜！

杨静

2017年8月于成都

# ※ 换一个“视角”看世界

我很矛盾，我很纠结，在这个互联网肆意蔓延的时代，作为一名脑洞有点大的90后，仍旧对很多商业现象感到不可思议，它们就像是“薛定谔的猫”，是悖论，但是对潜模式的研究却给了我想要的答案。

在没接触潜模式之前，我更多是以一个旁观者的身份观察周围的事物，每天微博、朋友圈刷个不停，享受着互联网带给我们的“免费午餐”，感觉整个世界的动向都掌握在自己的手中。

可能是视角发生了转变，在接触潜模式的相关理论之前，感到世间商业形态千姿百态，而我却只知道“利润=收入-成本”这种最为传统的模式。以前在微博上抢到一个红包，感觉是自己赚了，现在的感觉却是自己已经悄然被“笼络”到它的网络之中，被激活了；以前上传一张照片就静静等待评论，现在我知道我们都是一群被“操纵”的棋子，它们总能用千万种方式找到“对付”你的策略。

“潜”是一种视角。同样的问题和现象，每个人总能找到契合自己需求的解读方式。比如天气预报的结果与实际大相径庭，第二天因雨未能出游的人可能会破口大骂，而原本就打算宅在家里的人，可能都不会察觉到这种差异。我们所站的视角是尽可能地从本质上来分析某个现象，天气预报没预报准确，也许是云层太厚难以观察，也许是卫星图不够精准，也许就是相关技术还不够成熟。有的人会问：“那么是谁在在执行潜模式呢？是谁在背后操作呢？”站在本质的角度不是站在任何一个人的角度，是站在这个商业现象的过去、现在和将来，分析它的演变和运作机理。

“潜”是一种资源。就像我们的潜意识一样，不管你注意还是没注意到，它都在那里。好比你会写所有的汉字，但是让你一次性把你所有会写的汉字全写出来，你肯定只能回忆起一小部分。如果改成听写，那么你每一个字都能写出来，这就是一种随时可以动用的资源，只是你自己不知道，你不能一一列举。企业作为一种组织形式，和人是一样的，有很多“潜意识”，企业在做决策的时候往往没有考虑到这些“潜意识”，因而可能会找不到最佳的行动决策。

“潜”是无限的。本书可能更多的聚焦于商业上的潜模式，实际上在不断地写作及调研的过程中，个人也涌现出了很多潜模式，比如我自己，此前从来没觉得自己能够写书，实际上仅靠我一个人的力量也是不够的，但是在团队成员相互的“打磨”之中，涌现出了很多新的想法和视角，比如“火山模型”就是在相互讨论之中逐步完善的。我想，我们每个人的显性价值是有限的，但潜在价值却是无限的，它需要被挖掘，而我们的讨论和工作室的成立就成了我个人潜在价值涌现的根本原因。

聂创

2017 年 8 月于成都

# ※ 我所理解的“潜模式”

我所理解的管理学是一门综合、包容、应用的学科，从最初纯粹的学习管理学，再到后来学习心理学、社会学、神经科学、哲学，直到遇到杜老师，受杜老师的启发开始学习数学思想、物理学和天文学。正如老师所讲：“潜模式，我并不知道如何定义它，它是一个过程。”试想，人生何尝不是呢？我们在短暂的岁月里如何定义我们自己、我们所处的位置？人生无常，我们在经历中成长，最后成为我们希望成为的样子，我们唯一确定的是方向，而不是路径。

西方有一句著名的谚语：“条条道路通罗马”，但别人走过的路不一定适用于自己，别人使用过的交通工具也不一定适用于自己。这就是创新的意义，潜模式的意义。美国实用主义创始人皮尔士曾提出了“意义即效果”的断言，我们探索潜模式意义的本身是对潜模式希望达到的效果的预期。那这个预期是什么呢？属于自己的路。

人类是有智慧的，创新者是有智慧的，原本这个世界没有轮船，没有飞机，我们在探索心中的罗马的过程中发明了轮船，发明了飞机，并造福于人类。潜模式要求我们不要放弃对心中罗马的道路、方式的探索，做勇敢的创新者。

作为探索者，我们要回答三个基本问题：是什么？为什么？怎么办？。

潜模式是什么呢？狭义的定义是：潜在的商业模式。广义的定义是：潜模式的核心在“潜”，潜在未发现，却拥有无限想象和实践的可能。这个东西是什么呢？这需要我们自己去探索，去发现，然后再告诉其他人你发现了“新大陆”。

五百多年前，航海家哥伦布相信地球是圆的，为了探索和验证这一真理，他最终说服西班牙女王资助了他的航海计划，发现了美洲新大陆，西班牙皇室资助他的理由是为了帮助他实现航海计划吗？或许不是，他们更多的是渴望获得黄金和香料。

作为创业者，是否可以通过这个故事获得一些启发呢？这种启发是否可以帮助你挖掘自己的潜在可能呢？

人是一种具有认知需求的动物，从我们探索生命的起源、宇宙的中心，到商业模式的设计、组织转型的探索，在本质上是认识这个世界。这种认知需求是人的一种本能，令人惊奇的是这种本能不是由人类对财富的向往所驱使的，但不可否认财富是这个过程中的附属品。

我们为什么需要认知潜模式？价值的释放。在认知潜模式的过程中释放个人及组织的潜在价值，实现潜在价值。原子虽小，但原子的裂变却能爆发出惊人的能量。我们唯有不断认知自己，才有可能产生原子般的裂变，释放出自己潜在且尚未发掘的力量。

成长是一个自动化的吸收和释放的过程。假如我们以信息的视角，将世界上的一切视为信息，那么人天生具有一种信息适应机制，我们不断地吸收新信息，我们不断地释放价值，以达到自我组织的平衡。

平衡是管理的基调，平衡是管理的境界。由此可以看出古人是多么智慧。我们现在面临着怎么样的问题呢？失衡。在吸收与释放的过程中出现了失衡的状态，互联网带来了信息的爆发，人类的大脑已经难以在短时间内处理这些信息，并通过合理的方式对这些能量进行释放，这是导致我们成长初期焦虑的重要原因，我们无法维持自身机体的平衡，最终在生活和工作中出现各种各样的问题。

我们想要解决这一问题，怎么办呢？认知潜模式。存在适合，但不是最优。最优解是一个理想的假设，成长的过程犹如“无理数”，我们对“有理数”有不懈的追求，当我们到达临近的“有理数”时，又开启了对新的“有理数”的追寻，这是一个无限的过程，这个过程为我们自我探索提供了想象的空间，面对复杂多变的环境，我们承担起了自我进化的责任。

在通常意义上与进化论的理解不同的是，这种进化的初心不是以“竞争”为主题，即使它的影响会使我们创造“护城河”，这种思想与《道德经》中的“夫唯不争，故天下莫之能与之争”的思想不谋而合。

斯坦福大学提勃尔·西托夫斯基教授在《无快乐的经济》中曾提到一个观点：人类生活中的两个主要动力来源是“舒适”和“刺激”。无论我们正处于“舒适区”还是“刺激区”，这两个主要的动力是激荡的、相对的，不存在永恒。当我们处在“舒适区”时渴望寻求突破(刺激)，当我们处在“刺激区”时渴望寻求舒适(稳定)，而正是在这种激荡之中人类表现出来了对自我突破的永恒动力。

这是认知潜模式的前提，我们是求变的人。

求变即自我进化，与生俱来，或许你尚未意识到。如何在自我进化的过程中挖掘自己的潜在性呢?注重日常。荀子在《劝学篇》曾说：“不积跬步，无以至千里；不积小流，无以成江海。”潜模式出现在你日常的积淀之中，潜模式出现在你走过的点滴之中，潜在过程，而非结果。有一天，你蓦然回首时，不仅是“那人却在灯火阑珊处”的沧桑和惊喜，还有你对潜模式的经历和智慧，这就是潜模式的魅力。

冯小平

2017 年 8 月于成都

# 附：对话·印记

从 2014 年开始，我就有了“潜模式”的概念，三年多时间，这个概念及其背后认知框架的发展过程是一个不断徘徊、挣扎、突破、穿透与对话的过程。我用自己的方式留下一些师生对话与思维的印记碎片，在此整理筛选，顺序为撰，以飨读者。

——杜义飞

## ※ 师 生 对 话

2015 年 9 月 2 日下午，杜义飞教授和硕士研究生杨静、潘琼一起讨论互联网时代商业形态变迁的话题。

杜：如何满足一个人衣、食、住、行的基本需求？我们最直接的想法是把这些东西生产出来，就会实现价值。一个产品的属性很清楚，是可以定义的。第一次工业革命和第二次工业革命解决了能源问题、动力问题，规模效应告诉我们，生产的量越大，成本越低。但是，生产得越多并不代表价值越大，它很快会到达天花板。价值去哪儿了？跑到了它潜在的一面，就像冰山的水下部分一样，潜在价值更加丰富。

杜：同学们告诉我，“我们看新闻一般不看内容，只看看评论”，我说“为什么呢”，他们说“评论太精彩了，更让我们产生共鸣”。

杜：现在的价值去哪儿了？价值存在于每个参与点，在参与个体里面，在一种分布式网络结构中，这是一个消费者参与的时代。

商业的本质就是要把价值给捕获住，承载下来，传递出去。商业模式是什么呢？它是一套结构，一套设计，一套架构。在很多消费领域，价值表现出变化无穷、稍纵即逝的特性。你们觉得商业模式或组织形态会变成什么样子？

杨：以前的组织像金字塔，层级式的，面对的是流程性的价值释放，消费者被看作是一个整体。现在我们的用户需求是个性化的，人群更散，组织更柔性。我们需要能够及时去满足不断变化的需求，这是对组织而言的。那商业模式如何变化呢？我不是很懂。

杜：商业模式是什么？商业模式就是让价值被捕获、被承载，经过转换，价值能够传递出去，大家都能够分享价值。

潘：消费领域主要是服务，它跟人是紧密结合在一起的。人是世界上最变化多端的一个物种，价值是变化的，是不固定的。这样来讲，你强调的就是互联网企业背景下的传统商业的转型，更多关注的是服务类型的企业，对那些传统的制造业或农业呢？

杜：互联网发生作用的地方广泛地存在于人与人发生连接关系的地方。

潘：人是活动的、变化的，传统制造业再怎么样转型，它跟人的联系可能也是不大的……

杜：不是说互联网一下子就把所有行业都给颠覆了，它是一种渗透。什么叫渗透？互联网对产业链条的改造是一个渐进过程，哪些环节跟人关系比较大的，互联网就容易渗透进去。直接的消费，比如说旅游、餐饮、物流，包括教育，是跟人联系比较近的。再远一点的制造、房地产和传统金融，它们的结构很复杂，满足的是系统精确性和精密制造过程。

杜：就像我们现在看电影一样，很多时候，我们的兴趣是这个电影怎么拍的，怎么编的，我们对电影内容本身已经什不太感兴趣了。当生产与制造进行中我们已经……

杨：参与进来了。

杜：参与即消费，多了一个维度。你们看不看科幻小说？

杨：《三体》哇？

杜：对，《三体》。

杨：我还没有看。

杜：赶紧去看。《三体》有一个基本概念，高维度打低维度……

杨：老师也看了？

杜：没有看完。互联网业界的很多精英人士在看那部小说。我举个例子，传统的企业生产出商品来，怎么盈利？价格一定要比成本高才行。在互联网上产品可以免费，为什么它可以免费？因为它后面有一个网，信息的各种连接关系，完全可以用其他方式来补贴。但是，在传统的产品维度，你只能老老实实的靠产品本身赚钱。

互联网带来的价值形态不一样了，可能多了一个维度，有更多的连接关系，更立体，更丰富，更飘忽不定，更分散，更加强调把每个参与者的潜在价值给释放出来，这是高维度的价值空间。

以前的商业实现了什么价值？比如你们小女生喜欢穿漂亮的衣服，衣服本身承载价值。传统的方式，我们把衣服的价值属性定义好，用最精确的价值链去实现它。现在情况变了。我的价值你不知道，我也不告诉你，甚至我有什么样的感觉我也不知道。东西来了之后，我自然知道我想要什么，我不知道到时我还有什么新的想法和需求。你们看，价值根本抓不住，传统的方式还能捕获吗？但是，互联网说我可以。因为啥？我有连接，我有及时互动。我们坐在一起聊天，聊着聊着就很开心了，开心，你就有需求。不错，你有需求，及时满足你。你买不买单？肯定买单。

杨：那这样讲的话，在互联网下的商业模式会像你之前讲的，就会有很多个开放的端口。

杜：啊。

杨：他相当于这种，让很多很多人参与进来，就不能把他封闭了。

杜：嗯。

杨：像你刚刚讲的，就不能把它定义，因为是我们前端的接口，面向消费者的就是要足够的开放。

杜：对。小米是卖手机的吧？不是，它手机不赚钱，它一年卖400万个耳机，199万个充电器，53万个米兔儿……还卖21万件服装。什么是米兔儿？

杨：我也不知道。

杜：小米手机本身是一个黏附人群的载体，它让大家随时可以方便地互动。当你需要一个耳机，小米就及时提供给你；一会儿发现没有电了，它就给你做个充电宝；大家需要服装，它就给你衣服。这种方式是不是可以把变化的价值给捕获住啊？同学们有什么需求？不知道。没关系，我们团队活动搞活跃一点，大家在活动过程中一定有各种需求。这个需求由我来提供给你，你接不接受？还是愿意接受吧。

杨：哦，对对对。

杜：我先把你放在一个“场域”里面，达到一定程度的自由了，这个时候再不断地给你需要的东西，你逃脱不了。

杨：我觉得这一点成立还有一个原因就是人本身是有惰性的。我在这个场域，你给我营造了一个需求之后，他还有其他选择。比如说你发现你缺一个耳机，然后正好小米提供了耳机，但我还有选择，我可以去其他地方买。

杜：可以，没问题啊。

杨：去京东上买，但人又都是懒惰的。

杜：不，他不一定是懒的。关键在于，你在小米的“场域”里面，你会受影响的，你会不断强化“小米耳机好”的印象。我为什么会跑去看《捉妖记》呢？我受别人的影响，都不上映了，我还花了高价钱去看了。在互联网中，我们感觉很自由，实际上你在网上更不自由。我们**是基于一种情景的存在**。我现在说，杨静，中午不让你吃饭，你说没问题，正好减肥。但是我说，把杨静手机没收了，你十分钟就受不了。手机已经成为我们身体的一部分，与外部网络联系和互动的必须端口。如果说你哪天手机断电了……

杨：就很没有安全感。

杜：对，就觉得你跟那个网……

杨：脱离了关系。

杜：为什么给大家分享这么多呢？在工业时代，我做手机我就一定标榜自己做手机，因为我做手机做得最好，我做面包我就一定标榜我做面包。我们这个时代，企业的商业模式不是从一而终了，模式在不断地涌现和变化。

潘：它们是自己就能形成的吗？

杜：对。它就是一个自发的、涌现的和不确定性的过程。比如说微信，它未来有怎么样的盈利模式？我们想象不出来，马化腾也想象不出来。以前在微信上给你推送广告，你接不接受？比如，微信给你推送麦当劳的广告，你一定觉得很难接受，它在做强制性的推广。现在同样是推送广告，微信把名字改了叫“宝马驾到”，你感到很幸运，这种东西就很容易被接受。这些都是想不到的，大家在“玩”的过程中玩出潜模式，商业模式已经成为涌现的形态，捕获价值成为变幻的过程。

# ※ 思维印记

2014 年 11 月 24 日

通过课程，我的理解不断深入，以课程为大纲、蓝本，能否写出《潜模式》的提纲？

构建一本书是一个持久的过程。一年以来，我非常繁忙，开设了多个讲座，延伸了多门课程。探索的领地也在不断地深入或扩张，思考过程与社会性的尝试也总是会受到外部的干扰。

一个综合形态是否能够基于“潜”来产生？在弯曲空间结构下，艺术馆平台可以更为广泛地黏附人群，艺术家与社会的接触更有利于商业化的过程。

无论是商业的创新，还是组织转型的思考，都属于情景的弱建构。在同样的一个情景中，一些基本的“共识”能够被达成，形成了基础性的认知建构。最关键地，这个过程黏附了多个独立视角的理性个体。互联网商业开拓无非需要从传统的市场立场的结构中解脱出来，从一般性的认知结构基础上解脱出来，进入更加多元、多样性支撑的生态结构中去，这是一个非线性的演化过程。

## 2015年4月1日

在今天上午的讨论中，我越来越意识到毕友网的商业形态可以作为“潜模式”的典型案例。没有看到传统的典型企业的资产和规模，也没有所谓的成本、规模等视角，甚至还不能看到这个企业是如何盈利的，但它能够很好地生存。

毕友网的显性模式是公益性的。没有看到其需要成本的地方，场地是免费的，活动是大家共筹的，没有固定的办公地点，甚至老师的参与都是免费的。但是组织承载了大量潜在的模式：毕友商学院、西部创星计划、金融联盟、毕友帮忙、一些赞助，等等。

## 2015年7月29日

我的关于互联网的思维是一个体系。在新的时空观下面，围绕情景的建构，以价值创造为导向，推进互联网与企业管理的融合。

人类潜在价值的释放，必须要走到“信息”这一基本的维度。信息带来了宇宙的基本元素。一个初步的交互与互动模型已经在我的大脑初步建立。我需要凝练一种方式把自己的思想完整、系统地呈现给企业界。

中国人的潜在规则的思维方式，每一个人都带有某种“场域”，这种感知和体验，作为一种萦绕在个体之上的气息能够被网络所承载。中国社会的“差序”结构就是这种方式的自然的承载。每天我们都会面临一些完全不一样的情景，如何在这些情景上驾驭？价值捕捉的方式是在过程中的，而不是固定的、静态的。

一个大的命题：中国人的底层关系与互联网本质有相通的地方。中国在社会中总会建立一些“弱”的、潜在的人际关系，什么事情都可以承诺下来，但在执行过程中不一定能够落实。

在信息的场域，有些东西是可以被固化下来。我举一个例子：张继“月落乌啼霜满天，江枫渔火对愁眠。姑苏城外寒山寺，夜半钟声到客船”这首诗的真正价值不在于他给这首诗赋予了多大的内涵。关键在于，这种形式本身可以调动每一个阅读的人不同的感悟。形式的反面就是“潜”，也就是“反脆弱性”的道理。

潜在的东西被千百次地丰富，这就是一个巨大的价值洪流。张继就在这个价值洪流中具有分享的优势。他把一种极致的东西传递出来了。这也是潜模式。

什么是潜模式？**就是挖掘显性形式下背后的东西，显性形式所不曾覆盖掉的价值空间**。这是潜模式的基本动力，一种动态的挖掘过程，呈现出价值释放的非对称的本质特性。

## 2015 年 9 月 1 日

我基本把《潜模式》这本书的基本格调定了下来。围绕潜在价值本身，潜在价值的承载与释放过程，从这个过程中来安排 10 多万字的书籍，比较通俗易懂，相对集中，便于传播。

传统企业在收缩的时候，一定要做减法，目的在于能够形成极致效应，黏附人群。每一个存在的组织都必须与人打交道，组织内的人，最为关键的便是组织外部和组织场域中的人，这就是互联网+转型的基础。

潜模式瞄准的目标价值也是基于连接的价值，是传统产品承载价值之外的价值。物联网本质上是捕获物与物、物与人之间的价值。潜在的价值是基于场域的，是活跃和变幻的，一个思维的转变在于捕获这些价值的“授之以鱼不如授之以渔”，“捕鱼”的方式或网也应该是一个变幻的过程。

“模式”的模式，不断地涌现模式。场域中的一个人，其价值的释放方式从单维度向更高维度进化。何谓“体验”？就是人在某种氛围下实现某种感受，不是一个人来完成的。

一个基本的出发点就是基于价值，新的价值领域——潜在的价值。怎么释放潜在的价值?

我在激发团队中每一成员的活力。从价值的线索逐渐找到一条线索。以故事、小案例和图形的简单、直接的方式揭示出我们的潜模式的基本骨架。

## 2016年8月31日

经过聂创和杨静的努力，我能够看到这部书的希望。

潜模式最大的敌人是传统的产品思维。一定要强调潜模式释放的非线性过程、不可预期的特点。一定要强调潜模式的过程观点。

一个好的主持人能够迅速抓住活跃人群涌现的观点，及时地总结，及时地提示并做出相应的引导，这样我们才会让一个非常激烈的讨论理想地达到目标。

我总是给出开放的题目，激活每一位同学。在关键的时候，我能够敏锐地抓住一两点不放，并反复地强化这一两点。这样，学生的思考就能够得以推进。我不是把每一步该怎么做讲得非常的仔细，让学生按部就班。这样的话学生的潜力很难得到释放，也没有创新。我一定要让聂创和杨静这些90后的崭新体验来主导。火山模型就是非常不错的想法，这个模型在我的刺激下已经比较完备。

我们要拥抱潜模式，潜模式的基本特性为**潜在性、涌现性和迭代性**，还可能加上一个特性——**凝固性**。

管理的特性逐步在转化，更靠近拥抱“不确定性”。管理者不再需要去把具体方案细化。我们能够激活和诱导大家的想法，创造平台和空间让大家释放，然后及时抓住。

我在与学生讨论潜模式的时候突然觉察到了这种方式，要充分地发挥平台的作用，更好地应对各种不确定性。

## 2016年9月19日

存在的时间性，“前不见古人，后不见来者”，只是在时间的维度上，我们更关注一个提法“境域”。存在本身的过程一定有“共创”的空间。共创的核心也是在潜在性本身，能够释放出某种潜在的、不一样的东西。存在的“能性”。

在一切规定还没有出现的“此在”的前提下，在时间性场域中，逐渐的释放与固化。

这里面最重要的过程便是“悖论”动态与平衡的过程，也就是在达到某种稳定性存在之前，过程悖论的承载往往可能是有价值的。悖论活性是否能够在存在过程中充当应有的作用？潜在的能性。在没有“规定”条件下，范畴本身的涌现。

互联网中的价值共创与经济学中的网络外部性能够等同吗？一个基本区别就在于它是互动的，是有潜在价值释放的，不是线性和简单重复，而是“温故而知新”。

但是，我非常强调的是外部的视角，境域的视角，情景中的存在。也就是核心的自我反馈与活性一定在一个相对性的场域中，一定在互动中。

## 2016年9月20日

关于潜模式，一个简单的理解：我们的模式不是传统的模式，传统的模式与产品和价值实现的过程可以分离。我们可以通过案例的学习来掌握商业的基本范式。

但是，伴随价值实现的过程，模式出现了一种涌现的态势。

现代的企业应该从确定性进入到不确定性的领域。企业本身需要能够承载不确定性和涌现。同时也在告诉我们，如何能够承载这样的模式，捕获价值释放的空间？

涌现的不是所用模式都能够存留下来，也不是所有存留下的模式都能够被商业所利用。这又回到什么地方？一种存在的本源。

这样，我们回归到价值释放的本源中。

## 2016年9月21日

一个回头客会带来“持续的人气”，这是一种隐性的效应。回头客有一种自然的参与感，一定会感染到其他人。回头客一定会给店里带来巨大的隐性价值。就像我们坐在一个陌生的店，能够感觉到常客的“呼吸”。

如果我们再次光顾一家店的时候，感觉是不一样的。这就是情景存在主义所揭示的“潜在”。

中国的思维和行为中最为绚烂夺目的是隐性的一面，没有办法说出来的一面。但中国人总会用一种阴阳的方式让别人能够感觉到其隐性的一面。我们都能够比较容易地听出话里的“话”。

怎么走进去？那显然是在能够表达和显性逻辑之外的。我们现在教学生做的文章无非是希望把现象背后能够说清楚的东西说出来。在构想和命题的范式下，我真正告诉未来的他们，走向可说之外的“潜在”。

在这个潜在中，中国人的阴阳思维便逐渐开启了自己独特的优势。我们如何能够走进中国人的潜在世界中？今天我给出了一个基本倾向：充分拥抱不确定性、拥抱悖论，持久地拥抱不确定性的活跃。

生于忧患死于安乐。

未雨绸缪。

这是我给到这个时代的管理者一种直接的回馈和警示。

## 2016 年 10 月 26 日

我建议后面以“潜模式工作室”出现，“欢迎加入”。

后面出现工作人员字幕：

制作人：杨静

总策划人：

……

这个节目伴随我的《潜模式》的书籍的出版。

我对这个节目有一些新的想法：

第一，能够吸引更多的人参与到节目的制作中。

第二，这个节目中可以加入一些企业在模式创新之上的访谈。

第三，这个节目每次从一个很小的“潜模式”的侧面进行剖析，能够抓住这样的点就可以。

第四，这个节目一定能够激发更多的想法。

第五，这个节目的源头一定来自团队在模式创新和潜在挖掘的持续研究。

一定要把制作过程中的一些好玩的事情保留和记录下来。

我希望，通过节目的持续过程，我们能够比较清晰、持续地触摸到“潜模式”本身的一些边缘和内涵。

这是一种“迭代”的做法。

在这些对比中，在一些冲击中，我们能够触及价值释放的潜在。

我们在这个节目中总能感受到某一个非常活跃的“潜在”，我们不想把它说清楚，但总能够感觉到它的“存在”。

对比可能是一种冲突。

不确定性也可能是一种承载。

我们可以挖掘的便是企业生命力的“潜在”。

也就是，我们如果能够把“企业”本身加以激活，能够释放出潜在，这样就可以开启巨大的商业空间。

## 2016 年 11 月 4 日

《静静五分钟》栏目终于开微信公众号了。

转发的过程需要先在一定的圈层中尝试。

我们有很好的一些节目，同样可以刺激书籍的撰写。

为了更好地让大家了解“潜模式”的思想，我总是建议学生和听众关注我们的公众号。

我一定要把握住其背后的源头。

可能在这个推动过程中会出现波动，在所难免。一定要渡过栏目早期的波动和振荡。

## 2017年1月10日

我们把潜模式理解为理性和逻辑前传，理解为商业原型和商业逻辑形成的前传。

基本目标：潜模式能够对接现象，启发商业思考，告诉我们商业如何应用潜模式。

我们在显性的商业模式三个基本特性的归纳基础上，需要理出一条潜在的现实和逻辑来统领整个书籍。

这个过程中最为重要的便是不确定性，拥抱不确定性。

我希望用一种新的研究方法把握住团队本身这个真实的实验场景，把这个过程转变成为有计划的研究设计。

我在纷乱和顺序之间保持一种权衡。

在参与到大家不断地释放过程中能够“抓住”和“捕获”。

为什么我那么啰唆？

因为我也不知道所谓标准的逻辑和结构。

我参与到这个逻辑凝固的一个过程，在情景中不断凝固，自由是更加高维度、更加自由的，火山模型能够反映这个“降维”的过程。

我们在理性前传和理性推演之间，已经交融在一起了。

我举例了儿子的名字被大家所接受的过程，也举例了《静静五分钟》被大家所接受的过程。

火山模式告诉我们，在商业模式化过程我们可以自然地承接不确定性。也就是在团队的内部承载了大量不可理性追溯的过程，说不清楚的地方，有复杂的自循环过程。

火山模式底层承载了这种不确定性，我们的商业结构中承接了不确定性过程。AlphaGo 或 Master 背后的云计算技术就很好地承载了不确定性的活跃性。

我希望《潜模式》的写法能够贯彻情景存在化的基本思维方式。我们先让读者进入到情景中，然后在情景的绽放中逐渐理解潜模式的特点。

## 2017 年 1 月 10 日

潜模式和点突破的思维方式是一脉相承的，核心的思路在于如何拥抱不确定性。

我们在组织内部或者组织本身的机制中就融入一种不确定性，这是这个时代的基本思路。

我们的管理从一个确定性的效率目标逐渐退缩到一种参与和捕获，向后退去了。

承载的便是一个场域，一个平台。

情景存在本身的思路是固有的，我们不愿放弃的便是活力。

## 2017 年 3 月 16 日

《静静五分钟》要进行不断迭代与改版，希望能够影响到更多的人能够参与到平台的分享。另外，从形式上也要改进，比如应该出现字幕。我们也可以发展单纯的音频形式。

关于书籍，聂闯告诉我已经初步形成了初稿。

我确定事项：为了保持行文的活泼性，可以发展一种“静静体”，就是《静静五分钟》语言，非常亲切地给别人讲述。

潜模式的基本属性：潜在性、涌现性和迭代性。涌现性是显性化的过程，迭代更多地代表了是否能够捕获和承载这些释放的过程。

尽量覆盖《静静五分钟》的内容，对后续内容做适当调整和统一。

## 2017 年 4 月 14 日

我形成了三个基本的意见：

潜模式本身是具有理论与哲学思维的深度的；

我们需要把自己深度地融入潜模式的思维范式下；

深入浅出，我们展现的方式是简单和直接的，呈现给大家一串葡萄，一拎就能够起来。

创新一种文字展现的格式，对读者具有亲和感。

潜模式更强调一种“场域”的营造，对场域本身的激励。它释放一种潜在、自发的力量。

我们自己团队氛围的营造是以潜模式的方式来开展的，每一个人是自主的，但是都能够得到激发。

什么是场域？我引用昨天课程中的比喻。我的办公室从显性实物上没有什么，但是只要是我们团队的人进入到办公室就一定能够感受到不一样的氛围。这就是场域。

**潜模式本身是具有生命力的，所维系场域的活跃、点突破的迸发与环境的沉淀，这是一个有活力的循环过程。**

2017 年 5 月 19 日

如何启动《潜模式》书籍的撰写？我强调了这本书的几个特点：

简单明了；

浅显易懂；

实践启迪。

我们就是写一本初级读物，可以让大家更加通晓潜模式的内核，给人以启迪。

我重提了“静静体”风格——能够在五分钟以内讲故事、摆现象和识模型的过程。

我反复地讲到了现在的一个基本思路：站在复杂性的高度去降维寻求存在化之路。这个过程可以不断地释放活力，这就是我们现在潜模式的基本视角。

这个过程具有创造性。

我们在这个线索下可以快速地把内容拎起来。

我又在做一个组织与团队新的尝试，我需要不断地刺激到团队，让团队的力量能够快速形成并发挥巨大的潜力。

2017 年 6 月 9 日

我也在不断地审视这个过程。我们的基本的口吻与过程应该是什么？

我想到了**“我——我们——你”**的范式：我来给你讲述一些现象，我们来共同进入情景和情景背后的源头，最后，你该怎么办？

我们的范式就是一个情景的进入、情景的解读、情景的透析和情景的走出。

我们以情景的范式来展开本书的内容，主要读者群体偏重于这个时代的青年朋友。

一些年轻人创业总是徘徊于如何规划一个精致绝妙的商业模式。当他们讲到一种模式，一下就被投资者、评审专家、业界领袖问住了。你怎么赢利？你主要的竞争对手？你的行业的空间？到这个时候，总体上他们被逼到角落中。

我期望与他们来共同探讨潜模式。

2017 年 6 月 11 日

我不知道多少次地提炼：什么是潜模式？

潜模式本身就是一套机制，是能够保证从潜在涌动到不断有模式释放的一整套的机制。

当一个经历了多次创业梦想和创业实践的年轻人，他们把自己的模式呈现给投资人、呈现给业界专家，“见光死”的效应出现了。

你们打算如何盈利？

怎么能够实现“盈亏平衡”？

你的核心竞争力？

你的核心团队？

……

当用这些已有行业固有的法则来衡量的时候，创新的想法在一瞬间就被击垮了。我每次遇到这些失落的年轻人，总是鼓励他们：你相信你的初心吗？对自己最初直觉和体验的坚信，这才是最为宝贵的源头。

你们的这个本源还在吗？

在！

那好，继续努力，你们有的是无穷的潜力！

大量的模式会在你们创造的过程中不断地涌现出来，现在就行动吧！只要这种创造的本源动力还在。

## 2017 年 6 月 14 日

从潜模式的讨论中我总结出了“4-3-1-5”的结构。这是在共同地经历了讨论与交锋之后我抓住的。

4——我们拥抱潜在过程中进入潜在的几个基本环节，这四个环节应该是循环的。

3——潜模式潜在的基本特性，**潜在性、涌现性和迭代性**，这个过程中，我们需要讨论价值潜在性，讨论连接。其中迭代性是潜在释放的基本结果，不是静态地要素搭建商业模式，更多需要在过程中不断能够捕获。

1——一个“火山模型”。

5——潜模式核心模型的“五部曲”。

在我们的过程中仍然强调“情景性”“静静体”和“我——我们——你”的基本结构。每一个案例中都要贯穿“4-3-1-5”的结构。“威胁、趋势、变化和应对”应是前后相承的。

听众被拉入情景中，能够突然触及思考的深层次。

## 2017年6月22日

我的基本思路就是要把潜模式如何存在化、显性出来的过程展示给大家。本身就体现出一种潜模式的思想，主体存在化的过程。

我们不会武断地把自己封闭在一种理性的“自满”与“傲慢”中。

我为什么要花这么多的时间，用这种费力不讨好的方式来完成这本书？**这就是体现一种潜在化的释放过程**。

我就是让参与者在一个情景中得到活跃，不断地涌现，我能够抓住并反馈给大家所形成的一种力量。同样，我以一个普通的参与者进入，也能够不断释放自己的潜在。

我希望每一位参与者能够把自己做到极致。

## 2017年6月27日

我讨论冯小平给我们带来的启发。文气的贯通，把潜模式的思维释放出来，字里行间贯穿一股气；强调每一位参与的同学都应该自由释放和创造性地释放；“自然设计”的理解，可以继续深入。

我提醒两点：

第一，我们的基本角度是站在复杂性上看待现象或表象，不是从理性的角度去逐步“蚕食”复杂性；

第二，我们没有把对象要素化。一切都是在动态性承载——保有“活性”，从潜在性的一般性自由到显性的涌现，再到封装和固化。

我们团队遵循了“潜模式”的根本过程——主体存在化的过程，让每一位参与同学在真实情景下自由地释放。